高等职业教育公共管理与服务类专业推荐教材

女性成长必修

COMPULSORY STUDY OF FEMALE GROWTH

主　编　易　丹

副主编　唐娇华

内容简介

不论在璀璨的历史文明长河中，还是在科技飞速发展的今天，女性已经成为不可或缺的历史参与者和人类文明的建设者。女性素质将影响一个民族的素质。本书通过女性与政治、女性与教育、女性与就业、女性与婚恋、女性与健康、女性与审美、女性与社会工作、女性与文化产业、女性与传媒等相关章节，向学习者讲述中国女性在社会、家庭和个人活动中所面临的系列理论问题与在日常生活中所面临的现实问题，向学习者宣传性别公平理念，培养他们对性别议题的关怀心、敏感度，使每位学习者都能以积极的态度正视充满性别文化的人类社会，能以健康的心理状态面对机遇与挑战、困惑与冲突，能以从容的智慧应对丰富多彩的人生，找到一把获取幸福的钥匙。

本书可作为高等院校公共管理与服务类专业的教材，也可作为相关专业的自学、职业培训的教学参考书。

图书在版编目(CIP)数据

女性成长必修 / 易丹主编. —天津：天津大学出版社，2018.11

高等职业教育公共管理与服务类专业推荐教材

ISBN 978-7-5618-6265-0

Ⅰ.①女… Ⅱ.①易… Ⅲ.①女性－修养－高等职业教育－教材 Ⅳ.①B825.5

中国版本图书馆CIP数据核字(2018)第234349号

NÜXING CHENGZHANG BIXIU

出版发行 天津大学出版社
地　　址 天津市卫津路92号天津大学内(邮编:300072)
电　　话 发行部:022-27403647
网　　址 publish.tju.edu.cn
印　　刷 廊坊市海涛印刷有限公司
经　　销 全国各地新华书店
开　　本 185mm×260mm
印　　张 12.25
字　　数 306千
版　　次 2018年11月第1版
印　　次 2018年11月第1次
定　　价 45.00元

《女性成长必修》
编写人员

主　编　易　丹

副主编　唐娇华

参　编（以姓氏笔画为序）

方　媛　杨　璐

胡　杨　曾　茜

前言

随着女性主义理论研究的深入以及社会的发展,我国大学里已经开设或准备开设女性相关课程的高校逐渐增多。在此背景下,重庆城市管理职业学院于2012年9月开始以通选课形式面向全校学生开设女性成长必修课程,随后这门课程以专业限选课形式相继在社区管理专业、社会工作专业、民政管理专业开设。通过课程团队的合作努力,该门课程于2014年获批为重庆市高等学校精品视频公开课,2017年获批为重庆市社区教育特色课程,2018年获批为重庆市高校首批精品在线开放课程。编者从开设女性成长必修课程时,就计划编写此书。本书就是在近八年的教学和研究基础上,通过和国内其他高校开设相关课程的同人多次交流,以及听取相关专家学者的意见,经编写人员反复讨论写作而成的。本书是集体智慧的结晶。

每个人既是具有独特性、自主性的存在,又是两性关系中的社会存在。为此,本书始终坚持生活世界观,关注个体健全、自我发展以及拥有与他人共同生活的能力,从导论出发,依托四个层面整体谋篇布局:从学习者与自我的关系层面设计了女性与教育、女性与健康、女性与审美等章节;从学习者与两性的关系层面设计了女性与婚恋章节;从学习者与社会的关系层面设计了女性与政治、女性与传媒等章节;从学习者与未来职业的关系层面设计了女性与就业、女性与社会工作、女性与文化产业等章节,力图开阔学习者的眼界、增强他们的社会责任感、消除他们的性别盲点、克服他们的性别懦弱、改变他们以往的性别行为方式,使他们的个性得到充分发展。

根据本书的整体布局,本书每章选取一个视角,为学习者呈现出新颖的视域和内容。本书编写分工如下:易丹编写第一章、第五章、第七章、第九章;曾茜编写第二章;杨璐编写第三章;唐娇华编写第四章、第八章;方媛编写第六章;胡杨编写第十章。其中易丹、唐娇华、曾茜、方媛、胡杨来自重庆城市管理职业学院,杨璐来自重庆青年职业技术学院。全书由易丹和唐娇华统稿。

本书是高等职业教育公共管理与服务类专业推荐教材,也是重庆市高校首批精品在线开放课程同步教材,还是重庆市社区教育特色课程同步教材。在选题、写作、编辑过程中,本书得到西南大学教育学部任一明教授、西南大学女性研究中心毛苹主任,重庆城市管理职业学院社会工作学院院长周良才教授、蔡志斌书记、郑添华副院长等的热情指导。他们提出了许多宝贵的意见和建议,在此致以衷心的感谢。此外还要感谢天津大学出版社赵宏志老师的大力支持,感谢南坪镇绿荫社工服务中心主任宋瑶平给予的帮助。由于编者水平有限,书中不足之处恳请学习者批评指正。

易　丹

2018 年 8 月

目　录
Contents

第一章 导论

【热点导入】

2005 年 1 月 14 日，美国经济研究所(National Bureau of Economic Research，NBER)在麻省的坎布里奇召开了一次学术会议，此次会议的主题是“科学与工程人员的多样化：妇女、未被充分代表的少数族裔及其在麻省科学与工程领域的职业”。其中的议题之一，就是为什么女性在科学等领域的高级专家人数较少。此次会议的与会者 50 余人。哈佛大学校长、著名的经济学家劳伦斯·萨默斯作为主题发言人应邀作了主题演讲。正是他在会上的言论，使他成为众人谴责的焦点。以下摘译的是萨默斯在 NBER 学术会议上的讲话选段。

今天，我不以官方的身份来发言，也不以宣传差异性为重要目标而利用此次会议展示我们在哈佛所作的诸多事情。你们讨论的问题涉及方方面面，在我看来，从全国的角度来看它们都非常重要。我先限定一下自己，只讨论差异性问题的一部分，或是限定在我们讨论所面临的“挑战”这个问题上，即在全美顶尖大学和研究机构中，女性在科学与工程领域获得终身职务的问题。之所以关心这个问题，并非因为这是最重要的问题或是最有趣的问题，而是因为它是诸多问题中让我下功夫认真思考过的唯一问题。首先需要声明的是，我要采用一种完全是正面的而非合乎规范的研究方法，只是想思考一下和提供某些假说，进而探讨：我们为什么会这样而不是那样去看待问题，为什么没有通过某种判断性的意向去观察问题，而这种判断性的意向显然与我们所谈论的平等问题的共同目标密切相关。

有三种很宽泛的假说。我将逐一解释，然后再讨论它们的重要性何在。第一个假说是“高强度的工作”；第二个我称之为“在高科技领域上能力有差异”；第三个是“不同的社会化与各种歧视”。我认为，上述三个假说的重要性可能已经精确地体现在了这样的排序之上。

我们来把问题扩大一点，不要仅限于科学与工程领域，这样有助于我们讨论问题……20 或是 25 年前，本领域中，女性在研究院中的人数有了大幅度的提高。那么，现在这批女性目前的年龄应该在 40 到 50 岁之间。如果你今天去看看高水平的科学家的话，那男女之间的比例就不仅不是一半对一半，甚至连曾经有的三分之一的比例也没有了，而那时全美顶尖大学和研究机构中的法学院有三分之一的女性呢。现在居于最高学术地位的少数几位女性不是未婚就是没有孩子。这就是目前的现实状况，而在几乎所有高强度的职业当中，大体如此。高强度的工作需要一个人长时间在办公室工作，时间安排要灵活多变，需要一个人不断地付出努力，日复一日，也就是说，心思总是在工作问题上面，哪怕要做的工作还没开始做呢，就得老想着。从历史上看，准备要为社会作出一定贡献的已婚男性要比已婚女性的比例高，这是我们社会中的一个事实……换种说法吧，有多少 25 岁左右的年轻女性会决定从事一周需要工作 80 小时的工作，再看看又有多少年轻男性愿意一周工作 80 小时的，然后再看看这期间的差别吧。

第二个我认为人们需要认识的问题，也是我现在竭力要回答的问题，即为什么在科学与工程领域男女格局有所不同？相对于其他研究领域，为什么女性在科学与工程领域要比男性人数少，遇到的问题却更多？我想寻求这两者的答案。而这个问题，我认为，你可以保持一定的距离，然后去考察一个相对来说很简单的假说。有个事实有目共睹：人类各自的特征是不同的，即身高、体重、犯罪倾向、总的智商、数学能力、科学能力——这里有相对很清晰的证据表明，无论采用什么方法——当然方法可以讨论——在这里有一种标准性的偏差，且在男性群体和女性群体间存在着变异性。而标准性偏差中哪怕是细小的差异，都会导致最后实质性上很大的差异。如果我所看到的研究数据没错的话，那么，男女群体之间的变异性存在着系统性的差异。所以，我感到，这真是一种不幸的真实，即从高强度工作的假说与（男女）不同的差异这两方面来看，或许可以在很大程度上解释上述（女性在科学与工程领域人数较男性少）的问题。

第三个假说是人被社会化的问题。有些小姑娘在社会的影响下从事护理专业，而有些小伙子则在社会的影响下去建大桥。毫无疑问这其中有真实的成分，但我不愿过多地把问题的症结归于这样的假说。最引发争议的问题也是最难判断的问题是：性别歧视究竟扮演了什么角色？有目共睹的性别歧视又达到了什么样的程度呢？

所以，我最大胆的猜想是，在当前问题的背后，隐藏的突出现象是在人们正当的家庭要求与雇主对高强度与高密度工作的当下需求之间，存在着一般性冲突，而在特殊的科学与工程领域中，存在着内在的能力问题，特别是能力的变异性问题，而上述考虑又因社会化与持续不断的歧视等这些事实上的次要因素有所加强。

总结一下吧，以上我的猜想都是在阅读了大量文献、在与人交流之后所得出的结论。可能全都是错的。在这个问题上，如果我能促使诸位开始思考这个问题并且引发人们拿出各种与我的说法完全相反的证据，那我的目的就达到了。但我认为，我们现在都需要努力地去思考怎样才能解决这些问题，而且这些问题太重要了，不允许我们只是感伤地去看待它们，需要我们尽可能使用更严谨与更谨慎的方法去思考它们。这也是我认为像今天这样的学术会议非常非常重要的原因。谢谢！

（资料来源：郭英剑. 哈佛大学校长出言不慎 遭美国学界猛烈炮轰 [N]. 社会科学报，2005-03-31（7）.）

请问您是如何看待萨默斯在 NBER 学术会议上的发言观点的？

【观点分享】

萨默斯在会议上的发言谈到的问题是在美国顶尖大学中，在理工学科尤其是科学与工程领域方面，女性教授奇缺。究其原因有以下三个方面：一是女性很少愿意每周工作 80 小时；二是男性和女性的智力分布不同，而这一不同可能与基因有关，即天生如此；三是社会上可能有的性别歧视。而在这三个原因之中，他更倾向于第二个原因，即女人天生不如男人。萨默斯从 1 月 14 日发表演讲后，在不到一周的时间内，就因为受到人们的猛烈抨击而不得不数次表示道歉。以下分享安妮塔·博格研究院以及 100 余位科学家对萨默斯言论的抗议言论，有助于更加清晰地认识科学与工程领域中女性奇缺这一问题。

鉴于劳伦斯·萨默斯的言论，我们做如下回应：研究表明，人们的期望值深深地影响着他 / 她人的工作业绩，在测试时尤其如此。这项开拓性研究已经被世人广泛接受了。假如按社会、机构、教师以及像萨默斯这样的校长所期望（无论是公开还是下意识中）的，认为女孩儿和女人无法像男孩儿和男人那样工作出色，那么，许多女孩儿和女人就真的不会那么出色了。与此同时，并没有证据表明，在标准化测试中成绩突出者，就一定会在科学领域取得更大的成就。这里面牵涉到许许多多的因素，不能一概而论。最后，有足够的证据显示，与从事相同职业的男人相比，女人工作的努力程度和所作出的贡献，并没有得到公正的评价、认可和嘉奖。

作为科学、工程和教育界的领导者，我们对下述建议深表关注，即如今妇女在科学与工程领域的现状可能是自然而然、不可避免，且与社会因素没有关系的。人们可以很快从法律与医学中找到与此相反的例子。1970 年，美国的法律学生中仅有 5% 的女性，医学学生也只有 8%。但当社会发生变革、制度与个人共同作出努力的时候，如此低的比例立刻就得到了实质性的提高。很显然，1970 年女性低入学率本身，就是她们通向成功的社会障碍，而不是基因所造成的。

我们必须继续认真面对众多看似细小而琐碎的言行，它们使各式各样的人们在追求科学与技术领域的兴趣中失去了勇气。当我们充分利用了我们之中那些科技人才时，社会是最大的获益者。到了该为那些已经被证明了行之有效的方法创造一个更为人知的环境的时候了，这些行之有效的方法同样包括那些能使妇女和其他未被充分表达的族裔在科学与工程领域跨越历史障碍的制度性政策与实践经验。

（注释：安妮塔·博格研究院是由安妮塔·博格博士于 1997 年创办的一所“妇女与科技研究院”，其宗旨是在科技的各个方面提高妇女的影响力。）

（资料来源：郭英剑. 哈佛大学校长出言不慎 遭美国学界猛烈炮轰 [N]. 社会科学报，2005-03-31（7）.）

【智慧探索】

第一节 生理性别与社会性别

传说在古希腊德尔斐神庙上刻着这么一句话：“认识你自己。”自人类诞生之日起，人们就从未停止过对自身的追问和思考。“我是谁?”这个问题，是人生最奇妙的玄思，也是人生最现实的问题。对于人类自身来说，最熟悉的性别也未必真正认识它、熟悉它与了解它。性别是一个复杂的概念，要理清“性别”的内涵，需要从生理性别与社会性别概念以及两者关系入手。

一、生理性别

生理性别是一个生物学的术语，是区别男人女人的生物特征，通常用来表现一个人一般的和身体的身份，用来识别一个人是男或女的事实。这些特征主要表现在染色体、性腺、性激素、解剖构造、生理机能、身体形态、运动机能等方面。在 20 世纪 70 年代之前，生物学上的两性差异主要以解剖来判别；此后，染色体测量成为判定性别的主要方法。通过染色体辨别男女，与“奥林匹克纷争日”有着密切联系。在 1964 年东京奥运会上，波兰女运动员爱娃克罗夺得多块田径奖牌，但是在三年后，她被查出染色体不符。在这之后的历届奥运会开始通过测量染色体辨别运动员的性别。

2018 年 6 月 14 日，《科学》杂志发表了一项来自英国弗朗西斯克里克研究所的研究成果，

Robin Lovell-Badge 教授团队找到了一个神奇增强子 Enh13，它直接作用于最重要的性别决定蛋白基因 Sox9，只要去除这一个并不编码任何蛋白的“垃圾基因”，染色体组成为 XY 的雄性小鼠，就会发育成具有全套雌性生殖器的“雌性”。杜克大学的发育生物学家 Blanche Capel 认为这项研究带来了突破性的成果。正如他所说：“每 5500 个人类婴儿中就有约 1 个出生时有与性别有关的问题，其中一些婴儿具有男性染色体但没有睾丸。先前医生只能在不到一半的病例中找出导致这些异常的原因，现在，他们可以检查 Enh13 这一增强子的人类版本在某种程度上是否被破坏了。”

Science 重大突破：删除一段 DNA，逆转小鼠“性别”

在 2018 年 6 月 14 日发表的题为 *Sex Reversal Following Deletion of a Single Distal Enhancer of Sox9* 的研究中，由英国 Francis Crick 研究所的 Robin Lovell-Badge 教授带领的科学家小组证实，如果雄性小鼠缺少一小部分 DNA，它们就会长出卵巢而不是睾丸。先前的研究表明，除非早期性器官在发育的关键阶段拥有足够被称为 Sox9 的蛋白，否则哺乳动物将会形成卵巢，进而发育成雌性。Sox9 会导致卵巢变成睾丸，并引导胚胎的其他部分变成雄性。Sox9 的产量最初由位于 Y 染色体上的 Sry 基因编码的 SRY 蛋白控制。这就是为什么拥有 X 染色体和 Y 染色体的男性通常会发育出睾丸，而含有 2 条 X 染色体的女性则不会发育出这一男性特征器官。

关键开关：Enh13

在这项新研究中，科学家们证实，位于离 Sox9 基因超过 50 万个碱基处的被称为 enhancer 13（Enh13，增强子 13）的一小段 DNA 能够在适当的时机促进 Sox9 蛋白的产生，以触发睾丸的发育。当研究人员从雄性小鼠中删除 Enh13 后，Sox9 的活跃度随之降低，小鼠长出了卵巢和雌性生殖器。

论文第一作者 Nitzan Gonen 博士说：“通常情况下，许多增强子区域联合发挥作用，以促进基因表达。在这项研究中，我们鉴定出了 4 个增强子，但令人惊讶的是，仅其中 1 个增强子就能控制像性别这样重要的事情。”Robin Lovell-Badge 教授说：“从 Randy 开始，我们已经走了很长一段路。现在，我们首次证明，改变 DNA 的非编码区域而不是蛋白质编码基因能够实现性别逆转。我们认为，Enh13 可能与人类性发育障碍有关，有望被用于诊断其中一些病例。”

人类基因组中，仅有 2% 的 DNA 能够编码蛋白质，剩余的 98% 属于非编码 DNA，也被称为“垃圾 DNA”。几十年来，研究人员一直在寻找导致性别发育障碍的基因，这项新成果表明，许多答案可能藏在非编码区。

作者们认为，该研究进一步证明了“垃圾 DNA”的重要作用。如果一个增强子就可以对性别产生如此大的影响，那么其他非编码区域也可能会产生类似显著的作用。

（资料来源：Science 重大突破：删除一段 DNA，逆转小鼠“性别”. 搜狐网，2018-06-18.）

二、社会性别

（一）社会性别概念

“社会性别”概念贯穿于女性主义诸流派，是女性解放运动中非常重要的概念和理论武器，已经成为女性主义运动的核心概念。社会性别作为女性主义的核心范畴，不同的女性主义者对社会性别有着不一样的界定。

女性主义先驱西蒙娜·德·波伏瓦的著作《第二性》于1945年出版。该书被誉为女性主义的“圣经”。波伏瓦勇敢地挑战了传统的性别认知,撼动了男性的主体地位。她在书中提出了“女人不是生成的,而是变成的”观点。首先,波伏瓦理论揭示出了女性受压迫的根源,即女性在社会中作为“女人”的地位与状况,是由社会文化造成的。“在人类社会中没有什么是自然的,和其他许多产品一样,女人也是文明所精心制作的产品。”其次,显示出既然女人是在社会化过程中塑造而成的,女人的命运也就应该改变,并且可以改变。正如波伏瓦所说:“女人仍然可以随心所欲地自由改造女性气质这个概念。”再次,她提出要将“女性气质”改造成没有性别歧视含义的气质,关键是如何改造。她强调改造社会性别体系中的外在条件的同时,也认为外在的条件并不是唯一的因素,女性在其解放过程中要获得主体地位,内因也起重要作用。正如书中所说:“当她成为生产性的、主动的人时,她会重新获得超越性,她会通过设计具体地去肯定她的主体地位。”也就是说,只要外在环境达到了这样一种状况,即女性成为“生产性的、主动的人”,她就会通过自我设计去肯定她的主体地位。

总之,波伏瓦的理论揭示了性别间不平等的等级关系,她第一次将性别的生物构成与社会文化构成区别开来。她认为男性为了保持自由,将“男人”命名为自我,女人命名为“他者”,女性的“他者”地位是父权制社会的产物。波伏瓦的理论在此后的社会性别理论发展中始终处于中心地位,它阐明了导致两性社会地位在社会上的不同并非出于生理原因,而是社会原因的道理。在不同的历史时期,不同的价值观规范了两性在社会活动中的行为准则,并且不断被强化。而性别的自然差异,是性别的社会差异的前提,是滋生后天社会差异的土壤。这一理论也为女性改变自身的性别行为、性别身份提供了理论依据。

英国学者奥克利在1972年出版的著作《生理性别、社会性别与社会》中指出,社会性别并非生理性别决定的直接产物,而是通过社会、文化和心理建构的男性气质与女性气质。

美国学者盖尔·卢宾在文章《女人交易:性的“政治经济学”初探》中指出社会性别是社会强加的两性区分,它是性的社会关系产物,是自身所在的生存环境对其性别的认定,包括家人、朋友、周围群体、社会机构和法律机关的认定等,主要体现在性别角色上,是一种文化构成物,不仅因时间而异,而且因民族地域而异,是一种特定的社会构成。总的来看,西方女性主义者把生理性别和社会性别区分开来,强调社会性别的建构性。在不同的历史时期,不同的价值观规范了两性在社会活动中的行为准则,并且被不断强化。

概括来说,社会性别就是基于社会文化对男女两性的认定,以及社会对男女两性的不同要求和期望。它强调性别的社会建构性,认为社会对两性角色和行为的期待往往是对两性生物性别规定的延伸,人们现在的性别观念是社会化的产物,因而是可以改变的。当社会把“男子汉”“淑女”视为对男女两性德行的赞美时,“娘娘腔”和“野丫头”便难以让人接受。社会性别概念的内涵并不仅仅局限于此,社会性别是同两性的权力和地位紧密相连的,是造成两性关系不平等的主要原因之一。例如传统文化所建构的“男女有别”“男尊女卑”“男强女弱”以及“男外女内”的社会性别秩序,长久以来使女性从属于男性,深刻影响着男女两性的社会角色、劳动分工与社会地位等。

(二)社会性别概念中国化

20世纪90年代,“社会性别”被引入中国,1995年联合国第四届世界妇女大会的召开,使得社会性别概念被中国女性和妇女研究工作者所接受和熟悉，大会通过的《北京宣言》和《行动纲领》强调要将“社会性别意识纳入主流”。2007 年 12 月公布的《中国妇女发展纲要（2011—2020 年）》中明确提出了社会性别意识的概念。社会性别意识已经逐渐被纳入中国的主流话语，被引入中国现实和历史研究的各个领域，社会性别正成为中国社会发展和妇女解放事业中的重要概念。“把社会性别纳入决策主流”成为各级妇女组织和妇女研究者的努力目标和熟悉话题。

首先，社会性别确立了一种新的视角，即性别视角。社会性别理论认为性别是文化指定、文化分配、文化强加的，是包括政治、经济、阶级、种族、社会制度等多种综合力量共同形成的，因此，要改变性别不平等的现状，就必须打破那种把社会性别看作唯一决定因素的思维方式，从整个政治、经济、阶级、民族等社会状况入手，改变人们的观念，改造整个社会中涉及性别的每一个层面，从多维的、多元化的角度去看待性别之间发展问题，推进人类对自身的认识取得更多新的发现。

讲座回顾：《全球性别意识形态的分类与分布：47 国的性别态度》

舒晓灵，美国加州大学戴维斯分校东亚研究中心主任、社会学系教授。2018 年 7 月 26 日在中国人民大学作了一场题为《全球性别意识形态的分类与分布：47 国的性别态度》的讲座。以下是讲座中分享的主要观点。

舒教授的研究分析了 47 个国家性别态度在纵向男女平权意识和横向男女相等意识两个维度上的跨国差异。简化地看，将纵向男女平权意识分为低和高，横向男女相等意识分为低和高，两两组合则形成四种情境：A 类（低—低情境）代表女性在社会地位上从属于男性并且男女天生就应该有明确分工；B 类（高—低情境）代表女性地位高但是普遍认可男女应该有明确分工，所以全职太太很多；C 类（低—高情境）代表女性既要从属男性做好相夫教子的工作，又要像男人一样外出工作；D 类（高—高情境）则代表女性既可以和男性做相同的工作，又获得一样的权利和尊重。研究还发现，经济越发达的国家，人们的纵向平权意识越强，但横向相等观念越弱；女性就业率高的国家，人们的纵向平权意识和横向相等意识都更强。

舒教授还通过在意识形态空间的四个领域对个人性别价值观分类来绘制全球性别意识分布图，将全球各个国家的性别态度分成四类，并剖析了背后的影响机制。研究发现，国家特性（包括妇女的劳动力参与和经济发展程度）促进两性平等的平等构建主义和平等本质主义，而妇女的经济独立则与一边倡导妇女的工作和家庭双重角色、一边否认妇女平等获得机会的父权建构主义相联系。这些结果表明，全球社会在性别态度方面的转变是不平衡的，性别意识形态勾画出三种不同的过渡轨迹。

（资料来源：社会与人口学院人口学系. 美国加州大学戴维斯分校舒晓灵教授受邀来人口学系举行讲座. 中国人民大学社会与人口学院网站，2018-08-06.）

其次，社会性别改变了传统的思维方法，为建立一种新的平等的伙伴的新型关系提供了可能。社会性别理论这一核心概念关联的对象包括了女性和男性这两个性别，关联着互为参照和互为主体、客体的人类最基本的关系——两性关系。它注意到了男女两性在社会发展中的不同利益与需求，并使一向受到漠视的女性价值得到了凸显。一方面它承认女性与男性的差异，但它强调这种差异并不意味着女性必须因此而依赖于男人，也并不因此而必然丧失人的尊严和权利。另一方面,它又肯定了男女两性的共性,认为女性与男性拥有共同的权利与尊严,在社会发展中具有同样不可漠视的作用。

三、生理性别与社会性别关系

从生理性别与社会性别关系来看,社会性别是相对于生理性别而言的。不同于生理性别的自然属性,社会性别概念的内涵是以社会属性为核心的。当然,生理性别和社会性别也并非截然对立。社会性别概念的建立,正是基于对两性生理性别差异的批判性反思。然而在20世纪50年代以前,在欧美占统治地位的,仍是在生物决定论基础上的男女社会分工,广大女性把结婚生子、操持家务当作女人唯一的生活目标和幸福之源。生物决定论将女性受压迫的根源归结为女性的生理构成。

(一)传统心理学的生物决定论

长期以来,社会性别被传统地假设为一种无须说明的“自然”现象,概念上可以理解为生理性别,因此传统心理学家一直关注的社会性别差异的研究,在一定程度上主要是指生理性别差异的研究。这些研究基于以下假设:男性与女性有显著的性别差异,而且,这种性别差异是生物决定的而不是文化决定的;性别差异是本质的、普遍的、二元对立的及持久的。这种观点渗透于整个西方传统父权制文化中。从亚里士多德、阿奎那、培根、笛卡儿,到洛克、罗素等哲学家,均将两性看作是二元对立的,这种二元对立建构出了多组相互对立的品格:理性与情感、勇敢与被动、强壮与柔弱、公共与私人等,这些策略性的对立,将男性置于优势地位,而置女性于卑贱、“他者”的地位。

在传统心理学中,认知发展阶段理论重视人的自然发展在人的性别形成过程中的作用,强调人的性别差异受到生理的巨大影响与制约。心理学家在科尔伯格的研究基础上,把性别分为三个不同的阶段。第一阶段即是基本性别认同阶段,在2至3岁,儿童逐渐认识到自己的性别,但这种认识是不稳定的,也就是说,他(她)知道自己现在是男性(女性),但是他(她)不清楚自己将来是不是男性(女性)。这一阶段的儿童尚未获得性别恒常性。第二阶段即是性别稳定阶段,在3至5岁,儿童认识到性别是稳定不变的,并不会因为年龄的增长而发生变化。在这一阶段,儿童开始有意识地选择模仿同性别的榜样,但是尚无性别优劣的意识。第三阶段即是性别一致阶段,大约在7岁,儿童获得了性别恒常性的概念。儿童一旦获得性别恒常性,就会时刻监控自己的行为,使自身的行为与性别相符。

在传统心理学中,生物决定论广泛见于心理分析理论中,强调两性在核心的自我结构、自我同一性及关系能力等方面有着本质的差异,且心理结构的性别差异还会导致认知如推理、知识的获得等方面的性别差异。他们强调两性之间的性别差异,将女性经验看作是对男性经验的偏离,而性别差异的形成是由生理性别决定的。例如,弗洛伊德的精神分析理论将男性与男性的生理解剖作为人类的标准,女性与女性的生理解剖被看作是对这个标准的偏离;在他看来,男性优势、女性劣势及人格的形成均是生理结构造成的,“生理即命运”。这个说法意味着女性生育角色、性别身份、社会地位都是生理特点决定的,自然属性要求女性承担的任务必须服从,否则都是不正常的。总之,传统心理学将社会性别看作是内在的、持久稳固的、与个人的社会历史政治情境相分离的特质。

(二)女性主义心理学的社会建构论

女性主义心理学的社会建构论对传统心理学的生物决定论的观点提出了批判性质疑,认为社会性别并不是女性或男性的内在特质,而是社会建构的产物;社会性别化的行为并不是由生理性别而是由个体的社会地位所塑造的。

社会建构论认为,社会对两性角色和行为的期待往往是对两性生物性别的延伸,人们现在的性别观念是社会化的产物,因而是可以改变的。因此,从社会建构的角度追求两性平等不是女人从男人手中夺回自己的权利或者把男人视为女人的敌人,对性别平等的追求实际上是男女两性共同发展的过程,女性和男性也都有义务认识自己的社会性别,女性要从社会性别的僵化文化角色规范中解放出来,男性也要从社会性别的僵化文化角色规范中解放出来,从种种荒谬的、陈腐的、偏狭的旧文化观和女性观的误区中解放出来,以期两性共同发展自我和创造世界。

综上所述,社会性别与生理性别有关联,但并不由生理性别所决定。社会性别是建构而成的。生物决定论是男权文化建构出来压抑女性的一种文化,强调生理上的差异与种族、地域等是相关的。事实上,需要明确的两点是:第一,男女两性在生理层面上是平等的又是有差异的,差异构成生命的丰富性,并不构成等级的高低;第二,两性在社会性别意识层面上的巨大差异是建构而成的,随着文化禁忌的突破,群与群之间的差异将越来越小,个体之间的差异将越来越大。

第二节　社会性别角色期望与性别刻板印象

一、社会性别角色期望

性别角色是个体在社会化过程中通过模仿学习获得的一套与自己性别相应的行为规范。从性别角色的研究来看,自从科学心理学诞生以来,性别角色就受到了心理学家的关注。1894年, Ellis 的《男性与女性》一书的出版标志着性别角色开始成为心理学研究的课题之一。1936年, Terman 和 Miles《性别与人格》的出版,提出了一对具有普遍意义的相对独立的人格特征词,即男性化和女性化,用来描绘男性和女性所拥有的相对稳定的行为倾向性,从而使性别角色成为性别研究新的聚焦点。

根据性别角色的内涵,可以给社会性别角色期望做一个概念界定,社会性别角色期望是在一定的社会文化背景中,他人和自己对某种性别身份提出的一些特质上的要求或期望,并形成与其性别身份相适应的、为社会所认可的、稳定的行为模式。如臧忠卿应用多元统计中的因素分析法对贵阳市初一至高三学生 500 人进行性别角色期望的调查,结果显示:大多数的中学生对“男女兼性”有较高的期望值,而不太崇尚个体气质的单纯男性化和单纯女性化,既希望男性具有勇敢、坚强、有能力、有主见、宽容大度、有事业心等传统气质,又希望男性有同情心、爱孩子、善解人意等。华东师范大学的学者曾对大学生人格方面的性别角色期望进行过研究,研究者向大学生列举了有关人格特征的 38 个形容词,要求这些大学生评定:在中国社会里,一名男性和一名女性应该具备哪些适合的人格特征。结果表明,男性应该具有的特征多半与成就、事业相联系,如积极进取、有主见、有雄心、理智等;女性应该具有的特征多半与情感、人际关系有关，如忠于爱情、文雅、爱孩子、富有同情心等。

值得一提的是，现代社会的节奏感很强，各行各业的工作压力都比较大，当代女性面临的社会性别角色期望比以往更多，在生活中承受的性别角色压力比以往更大。当代中国女性特别是职业女性，总体上要承担双重角色——职业角色和家庭角色、三重责任——做员工、妻子、母亲的责任。社会学把自我意识强，以事业成就为中心的角色称为“工具性角色”；把感受性低，支配欲低，以温顺和情感的付出为中心的角色称为“情感性角色”。工具性角色要求非人格化，按章办事、权利和义务相分离、重效率、重实绩。情感性角色则要求人格化，感情色彩浓厚、人际互动频繁、权利和义务并行相随、重感情投入和感情交流。职业角色与家庭角色分别对应工具性角色与情感角色。社会和家庭要分别用工具性角色和情感性角色期待对女性提出不同的要求，社会要求女性行为要尽量稳重、老练、独立自主、干净利落；家庭则要求女性的行为尽量温柔、可爱、耐心细致、小鸟依人。因此，当代女性特别是职业女性要兼顾家庭和事业，由一个主体来承担两种不同期望的角色，很难两全其美。就连中国电视节目主持人杨澜也曾感慨：“一个星期工作就觉得对不起家庭，一个星期在家又觉得闲着。”

二、性别刻板印象

在了解性别刻板印象概念之前，先看看刻板印象的概念。刻板本身是版画中的一个术语，指在制作版画的过程中，真实的画面必须变形，从而适合版画的结构和特征。记者瓦尔特·李普曼（Walter Lippmann）把这个概念引到了社会心理学领域，用于指称认知上的预设框架。刻板印象常常是过度地类别化的结果。它抽取了特定群体的某些生理、心理、社会及行为特征，以高度简化、概括化的方式，建构出一组独特的符号论述，并加诸该群体之上；同时，通过社会权力运作使这种简单概括逐渐合法化、日常化、自然化，形成一种不言而喻的常识，从而普及于社会、深植于人心，也就造成“大多数的时候，我们不是先观察事物，再对之进行定义；而是先定义了事物之后，再观察之”的后果。

性别刻板印象，又称“性别陈规”“性别角色定位”，有时还称为“性别偏见”。它是针对不同性别群体的简单概括表征，常常表现为人们对男性或女性角色特征固定的、僵化的看法。比如，在人格和心理特征方面，性别刻板印象就会自然地把果断、冒险、攻击、自信等表征为男性特质；把善解人意、整洁、文静等表征为女性特质。在行为方面，把照顾老人和孩子、洗衣做饭等看成是女性应该做的；把保护老人和孩子、保障家庭收入等作为男性的责任，等等。比如在中国传统的性别角色观念里，大多认为女性应扮演“贤妻良母”式的传统型角色，男性应扮演以独立、主导、控制为主的社会角色，“男主外，女主内”“家庭建立靠男性，家庭维系靠女性”等性别刻板印象依然根深蒂固，于是家庭不温馨或不整洁被指责的往往是妻子；孩子教育不好被指责的往往是母亲；未生育被责怪的往往是女性。

第三节　社会性别的构建

社会性别中对男女两性应该如何表现有不同的期待和不同的评价标准，而这些看法、期待或评价，是随着社会和人自身的发展变化而发生改变的。在不同的社会环境作用下，在不同时间、不同民族、不同地域中，人们会形成不同的性别观念，并通过家庭、教育、传媒等强化这种观念。

一、与家庭习得有关

家庭是个体性别社会化的初始场所,个体在家庭中成长为不同的男性与女性。儿女与父母的情感关系和血缘关系,是世界上最亲密的关系,每个人社会性别的形成更容易受到来自家庭,特别是父母的影响。家庭教育,简单来说,就是在家庭中由长辈(特别是父母)对子孙后辈实施的教育。我国当前的家庭教育,依旧主要按照传统的社会性别规范,来塑造男女两性的社会性别,使男女两性在潜移默化中成为彼此对立的性别。

(一)父母对子女的社会性别期待影响

父母对子女的社会性别期待,对他们的影响是微妙而深刻的。子女一般会不自觉地按照父母对性别的期待来调整自身的性别角色和性别行为,把自己塑造得更加符合父母的性别期待与要求。如在为子女起名字、玩具选择、性格塑造、教养方式、生活习惯培养及游戏选择、同伴选择等方面,父母对不同性别的儿童的期望、评价都会不同。这些性别观念通过家庭环境、日常生活等不同渠道强化,集体无意识使社会性别观念的形成成为一种自然。

(二)主流的家庭分工模式影响

目前我国主流的家庭分工模式仍是传统的“男主外,女主内”。女性依旧是家务劳动和照顾家中老小的主要承担者。虽然,现在大多数女性和男性一样,都要外出工作,但是照顾家庭依旧被认为是女性的主要职责。这样的家庭劳动分工与角色分工,无疑给孩子留下了照顾家庭是女性的职责、养家糊口是男性的责任的印象。父母在家庭中的言传身教对子女的成长有着重要的影响作用。特别是父母的一举一动,更是子女关注的焦点。长期观察父母不同的性别行为,会提供给子女不同的性别模仿线索,会潜移默化地影响孩子的性别观念。子女通过对不同的性别行为经验的认知,来获得自己的性别行为规范,从而使自身的社会性别塑造趋向于传统的性别劳动分工和角色分工。

二、与学校教育有关

学校教育以集体、集中、整齐划一为重要特征,在推进人的性别社会化方面发挥重要作用。学校通过其特有的话语权,比如教材、教师、课程等,向受教育者传授和传播社会性别知识和规范,塑造受教育者对社会性别的理解与内化。

从教材方面来看,教材在儿童社会性别的形成过程中起到至关重要的作用。在性别与教材的联合研究中,很多研究者都发现,在我国现行的教材中,男女两性所从事的职业类型基本上是与传统的性别角色分工相吻合的。教材中的男性所从事的职业是十分丰富的,而且几乎都是与社会公共生活密不可分的。如军人、政治家、军事家、文学家、科学家、发明家、手艺人等。即使是单纯的描写父亲,也是肩负着家庭职责、睿智、刚毅的传统男性形象。研究还发现,教材中的女性在社会上从事的职业多集中在护士、教师、女工等与家庭私人生活有着密切联系的职业领域,在社会公共生活的重要领域,女性鲜有涉足。男性在职场上的功成名就和女性在家的无私奉献,隐含了社会对传统性别角色的期待。由此可见,教材中宣扬传统的两性形象和角色,会影响到学生对性别的认知,强化刻板的两性形象和角色,影响了学生对社会性别自由而全面的认知。

从教师期待方面来看,教师是学生人生的重要指导者和领路人。由于教师的专业地位,教师通过教学过程、师生交往、学生期待等对学生的成长与发展形成至关重要的作用。然而教师对学生的期待往往受自身的性别意识和性别观念的影响。具体来说,在学业成绩和智力发展方面,教师往往对男生在智力、进取心、独立性和逻辑思维方面有更高的期望。一些教师往往认为男学生的学习能力特别是理科学习能力更出众,女学生在学习中更用功,而随着年级的升高,男生的学习能力会表现得愈加明显,女学生在学习初期表现的优势将会逐渐丧失。例如,在评价两个学习成绩相当的男女学生时,教师会倾向于将男学生学习成败归因为聪明与否,而将女学生学习成败归因为努力与否;而且,教师往往会给予学生与传统性别特质相符的行为以更高的评价和更多的表扬。总之教师的性别意识和性别观念对学生的社会性别的塑造以及潜能的发挥有一定的影响。

从课程或专业方面来看,男性一般被鼓励选修或选择工程、机械、计算机等方面的课程或专业,或者从事探索和挑战性的学习和工作;女性一般被指导选择安定、保险和不太具有尖端技术及知识的专业和职业。有关数据显示,女性对理工科的热爱并不逊于男性,但女性的数量却随着研究阶段的深入逐渐减少。究其原因,正如《城市画报》刊发的《女科学家和你都在逐渐消失》一文所指——“这种(单单要求女性照顾好家庭的)性别偏见不仅仅存在于观念中,更加渗透到现实层面,导致了包括科研领域在内的公共领域中女性的不断流失。”

三、与大众传媒有关

大众传媒,如报纸、杂志、影视等在社会生活中发挥的作用越来越大。一方面,在与现代传媒的互动中,女性作为传播者参与了现代传媒对世界的报道,从而修正和弥补了人类文化因长期缺乏女性视角而产生的片面性及不公正性。另一方面,以文字符号、视觉形象出现在观众面前的性别模式,极大地影响着人们的性别观念。纵观各种传媒广告信息内容,主要呈现以下特点。一是暗示女性追求自我生命的物化。女人爱购物、爱打扮、爱消费,女性天性是物质的,更接近物性。二是暗示女性精力主要投入在私人领域上。广告中女性更多的代言与身体和家庭有关的服装、美容、家用电器和商业服务业,只有少数创业女性或者在事业上成功的女性才会出现在自动化、高科技和机械产品的广告中,例如格力电器总裁董明珠对格力电器的代言,虽然这在一定程度上昭示了社会对现代女性的定位已经突破了家庭范围,但是从另一个角度看,女性在广告中大多被定格在家庭等私人领域上。由此可见,大众传媒正通过独特的话语优势,不断地塑造和制造出社会期待的女性形象。

第四节　社会性别视角的剖析

从社会性别来看,男女两性所扮演的性别角色并非取决于生理的不同,而是受到家庭、教育、传媒等的影响。将社会性别理论作为分析工具研究文学作品、历史人物、学校教育等,有利于开启思维的一扇窗,看清问题的本质并获取处理问题的方法。

一、社会性别视角下的《格林童话》

《格林童话》是格林兄弟在19世纪初搜集整理的童话集,共收集童话200余篇,其中《白雪公主》《灰姑娘》《小红帽》等名篇脍炙人口。《格林童话》作为世界儿童文学的珍宝,对儿童具有一种无可言喻的吸引力,然而用社会性别视角来透视《格林童话》,会发现格林童话对男女两性性别角色期望的描述，有一套独特的话语体系，潜移默化地影响着儿童。

首先，“男才女貌”主要体现的是对《格林童话》中男女主人公外貌方面的性别角色期望。《格林童话》里许多故事的女主角总是美丽的化身：灰姑娘的美丽“使所有的人惊叹不已”，莴苣姑娘是“天底下最漂亮的女孩”，《青蛙王子》中的小公主“美得让太阳都惊讶不已”。她们的美貌不仅给读者留下了深刻的印象，而且也恰恰成为她们获取幸福的利器。正如白雪公主吸引王子并获得王子拯救的原因之一，是她美丽的容颜，这使得王子对她一见钟情，哪怕当时王子所见到的只不过是公主的遗容。

而男主人公在《格林童话》的许多个故事中则往往表现出知识经验丰富、对待生活中的困难具有很强的解决问题的能力等性别价值特征。这种性别价值特征在《白雪公主》中，可以说是表现到了极致，这种极致的代表就是作品中七个小矮人的形象。作为男性的他们虽然没有英俊的外表、伟岸的身躯，却拥有勇敢、智慧和拯救弱者的心。他们是白雪公主人生绝境中的“第一个”拯救者，是白雪公主感受和依赖的“第一次”人间的温情，甚至是白雪公主走向幸福生活的“第一个”依托。七个小矮人的形象特征，典型而极端地体现出男性不一定要以外貌取胜，却一定要以品行与才能、智慧与力量取胜的男性性别期望。

其次，“男刚女柔”主要体现的是对男女两性人格方面的性别角色期望。女性被塑造为弱小的、服从的、依赖的形象，温柔顺从是她们的性格。这些美丽的童话不但没有责备她们的软弱无能，反而让她们最终得到了王子的爱情，获得了人生的幸福。灰姑娘生来就是爸爸妈妈的“乖女儿”，母亲去世、父亲续弦后，面对继母和两个姐姐的虐待，从不抱怨，忍辱负重，依然很“乖”。正是这种无助与柔弱的形象，使得灰姑娘在遭受继母与姐姐的刁难时，得到了麻雀、百灵和神奇小鸟的同情与帮助。最终，灰姑娘以她美丽的外貌和温顺柔弱的性格，获得了王子的爱情，最终与王子举行了一场盛大而隆重的婚礼。

这类童话里的男主人公具有无所畏惧的品质，在面对困难时，他们选择的是用自己的能力和机智去解决，从而使自己摆脱困境，获得成长和幸福。《无所畏惧的王子》里，王子自小就不愿被王宫的高墙深院所束缚而勇敢地出去闯荡大千世界，后来，在面对比自己强大的巨人时毫不畏惧，用实际行动证实了自己“想做什么就能做什么”的实力，而且还在无意中获得了更强大的力量，又凭借勇敢和机智降伏了众魔，赢得了姑娘的芳心。

需要重视的是，《格林童话》所建构的“社会认可的理想女性”，有时却在无意识中对女性性别价值判断产生深远的影响。一是容易造成她们以外貌的美丽与否来判断自己的性别价值，进而稳定地指导她们的人生目标、价值选择以及生活方式等各个方面。二是容易引导她们面对强势时服从与顺从，面对困难时依赖于具有智慧、才能或权势的男性。因此现实生活里，“灰姑娘情结”已内化为一些女性潜意识的一部分。渴望成为“灰姑娘”的她们都被虚拟了一个“幸福”的未来，“王子”成为她们渴望的天长地久的传说和获得幸福未来的寄托。这种替代性的成就满足以及对自身弱势身份的认同，无疑极大地制约了女性自身的发展。

二、社会性别视角下的女皇武则天

在中国古代，女子参政之路充满了荆棘与斗争。首先，王位的继承制度排斥女性执政；其次，不平等的性别观念把女性驱逐出政治领域；再次，不平等的社会地位使女性难有机会参与政治。因此武则天作为一名女性公开称帝在当时历史时期实属难得，她是中国历史上极为少见的以女性之躯挤进封建政治权力格局的最高层的一个特例，是父权制男性宗族血亲代代因袭的皇权壁垒系统中出现的一个特例。

武则天，先为太宗才人，后做高宗皇后，而后为皇太后，最后做了皇帝。武则天从她被赐号为"媚"的才人身份奋争起，到坐上封建社会里女性所能坐到的最高位置——皇后、太后的位置上，是武则天的前一阶段的奋斗，此阶段她的奋斗范围与目标还未超越男性规范的女性领地界限，她为的是不甘于埋没自己的才智，避免在父权宗法"多妻制"下形成的你死我活的争宠斗争中成为失败者；而后一阶段的奋斗，即挺进男性专属领地，以做一名名副其实的女皇的事实，改写了皇家历史，是一种地地道道的不守妇道的僭越，换句话说是有悖于、绝不见容于以"君为臣纲、父为子纲、夫为妻纲"为秩序规范的中国正统伦理道德，同时也表征着她强烈的颠覆父权既定秩序的意识，以及不安于有史以来男性给予女性角色的歧视性规定而进行的一种自觉而彻底的反抗。

女性导演李少红在电视剧《大明宫词》中，以鲜明的女性视角，现代自觉的女性意识来解析、诠释武则天这位女性人物，这种视角不再把女性置于男权文化的视域之下，而是采用深刻刻画、呈现女性自我的命运遭遇、价值观念和心理特征的影视形象和风格手段，重新诠释历史上人们熟悉的武则天人物形象，具体如下。第一，武则天拥有刚毅的个性。武则天是为维护自己的爱情权、生存权而不得已抓住权力，这是女性不想让命运掌握在别人手里的一种抗争。第二，武则天拥有强烈的责任意识。这种责任意识表现为女性与男性同样对天下兴亡负有政治责任，正如剧中武则天说的一句话："我现在就要用我的铁腕赋予女人这样的资格。我要废除女人不能称帝的传统，这也许是我一生中最伟大的政绩。"第三，武则天的残忍性格正是权力对人性的异化。爱情、亲情是武则天心灵的渴望和情感的归宿，也是她对女性世界的永恒眷恋，然而只要权力受到威胁，武则天残酷刚烈的个性便使她不顾亲情，血腥拼杀。

无论怎样，总体来看，武则天能在等级森严、崇尚血统与武力的男权社会中获得 21 年独掌天下的无上权力，这在历史上是对男性的刺痛、是对女性志向的激励，这在当时乃至以后的中国人的心灵中荡起了巨浪，也在本土性别文化女性意识长期集体无意识的社会环境下，警醒着一代代女性。然而有一点必须说明的是，武则天虽然是女人，但她的成功并不能纯粹代表父权制的失败，武则天施行的一套政治、经济、文化等措施，依然是以男权为中心的文化作为其底色的，她在去世以后，给自己立下一个无字碑，把政权交给了李姓男儿。

三、社会性别视角下的学生全面发展

2007 年 3 月英国机会平等委员会颁布《英国学校〈性别平等责任法〉操作指南》（以下简称《指南》），《指南》以 2006 年英国政府出台的《性别平等责任法》为蓝本，主要介绍了性别平等目标、性别平等计划、性别平等咨询、性别影响评估、信息搜集和使用等具体实施指南；论述了《性别平等责任法》与学校的关系；并在开篇明确指出《性别平等责任法》的主体立场，即性别平等有益于学生的全面发展，换言之就是从社会性别视角来解读学生的全面发展。

学生的全面发展不同国家有不同定义。为促进教育公平，缩小处境不利儿童与其他儿童的差距，英国政府在 2003 年颁布的《每个儿童都重要》（*Every Child Matters*，2003）绿皮书中提出学生全面发展五项指标，即促进健康、安全地生活、快乐且有所成就、作出积极贡献以及达到良好发展状况。这些发展目标的实现需要融入性别视角，具体表现在以下几个方面。

第一,从健康来看,首先,性别的生理和社会因素影响人的健康状态,因此识别和评估青年人健康状态时应考虑性别因素;其次,女孩和男孩在心理健康、性健康、性虐待、抽烟以及对体育和运动的态度等方面存在差异,所以从性别视角出发有助于解决以上问题;再次,学校在开展体育运动时须考虑男女两性的需求和爱好差异,才能有的放矢确保男女两性学生的体育参与度。

第二,从安全的生活来看,“免受欺凌和歧视”以及“免受暴力和性剥削”与性别平等因子有极高相关性,加之男性和女性在欺负行为方式上存在不同,为此学校对性暴力、性剥削问题的解决需要考虑男性对暴力欺负女性的态度,并根据性别差异分别开展教育。

第三,从快乐且有所成就来看,一方面学校在考虑学生成绩影响因素时应避免概括化或过度简单化,譬如男性和女性的成绩在文学和语言科目中呈现较大性别鸿沟;另一方面女性在学习成绩上的优势并不意味着她们未来能从事更好的工作,学校该如何确保学生在“快乐且有所成就”与“达到良好的经济状况”间达到一定的平衡。

第四,从作出积极的贡献来看,发展积极的关系、不欺凌和不歧视他人是其具体目标,学校可通过公民、社会研究等课程,以及政策来解决性别中的刻板印象、欺凌和歧视问题。

第五,从达到良好经济状况来看,职业性别隔离是造成性别收入差距和大龄妇女贫困的主要因素,为此,消除学校教育、职业训练和职业选择中的性别刻板印象以及丰富相关信息来源渠道是“达到良好经济状况”的关键步骤。

【思考训练】

1. 什么是生理性别与社会性别?
2. 什么是社会性别角色期望与性别刻板印象?
3.《格林童话》中呈现的性别角色期望有哪些?
4. 试用社会性别视角解读《英国学校〈性别平等责任法〉操作指南》中的学生全面发展观。

【拓展阅读】

姚晨星空演讲:《一个中年女演员的尴与尬》

2018 年 7 月 29 日晚,由腾讯新闻出品,腾讯娱乐主办的《星空演讲》正式开讲。本场演讲的主题是“女性的力量”。姚晨是当晚第三个登台的演讲者。她在现场坦言自己目前面对的事业瓶颈和尴尬之处,自嘲如今自己已经是“一个不得志的中年女演员”。成为母亲让她对于事业和表演有了更多的感悟,但两次因怀孕暂时停下事业,却让她遇到了演艺生涯的难处。在这样的现状下,她并没有随波逐流,开自己的电影公司,寻找不同于她以往形象的角色。她的坦率和幽默也赢得了全场观众的掌声和笑声,轻松的气氛中让大家深切体会到她的尴尬与背后的坚强。以下是她的演讲实录。

我是“独立、自信、坚韧、成功”的女性代表,我被如此正能量的赞美冲昏了头脑,愉悦地答应了。冷静下来后我发现,我好像不是他们想要找的这个人。此后的一个月里,我绞尽脑汁,拼命回忆自己“独立、自信、坚韧、成功”的时刻,但蹦出来的都是“彷徨、沮丧、无力、失败”的画面……一个中年女演员的尬与惑。

我曾经的工作人员认为,姚晨是个懒惰的演员。事实上是因为我对剧本的选择一直很谨慎,导致接戏不多。2012 年,我终于遇到了几个好剧本,我雄心勃勃摩拳擦掌撸起袖子准备大干一场的时候,我怀孕了。没多久,我的经纪人告诉我,她也怀孕了。于是,整个团队偃旗息鼓,跟着我们一起休了产假。

在和孩子相处的三年中,我体验到了生命的伟大和美好,我的情感变得更加细腻,对人生的理解也更加得深刻。作为一个演员,我也比以往准备得更充分了。于是我决定化被动为主动,离开了大公司,成立了自己的小工作室。就在我雄心勃勃摩拳擦掌撸起袖子准备大干一场的时候,我又怀孕了。更神奇的是,我的经纪人,她也又怀孕了。于是我们怀二胎的整个孕期,只工作了 12 个工作日。当年被我们拉出来的那支团队,也基本走光了。

这一次生完娃后,我重整旗鼓雄心勃勃摩拳擦掌撸起袖子,真的准备大干一场!我找了一栋宽敞明亮的二层小洋楼,有漂亮的小花园,到处是绿植。隔壁是吴宇森导演的工作室,出门前行 30 米是管虎导演的工作室,出大门左转是宁浩导演的工作室。在这样一个浓烈的艺术氛围中上班,想想都令人激动!就在庆祝乔迁之喜的那一天,最后一位员工抱着纸箱离职了。我跟我的经纪人,站在空旷的办公室里,互相拍着对方的肩膀打气:“万事俱备,只欠员工。”

团队走了还能重建,但人生中有些东西是无法重来的。怀孕、生孩子不仅仅是给我增加了一份责任,还增加了不少脂肪。那段时间我苦练修图技术,以求瘦得比较自然。我还见识到了地心引力的强大,从脸部肌肉开始,身上该下垂、不该下垂的地方都下垂了。

我立志要减肥,我要瘦成一道闪电。哺乳期后,我开始恢复健身,运动产生的多巴胺,让我的状态越来越好,我相信一切都会好起来的!肥胖问题解决了,但新的尴尬又欢快地向我奔来——年龄。我是 1979 年 10 月出生的,明年我就 40 了,按理说,四十不惑。但我怎么觉得,自己的人生困惑却越来越多了呢?明明到了一个演员最成熟的状态,但市场上,适合我这个年龄段演员的戏却越来越少。

过去五年里,我生了两个孩子,错过了很多好导演的好项目,等再回到职场中时,我的事业已处于十分尴尬的境地。不过,生娃是我当时的人生选择。每个人在不同的年龄段,都会有不同的人生选择。选择你能承担的,承担你所选择的。

……

活到这个岁数啊,我算明白了一点:成功只是偶发事件,失败才是人生常态。生活就像一场科学实验,需要在不断试错中调整方向。回望这一路,我的方向一直没有改变。我从事演员这个职业到今天已整二十个年头。一个人的一生又有多少个二十年呢?这不是热爱又是什么呢?

这些年我常被问到一个问题:你是如何兼顾事业与家庭的? 我一直很困惑,为什么没有人问我先生同样的问题呢?在这个时代当中,无论是男性还是女性,都会面临同样的两难境地。老实说,在我看来,事业和家庭是无法兼顾的。我一旦拍戏,就要专注地投入在角色当中,没法照顾到家庭。可如果让我永远地待在家里不许拍戏,那我也会崩溃。

在外拍戏,我享受创作时的孤独。杀青回家,也享受“滚回红尘”的幸福。对我而言,拍戏和家庭,这两者合二为一才构成了我完整的生活。

去年我拍了一部电影,名字叫《找到你》。我饰演的是一名律师,也是一名丢了孩子的单身母亲。电影里有一段台词:“这个时代,对女人要求很高。如果你选择成为一个职业女性,就会有人说你不顾家庭,是个糟糕的母亲。如果选择成为全职妈妈,又有人会说,生儿育女是女人应尽的本分,这不算一份职业。”但事实却是,因为努力工作,我才有了选择的权利。因为当妈妈,我才了解了生命的意义,也让我有勇气去面对生活的残酷,这两个身份并不矛盾。

我曾在某个深夜发过一条朋友圈,我写道:后半生最想努力做到的,是对自己的心完全诚实。从小到大,我们都在努力地活成社会希望的样子,我们被各种身份标签所定义,却唯独迷失了最真实的自己。

对一个演员来说,诚实是最宝贵的品格。我们首先得认出自己的面目,找到自己的道路,才能理解他人的生活,理解到那些与我完全不同的女性经历了怎样的生命节奏,其中又有哪些喜怒哀乐与我相同。当我准备这一次演讲,回望过去这些年的选择时,我还是有遗憾的,但并不后悔,甚至感慨。

(资料来源:风易. 姚晨:演员不拼演技拼流量,我看不懂. 腾讯娱乐网,2018-07-29.)

第二章 女性与政治

【热点链接】

电视剧《芈月传》热播，揭秘中国首位女政治家传奇，引发了广大观众的热议。在这部电视剧中，芈月是作为主要女性形象塑造的，芈月的形象也成为众多女性所喜欢的形象。芈月敢爱敢恨，深明大义，为了自己的亲人，为了国家牺牲自己对于生活的追求等，这些都是大家喜欢这个角色的原因。影视剧中塑造的这些女性形象，无论对于现实中的男性还是女性来说，给予他们的都是对于女性形象的刻板印象，他们认为真正伟大的女性，应该是一个勇于牺牲的人，然而，这对于真正的女性形象是一个扭曲。女性主义运动的产生，是为了争取女性的各种权利，使女性不再成为社会的牺牲品，女性完全可以和男性一样，成为社会的建设者。重新建立新的女性形象，赋予女性与男性以同等的权利和机会，不光是对女性的解放，也是对于男性压力的释放。《芈月传》的导演郑晓龙在接受采访时，对芈月这位女政治家的形象作了详谈。

2015 年 11 月 30 日，历史巨制《芈月传》在北京卫视登场，迅速在全国范围掀起了"全民赏月"大联欢，收视率更是一路看涨。决定拍《芈月传》的郑晓龙称，和虚构的甄嬛不同，芈月在历史上真有其人，指的就是战国时期秦国的宣太后，她拥有传奇的一生，从地位卑微的楚国庶出公主成为令六国俯首的大秦铁血太后，算得上是中国历史上第一位女政治家。本来史学家只知道她姓芈，后来有人在兵马俑与阿房宫筒瓦上发现"芈月"的陶文字样，推测这就是宣太后的名字。导演郑晓龙在访谈中说道："她一个楚国的公主嫁到秦国，又被流放到燕国，然后又回到秦国并且当上了摄政太后，垂帘听政 41 年，到她死的时候秦国已经统一了六国一半的疆土，40 多年后秦始皇就统一了中国。因为她，中国第一次有了'太后'这个称谓。"然而，如此贡献巨大的人物，历史上的记载却非常少，"从《史记》到《战国策》一共只有几百字，《战国策》还是戏说性质的。"更让郑晓龙不满的是，在寥寥的记载中，最多的内容竟然是描写秦宣太后"荡妇"的一面。"史书上说她靠女色来骗取政治利益，说她工于心计，但她是中国第一位女政治家，当政 41 年，她坚持商鞅变法，坚持统一六国，把秦国变得那么强大，她肯定有她的人格魅力、尊严自我。"

（资料来源：陈颖. 太后第一人　怎会是荡妇 [N]. 华西都市报，2015-12-02（a9）.）

【观点分享】

在任何社会中，妇女解放的程度是衡量普遍解放的天然尺度，这也是马克思妇女观的重要观点，即"妇女解放的程度是衡量人类社会进步的尺度"①。

——［德］恩格斯

全国妇女起来之日，就是中国革命胜利之时。中国的女性，在新中国成立之际，与中国人

① 中共中央马克思恩格斯列宁斯大林著作编译局：《马克思恩格斯全集》[M]，北京，人民出版社，2009。

民一起站起来了，男女平等成为国家立法的一项基本的原则，国家从法律制度层面保障了女性参与政治的平等权利①。

——毛泽东

有时候我们不能用一个女人的眼光来看那些称制的女主，认为她们牺牲了亲情爱情是一种悲剧，做不成好妻子好母亲是一种遗憾，再成功也有亏欠。不，投身政治的女人们，不能用母性来分析她们，只能用政治来看她们，用帝王心术来分析她们。这些名留青史的女主们身上的帝王性往往压过其他的特质，她们甚至比当时的大多数男人都更刚强冷酷无情，才能站在男权社会的顶端掌控权力②。

——蒋胜男

【智慧探索】

从古至今，女性和政治这两个词在历史上似乎关联不甚紧密，而作为社会成员，尤其是国家产生以后，女性一直以来都从属于社会统治，作为政治统治的对象存在。封建社会及之前，少部分女性在特定的客观历史条件下得以参与政治，随着现代社会的发展和文明的进步，女性和政治的联系越来越紧密，女性也以更加主动的姿态参与到政治生活中。妇女的政治参与，作为国家政治统治的一个重要方面，反映了女性在政治系统中的地位和作用，也反映了社会包容、开放、文明与进步的程度。

第一节　女性政治地位的历史变迁

一、女性性别歧视主义及女权主义的崛起

（一）女性性别歧视主义

性别歧视主义，一般是指持有基于他人的性别差异而非他人优缺点所造成的厌恶或歧视的观念思想，也可用来指称任何因为性别所造成的差别待遇。一般来说，性别歧视主义可以分成三种：对女性的性别歧视主义、对男性的性别歧视主义、对跨性别者的性别歧视主义。性别歧视主义作用于女性的极端形式就是对女性歧视与贬抑，由于作用于女性的性别歧视主义最先也是最广泛地被人们所认识，所以对女性的性别歧视成为"性别歧视主义"一词最常用和指涉的意思。

亚里士多德说："人天生是一种政治动物。"但从世界范围来看，在封建男权社会中，女性要从政，道路极其坎坷。女性在性别上受男尊女卑的观念歧视："女子无才便是德"的观念剥夺了女性受教育的权利，"三从四德"的约束让女性处在一个附属地位，"养在深闺人未识"的活动范围让女性只能生活在围墙之内……古代女性的生存空间，被封建礼教压缩到了极致，基本的自由权、话语权已经丧失，更遑论政治权利。在那个时代，政治似乎只是男人的专属领域。在这个领域，无论男人怎样尔虞我诈、血腥杀伐或是文谋武略，都是天经地义之事，而一旦有女人参与其间，便有卫道者呼天抢地将其批判得体无完肤。历史上仅有寥寥可数的几名女性政治家成为执政者，虽然同样建有彪炳史册的伟业，与盛世贤明的男性统治者不

① 毛泽东：《在延安女子大学开学典礼上的讲话》[N]，载《新中华报》，1939-07-25。

② 蒋胜男：《权力巅峰的女人》[M]，北京，九州出版社，2015。

相上下，但她们却往往被置于大不韪之地，“牝鸡司晨”这个词语，是对她们最直白也最恶毒的攻讦。但即使是如此禁区森严步履艰难，历朝历代却都有女性烙下政治印记。历代皇朝，女性由后宫而干政，临朝掌权的情况并不少见，如吕雉、萧太后、慈禧等；而最有气魄的是武则天，不再囿于垂帘之后，坐上龙椅称王称帝。从另一个角度来看，在那个备受禁锢与束缚的时代，女性在政治才能上的表现令人惊艳、不逊任何男性，也间接证明了一个事实：在政治能力和才智上，女性并不是天然的弱者，只要有机遇有平台，女性照样可以在政治领域撑起一片天地。

（二）女权主义

女权主义又称女性主义、妇女解放、男女平等主义，主要指为结束性别歧视主义、性别剥削和压迫，促进性别平等而创立和发起的社会理论，在批判性别歧视中着重于性别不平等的分析以及女性的权利、利益议题推动。由众多女权主义者掀起的女权运动又称妇女解放运动或女性运动，即反对歧视女性，使女性获得应有的社会地位和权利，实现两性权利完全平等的一项社会目标或社会运动。

资本主义大工业时期经济的迅速发展，为女权运动的产生提供了经济条件；19 世纪 30 至 40 年代，资产阶级革命在各国取得胜利，为女权运动的产生提供了政治条件，女性积极参加了本国资产阶级革命运动，女权运动伴随着资产阶级革命而开始兴起；文艺复兴运动，宗教改革运动和启蒙运动中的“自由”“平等”“天赋人权”思想为女权运动的产生提供了思想条件，如美国的《独立宣言》和法国的《人权宣言》，启发了女性争取平等权利斗争的觉悟，是女权运动产生的直接思想根源和理论基础。国际妇女节的设立正是女权运动取得阶段性胜利的重要标志：20 世纪初，西方各国正处在快速工业化和经济扩张阶段，恶劣的工作条件和廉价的工作薪水使得各类抗议和罢工活动此起彼伏；1857 年 3 月 8 日，美国纽约的制衣和纺织女工走上街头，抗议恶劣的工作条件和低薪，在接下来的数年里，几乎每年的 3 月 8 日都有类似的抗议游行活动，其中最为引人注目的是在 1908 年，当时有将近 15 000 名妇女走上纽约街头，要求缩短工作时间，增加工资和享有选举权等，并喊出了象征经济保障和生活质量的“面包加玫瑰”的口号；1910 年 8 月，在第二国际哥本哈根代表大会前夕，德国社会主义政党女权主义者克拉拉·蔡特金以国际妇女书记处书记身份主持召开了第二届国际社会主义妇女代表会议，这次代表会议有 17 个国家的 100 多名代表参加，包括第一次当选为芬兰议会议员的 3 位妇女。受到美国女工及其社会主义姐妹们行动的激励，克拉拉·蔡特金起草了一份《关于争取妇女选举权基本原则的决议案》，决议案规定：“各国无产阶级有阶级觉悟的政治组织和工会一致同意：各国社会主义妇女每年要有一个节日。其主要目的是帮助妇女获得选举权，必须按照社会主义原则并连同整个妇女问题一起对待妇女的选举权要求。妇女节必须具有国际性并认真地筹备。”

新西兰对待女性的态度

国际妇女节（我国称为“三八”妇女节或国际劳动妇女节）是为了纪念妇女权利运动，设在每年的 3 月 8 日的国际性节日。

在新西兰，女性地位一向很高，它是第一个给予女性选举权的国家。早在 1893 年，新西兰女性就获得了选举权。在美国，女性在 1920 年才获得选举权。在英国，女性在 1918 年只获得部分选举权；直到 1928 年，才实现男女平权。1891 年、1892 年和 1893 年，Kate Sheppard 女士领导了三次大规模的签名请愿活动，要求国会给予女性选举权。1893 年，Kate Sheppard 等运动领袖向国会递交了一份长达 766 英尺（233.5 米）的请愿书，上面有 32 000 多位运动支持者的签名。在这场运动的推动下，新西兰国会最终通过了《选举法 1893》（*Electorate Act 1893*），以法律的形式赋予了新西兰妇女投票选举的权利。在当年举行的国会大选中，新西兰近 2/3 的妇女参加了投票。新西兰的 10 元货币上，印的就是 Kate Sheppard 女士的头像，以纪念这位伟大的女性为推动新西兰妇女争得选举权所做的历史贡献。

新西兰妇女争取选举权运动的成功是世界政治史上的一个里程碑，也是新西兰女性参与国家政治的起点。

从那时起政治不再是男性的专利，女性也开始在政坛绽放光彩了。

1933 年新西兰国会迎来了第一位女性议员，她的名字是 Elizabeth McCombs。

1984 年新西兰女性国会议员的比例达到了 13%；1999 年女议员比例为 30%；2013 年女议员比例为 32%。

1997 年，新西兰诞生了首位女性总理，她是 Jenny Shipley。

1999 年，Jenny Shipley 在大选中败给工党领袖 Helen Clark 女士，新西兰诞生了第二位女总理。

Helen Clark 卸任后，担任联合国开发计划署署长等职位。

2017 年，工党女领袖"80 后"的 Jacinda Ardern 出任新西兰总理，成为新西兰史上第三个女总理。

Jacinda Ardern 将自己描述为一个社会民主主义者，进步人士，共和主义者和一个女权主义者。

此外，新西兰现任总督也是一位女性，Patsy Reddy。她是新西兰第三位女性总督，也是新西兰第 21 任总督。

Patsy Reddy 出任总督一职体现了新西兰社会性别平等和对女性领导能力的高度评价。

新西兰女性不仅政治地位高，家庭地位也不低。

在这里你经常会看到，一家人逛街，太太牵着狗走在前面，丈夫推着婴儿车走在后面，还背着一个大大的双肩旅行包。

2018 年 1 月 18 日，Jacinda Ardern 发文称自己已经怀孕。她在文中提到，她的伴侣将会成为全职爸爸。

此前，《经济学人》基于劳动力参与率、工资差距、在高级工作中女性所占比例和照顾孩子的成本与工资相比等因素，得出了一个指数来衡量哪个国家的女性在工作上最容易被同等对待，新西兰排在榜首。

（资料来源：新西兰对待女性的态度，看完都哭晕了！微信公众号"网易号"，2018-03-08.）

中国首度公开、正式庆祝国际劳动妇女节是在 1924 年 3 月的广州，时值第一次国共合作期间。从中国人首次庆祝国际劳动妇女节开始，中国妇女运动与国际妇女运动真正紧密地联合起来了。1922 年 7 月召开的中国共产党第二次全国代表大会开始关注到妇女问题，在中共二大《关于妇女运动的决议》中提出"妇女解放是要伴着劳动解放进行的，只有无产阶级获得了政权，妇女们才能得到真正解放”，随后向警予出任中共第一任妇女部长，她多次在上海领导女工斗争，仅 1922 年就在上海的 60 间丝厂、3 万名女工中先后发动 18 次罢工。但是当时中共内部妇女力量薄弱，1922 年 6 月时只有女党员 4 名，到 1923 年 6 月时不过 13 人，建立广泛的妇女运动统一战线的需求迫在眉睫。在 1923 年 6 月中共三大《关于妇女运动的决议案》中就提出“一般的妇女运动如女权运动、参政运动、废娼运动等，亦甚重要”“全国妇女运动的大联合”“打破奴隶女子的旧礼教”“男女教育平等”“男女职业平等”“男女社交自由”“男女工资平等”等口号。1924 年 1 月，中国国民党中央执行委员会妇女部部长何香凝在广州召开的国民党一大上提出了“妇女在法律上、经济上、教育上一律平等”的提案，获大会通过，促使《中国国民党第一次全国代表大会宣言》的政纲中明确规定：“于法律上、经济上、教育上、社会上确认男女平等之原则，助进女权之发展。”从而确立了妇女在社会各方面平等合法地位的原则。1960 年以来对“三八红旗手”和“三八红旗集体”的评选与表彰活动，更将中华人民共和国成立以来以“女劳模”为象征的“新中国妇女”形象赋予了更明确的性别属性。

联合国从 1975 年开始庆祝国际妇女节，确认普通妇女争取平等参与社会的传统。1997 年大会通过了一项决议，请每个国家按照自己的历史和民族传统习俗，选定一年中的某一天宣布为联合国妇女权利和世界和平日。联合国的倡议为实现男女平等建立了国家法律框架，并且提高了公众对于迫切需要在各个方面提高妇女地位的认识。社会进步不可逆转的潮流，冲破了性别歧视的牢笼，男女平等的大旗飘扬，为女性从政搭建了日益宽广的舞台。当今时代，寰宇天下，女性出任一国的最高元首或政府首脑，已不再是新鲜事。事实上，政治领域的两性平等，恰恰是现代民主政治的重要标志，无论是构建政治文明，还是营造民主社会，女性参政都是无法绕开的节点。从二战后的世界历史看，成为国家领导人的女性人数呈上升之势：20 世纪 50 年代有 1 人，60 年代有 3 人，70 年代有 7 人，80 年代有 11 人，90 年代则超过 20 人，进入 21 世纪以来，非洲南美洲都迎来了首位女性总统。而近年来三个世界级大国的政位之争，更是在男性与女性之间角逐进行：默克尔击败施罗德，成为德国历史上首位女总理；罗亚尔与萨科奇角逐，虽败犹荣；而在美国，希拉里更是凭着一股韧劲酣战特朗普，折戟无憾。铮铮铁玫瑰在政坛闪耀绽放，女性为争取在政坛一席立足之地的权利而不断努力着。

二、女性政治地位的历史变迁

（一）母系社会的辉煌时代——女性主导期

在人类历史上，母系氏族时期是女性辉煌的时代，在原始社会中，社会生产力低下使得男子从事的渔猎收获并不稳定，难以满足最低物质生活需要，而女性从事的植物采摘收集反而较为稳定，这种经济上的优势再加上分娩、哺育、繁衍关系到氏族的存亡，这种环境下，当时的女性备受尊崇，女性拥有更高的权力和地位。随着生产工具的改进、社会生产力发展，生产关系开始发生变化，原始社会后期，原始畜牧业产生，与农业逐渐合并，体力劳动显得更为重要，男性凭借自然赋予的体力力量，逐渐成为生产生活资料的主要创造者，母系氏族逐渐被父系氏族代替。此后，女性在社会生活中原有的优势地位逆转，女性地位下降，男性地位上升，男性逐渐掌握社会生产大权，将女性排斥在外。由此，女性不仅失去先前拥有的各种优先权，随着社会保障的丧失，她们自身也沦为男性的附属品，这种现象为统治整个封建时期的男尊女卑观念埋下了基础。

（二）封建社会的男尊女卑——女性从属期

进入封建社会，由于前期父系氏族取代母系氏族，到西周以嫡长子继承制为核心的宗法制度等因素影响，男尊女卑观念形成，影响中国几千年，延续至今。在封建社会，女性的社会分工主要是做女红、织补、哺育、家务，女性没有自主权、受教育权、财产权等，男权主导的社会，通过对女性思想和行为的限制而禁锢女性的独立思想与素质能力，从而贬低女性的地位，在整个封建社会时期，其间有一些朝代女性的地位得到了很大的提高，而封建礼教为了维护男性绝对话语权和统治地位，开始研究、整理，并形成各种用来限制女性眼界与志向的学说，如"女子无才便是德""三从四德"等，一些女性佼佼者，更被说成是"红颜祸水"。

（三）近代社会的女性意识——女性觉醒期

19 世纪中叶的近代社会，随着工业的发展，女性开始走进工厂、走进社会，从事较为独立的生产和劳动，劳动形态不限于织补了，但由于近代社会整个劳动阶级的地位都很低下，广大劳动女性的地位就不可能单独地得到提高；这时的社会上层的女性，因为经济上对男性的依附，主要扮演着花瓶的角色，总的来说，近代社会女性地位仍然低于男性。不过在西方思潮的影响及革命运动过程中，也出现了一些伟大的女性解放运动家，如宋庆龄、何香凝、向警予、蔡妍等，为女性解放作出了贡献。这个时期，女性打破了几千年的封建枷锁，废除了一些如裹脚等惨无人道的封建行为，整个社会在思想观念上也发生了重大的改变，越来越崇尚男女平等，女性享有各种权利等。

（四）现代社会的男女平等——女性平权期

随着女性运动的发展，女性们通过自己的努力真正获得了很多权利，其中也包括参政权，改革开放的历史进程中，女性主体意识在增强，更多的女性专家学者走上了领导岗位，女性参政途径不断扩展，女性参政的政策法律保障进一步加强，女性参政水平稳步、缓慢上升。现代社会的女性无论是从政治、经济、教育、婚姻来说，其地位都有了突破性提高，女权主义的倡导促进了女性觉醒，男女平等的观念深入人心，女性也开始走出家庭，走向社会，走向世界，在政界也获得了巨大成功，独立、平等、自强、自信成为现代女性的基本特征。

三、中国女性政治地位变迁的特点

（一）长幼有序带来的女性权威

秦汉帝制开启之时，"宗族文化"已经形成，即在宗族家庭中，按照父子血统为脉线延续，女性以妻子的角色进入，是家族中的附属品。但家庭中，除了夫妻关系，还有父母与子女，因此在长幼领域中，身为母亲的女性也能产生巨大的影响，女性仍然拥有一定的权力，这种权力主要通过母亲对子女尤其是儿子施加影响力来间接显现。"长幼有序"的孝道传统，使年龄的权威排在性别权威之前，成了传统中国的文化惯例，这也为中国古代多个太后垂帘听政提供了底气。同时，在顶层政治最内部的空间，女性也占据了隐秘的核心位置，她们不仅作为皇帝的伴侣可以提供建议，还可以作为皇位继承人的母亲发号施令。

（二）婚嫁制度降低女性地位

宋代时，与婚姻相关的财产流动发生了逆转，这导致了女性家庭地位的大幅度下降。宋人的婚姻，不再是男方家族出聘礼，而是女方家族提供嫁妆。变化的原因尚不清楚，但其结果是，嫁女儿导致家庭财产遭受巨大损失，女子在跨家族网络形成中的重要性降低，这导致了上层女子的地位下降。宋代，女性以嫁妆形式得到的财产是“妻产”，包括土地、金银珠宝、丝绢、家具等，是与她在夫家的其他财产分开的，而不是家庭共有财产。这使宋代法律规定与儒家规范相冲突，但是这保证了妻子或者寡妇能够实现经济独立。

(三)少数民族带来的女性地位改变

汉朝以后占领中国北部的游牧民族带来了具有游牧特性的男女平等观念，皇后经常担任其丈夫政治上的建议者，这种模式在隋唐时代得以延续，例如唐高祖、唐太宗都有皇后的政治协助。而蒙古入侵导致南宋灭亡，同时给两性关系带来根本改变。蒙古人为了保持其游牧习俗，把女性留在家里，并且从1260年开始消减妇女的法律、经济等的自主权。

(四)经济发展带来性别角色转变

唐朝是女性的“黄金时代”，女性在唐代的地位相比任何封建时代都要高，这无不得益于唐朝经济的盛世繁荣和政治的开放包容。武则天之所以能称帝，除了她自身刚强的性格，也与她家庭教育和皇室开放的女性思想分不开，在唐代这个封建经济高度发展、社会风气相对开放的时代，女性参政有了适宜的土壤和气候，皇宫里的嫔妃、女官、公主等以及官员家庭女性等都有过参与政治的记载。清代晚期，经济交通发展，跨区域甚至跨国的经济活动增加，男性多外出做生意，女性则在家打理家事与财务，女性的才干被社会所接受，女性地位也有所上升。至19世纪早期，精英女性在一些小圈子中已经不再具争议性，她们谦逊自信地与男性学者讨论文化和政治议题，女性获得了前所未有的发展空间，她们也开始了一段新的历史进程。

(五)社会革命促成妇女解放

辛亥革命开创了完全意义上的近代民族民主革命，打开了中国进步闸门，传播了民主共和理念，极大推动了中华民族思想解放，不仅对中国的现代化进程产生了巨大影响，而且在妇女解放史上留下了极其光辉的一页。民主、平等、自由等进步思想也得到了更广泛的传播，对于女性解放运动起到了极大的促进作用。辛亥革命的爆发为女性参政提供了契机，这一时期中国妇女界首次旗帜鲜明地提出“妇女要求参政”的口号，辛亥革命真正成为女性要求参政合法化之始。辛亥革命时期的妇女参政运动虽然最终未能取得实质性的成效，“女性参政”观念也仅仅停留在一些先进人士的头脑中，但这对中国女性的解放有重要意义。

(六)制度保障男女平等

男女平等的进步观念在中华人民共和国成立以来得到很好的体现，为了体现女性参政的重要性和保障女性参政权利，不仅中国，世界各国都相继出台了推动并保障女性参政的法律制度。如《中华人民共和国全国人民代表大会和地方各级人民代表大会选举法》《中华人民共和国妇女权益保障法》《中华人民共和国村民委员会组织法》等；国务院颁布的行政规章，如《中国妇女发展纲要》等；部门政策，如中组部出台的《关于进一步做好培养选拔女干部、发展女党员工作的意见》等；地方法规与政策，如各省妇女权益保障法实施办法和妇女发展规划等。这些法律与政策制度的出台，从国家层面保障了女性政治生活的权利，提高了女性的社会地位。

第二节　女性政治意识与政治参与

一、女性政治参与的内涵

女性政治参与是一种综合复杂的社会现象，既包括参政意识、参政方式、参政范围、参政目标、参政人员数量，也包括行使参政权。

全国妇联宣传部、四川省妇联编的《马克思主义妇女观简要读本》中认为，广大妇女有意识地参与国家的政治活动和政治生活，以主人翁的姿态和高度的政治责任感主动地关心国家大事，通过各种途径（如行使公民权、进入国家权力机构等），以自身的积极活动，直接参与或有效地影响国家的立法、司法、行政等方面的决策，从而达到与男子一样主宰国家事务的目的。《中国妇女百科全书》中的观点认为，女性政治参与指妇女参与政治活动或参加政治机构，含义有三：一是广大妇女行使公民民主权利的活动，即女性公民同男性公民一样，行使选举权和被选举权，行使管理国家政治、经济、文化生活和社会生活的权利；二是优秀妇女代表进入各级领导班子，通过直接参加决策活动来把握社会公众事务；三是各族各界妇女利益的代表——妇联组织及其他妇女组织，代表妇女参加社会协商对话，参与有关妇女儿童法律、法规、条例的制定和监督实施。

综合来说，广义上的女性政治参与，包括女性知政、议政、参政和执政，或者分为女性直接参政和间接参政；狭义上的女性政治参与，主要指女性行使政治权利，或一部分被政治体制录用的女性对政治决策活动的参与。

从广义上讲，女性政治意识内含于女性政治参与中，政治参与包括女性政治意识的苏醒，对自身政治身份与政治权利的自我认知和自觉追求。

二、女性政治意识的觉醒与历史背景

女性参政意识的觉醒与女性自我主体意识的觉醒和解放紧密相关，虽然在古代，整个世界范围内并不缺乏女性政治领袖，但整个女性群体的自我意识仍然处于沉睡阶段，除了少数女性政治家及少数离经叛道、追求性别解放的女性意识到自己的能力与权利，普通女性民众在男权社会几千年的统治下，已经失去了自我，附属于男性社会中，逐渐形成根深蒂固的从属观念，丧失女性主体而不自知。这种自我意识的贫缺，一定程度上来自于女性自身生理结构的限制，力量的娇小、生育的羁绊，让女性长期困于家庭生活；同时，女性这种从属家庭甚至从属社会的性质，导致古代女性长期被排斥在教育门外，思想文化程度低下，缺乏自我认知与权利觉醒意识，更被隔绝于政治生活之外。

（一）西方女性政治意识的觉醒

在西方，自女性政治觉醒掀起女权主义运动之日起，历史上共出现了三次女权主义浪潮：第一次浪潮始于19世纪40年代末，终于20世纪20年代；第二次浪潮起于20世纪60年代，止于20世纪80年代末；第三次浪潮发端于20世纪90年代初，持续至今。在女权主义浪潮的第二阶段，即20世纪60至70年代，第二波女性主义运动提出了四个著名口号——“意识觉醒”、“姐妹情谊是有力量的”、“个人的即政治的”和“赋权”，性、身体、情感和家庭等私人领域的范畴，都被纳入了女性主义讨论的议程，启发了女性意识的觉醒，推动了女性主义理论与实践的发展。

20 世纪 60 年代,女性意识觉醒起因于对传统女性角色的质疑、挑战与重新诠释,这充分体现在美国女性运动之母贝蒂·弗里丹《女性的奥秘》一书中。《女性的奥秘》唤醒了美国女性的主体意识,女性们开始努力争取自我成长的空间。20 世纪 70 年代,女性意识觉醒的目标以更文化的形式指向了更个人的赋权,具有很强的革命性和批判性,《隐匿于历史》和《女人的意识,男人的世界》等著作中提出,女性以某种方式在大多数历史中被隐藏了,只有女性主义意识才能充分认真地对待这种被隐藏、被忽视的含义。20 世纪 80 年代,美国激进女性主义者凯瑟琳·麦金农首次把意识觉醒的方法确定为女性主义的方法,并把意识觉醒视为第二波女性主义实践、理论基础与组织方式的核心,她指出:"如同马克思主义的研究方法是辩证唯物主义一样,女性主义的研究方法是意识觉醒,即把女性社会经验的意义加以集体的和批判的重构,如同女性经历了一样。"意识觉醒在理论上和实践上都改变了女性的生活,在当时对西方的社会结构和制度,尤其是对家庭、组织、政治和劳动市场的冲击都是巨大的。

(二)中国女性政治意识的觉醒

在中国,从古代到近代,女性都是受压迫最深的一个群体。女性在生活、教育、职业、婚姻、参政等领域全然没有话语权,"足不出户""女子无才便是德""男耕女织""父母之命媒妁之言""唯女子与小人难养也"等传统观念,可以看出传统社会对女性在各个领域的束缚。父权统治将女性降低为附庸于男性的第二性,《系辞》曰:"天尊地牢,乾坤定矣。卑高以陈,贵贱位矣。"又曰:"乾道男,坤道成女。"这为女性的从属地位确定了基调,女性所能受到的教育,也只有《女儿经》《女戒》《女训》等。中国的明代,皇帝和皇后甚至亲自编写《女戒》之类的书来提倡"女德",极力表彰妇女贞节。到了清代,这种对女性的极端控制与践踏更是表现为"贞节牌坊"大行其道。此后的几百年,男尊女卑的观念一直成为社会统治观念,直到甲午战争后,面对严重的民族危机,少数率先觉醒的女性也开始将自己的命运与推翻清政府统治、实现民族振兴相联系。直到 19 世纪末,鸦片战争的一声炮响使洋人打开了中国的大门,西方的价值观念与意识形态随之而入,女性解放思潮的传入与几千年沉淀于中国人头脑中的男权意识发生了激烈的碰撞,人们被约束的思想也随之被打开,对女性的认识不再仅仅局限于贤妻良母。林宗素在《女界钟》中指出:"顾亭林曰:'天下兴亡,匹夫有责',岂独匹夫然哉。虽匹妇亦有责焉。"薛素贞认为:"夫一国兴亡,匹妇亦有责任;同仇敌忾,吾咸具感。"在与封建社会诀别的社会革命中,中国受到西方女性主义观念影响,对女性地位的认识也在不断发生变化。观念的变化来自于教育的普及与意识形态和文化观念的传播,因此,清末时期,在马克思主义妇女观的指导下,为实现女性的解放,众多仁人志士致力于掀起办女学、废旧习的运动。如:在生活上,以废缠足运动为女性解放标志,在清末进入中国的西方人影响下,1902 年 2 月初,清政府谕令劝止缠足,辛亥革命爆发几天后,湖北军政府即发布妇女放足的通告,孙中山就任临时大总统后,立即于 1912 年 3 月 13 日发布命令劝禁全国缠足,1950 年 7 月 15 日,中华人民共和国人民政府下达了关于禁止妇女缠足的命令;在教育上,兴起办女学堂,1904 年杭州的惠兴女士创办了贞文女学堂;在文化上,创办《女学报》《中国女报》《女届报》等报纸;在参政上,当时的先进女性知识分子们意识到,除了文化教育和舆论宣传,女性群体必须要抱团合群,形成组织,中华民国临时政府建立后,为了争取参政权利,成立了

"中华民国女子参政同盟会",提出"男女平等之实现,女子教育之普及,家庭妇女地位之向上,妇女政治地位之确立"的要求。辛亥革命后,社会政治趋向民主,人们思想得到空前解放,女子学校制度、课程等不断变革,因此,一批知识女性不断觉醒,在生活、教育、婚恋、职业、参政等问题上有了新的认识,并在这些领域有了一些作为。

受西方天赋人权学说的影响,辛亥革命以后,知识女性逐渐形成比较系统的参政观,中华民国的成立进一步加强了女性参政的希望,主张女子以渐进方式参政。1982 年的《中华人民共和国宪法》对妇女的权利作了充分的规定:"中华人民共和国妇女在政治的、经济的、文化的、社会的和家庭的生活等方面享有同男子平等的权利。国家保护妇女的权利和利益,实行男女同工同酬,培养和选拔妇女干部。"

三、女性政治参与的实践历程

纵观社会发展史可以看出,女性政治参与的历史,其实就是一部女性自我解放的历史。古老中国的传统是"男主外,女主内",女性谨守"三从四德"。欧美等其他国家的女性同样也受到"女性天生缺乏理性,不适合参与政治"等观念的主宰,尤其是中东部分地区,女性到现在仍然必须遮发掩面。但当人类社会进入 20 世纪后,随着女权主义运动的广泛传播,女性自我意识觉醒,女性自身受教育程度提高,女性逐渐进入整个社会的政治决策体系当中。

(一)西方女性参政实践历程

在奴隶社会时期,西方女性如同奴隶、牲畜和钱财,是男性家长的私有财产,她们没有生命、财产等任何权利,更不用说政治权利。封建社会时期,虽然女性地位有了一定的提高,获得财产权,但仍然没有被视为公民。在 18 世纪后,随着西方资本主义的发展,社会物质财富极大丰富,西方各国民主程度提高,加上西方女性自身不断抗争,性别关系才开始与阶级、种族关系一样逐渐有所改善,大多数国家的女性才逐渐获得了与男性公民平等的政治权利。18 世纪后,西方资产阶级思想启蒙,在反封建的斗争中,提出天赋人权学说,主张人生而平等,享有生命权、安全权、自由权、财产权、政治权利等。这些天赋自由平等的提出,启发了西方女性的权利思想,使西方女性逐渐意识到自己的不平等地位,产生作为"人"的要求与政治参与意识。1791 年,法国著名女性领导阿伦普·德·古日发表了世界上第一个《女权宣言》,系统提出了 17 条女性权利,其中一条即"女性应享有与男性平等的参政权";法国女权运动著名领袖罗兰夫人成立了"女性立宪同志会",要求把女性的选举权和被选举权写进宪法,并向议会提出了女权宪法草案;1792 年,英国早期女权主义者玛丽·沃斯通克拉夫特出版了人类历史上第一部从女性视角研究女性权利的著作《女权辩护:关于政治和道德问题的批评》,她指出,如果女性能够在更有秩序的学习方式下受教育,女人可以从事政治和各种不同的工作;1848 年,美国女权运动通过了第一个总纲领《观点宣言》,提出"确保女性神圣的选举权是我国女性的职责";1949 年,西蒙娜·德·波伏瓦的《第二性》启蒙了新一代女权思想家,深刻影响了 20 世纪 60 年代女性解放运动;此后,诸多的女权主义者出版了大量理论著作,推动了女性积极参与政治和社会活动的进程。

（二）中国女性参政实践历程

1. 封建社会时期：女性受斥于政治领域外

中国是世界上封建社会历时最长的国家，由于不占有生产资料，没有受教育的权利，女性不具备参政的素质条件。而封建社会实行长子顺序继承，女性没有继承权，加上固有的“红颜祸水”观念禁锢，中国女性在封建社会一直被排斥在政治之外。虽然在中国历史漫漫长河中，封建社会也曾出现过一些抵制、反抗、叛逆甚至要求打倒男权的女性，然而在整个封建时代，中国女性总体上处于屈从和依附于男性的地位。如太平天国农民起义奏响了妇女运动的前奏曲，实行了一些有利于妇女解放的政策，发挥妇女的作用，但由于其受农民阶级性的局限，太平天国起义不可能产生近代的男女平等、妇女解放思想；戊戌变法时期维新派提出的妇女解放的办法只是细枝末节，没有触动封建宗法制度，不发动和依靠妇女群众进行自上而下的斗争，注定了他们的主张必然失败。

2. 近代革命时期：女性初登政治舞台

中国共产党的领袖毛泽东曾经评价：“十月革命一声炮响，为中国送来了马克思主义。”在十月革命的背景下，五四运动爆发。它启迪了中国女性的参政意识，中国妇女参政运动掀起了第二次高潮，中国人民找到了马克思列宁主义这个普遍真理，从此，中国妇女运动面目发生了根本性的变化，进入了以马克思主义为指导的、以无产阶级妇女为主体的、全体妇女争取解放的新历史时期；大革命时期，国共两党实行第一次合作，共同领导妇女运动；刚刚建立不久的中国共产党，通过兴办妇女刊物和举办平民女校，为妇女运动进行理论准备和干部准备。1924年各地纷纷成立了女界国民议会促成会，形成了将争取妇女权利与国民革命有机结合起来的第一次大规模的妇女参政实践活动；土地革命时期，中国共产党在农村建立了根据地和苏维埃政权，残酷的武装斗争和根据地建设，需要广大妇女参与，这是农村妇女参政取得的历史性突破，这一时期，中国共产党在理论上和实践上的初步尝试及成功，为党领导和促进妇女参政奠定了政策和方法基础；抗日战争时期和解放战争时期，中国共产党已经逐渐成熟和壮大，女性参政获得了更为广阔的空间和保障。以 1938 年 5 月召开的庐山妇女谈话会为标志，经过国共双方和各界妇女的共同努力，形成了既有组织形式又有共同工作纲领的妇女抗日统一战线，为团结广大妇女开展抗战建国工作作出了重要贡献。伴随着革命运动的深入和成果的逐渐扩大，女性干部结构有了明显变化，女性参政运动的水平和知识层次有了明显的提高，在理论上和实践上为新中国妇女参政奠定了基础。

3. 中华人民共和国建立初期：女性参政水平提高

中华人民共和国的诞生，为中国女性的政治参与建立了优越的社会制度，其参政水平也是举世瞩目的，中华人民共和国成立之初，政坛上便出现了女革命家群体。1949 年中国人民政治协商会议第一届全体会议通过的具有临时宪法性质的《共同纲领》庄严宣布：“废除束缚妇女的封建制度，妇女在政治、经济等方面均享有与男子平等的权利”，这就以法律的形式对妇女参政进行了规范。恩格斯指出：“当我们取得政权时，一定要使妇女不仅参加选举，而且被选为代表，发表演说。”中华人民共和国成立后，党和政府鼓励女性以各种形式参与国家和社会事务的管理和监督，我国女代表、女干部的队伍不断壮大；1949 年，中国人民政治协商会议第一届全体会议召开，宋庆龄在这次大会上当选为中央人民政府副主席，李德全、史良等一批女性担任了政府的领导职务；1953 年公布的《中华人民共和国全国人民代表大会和地方各级人民代表大会选举法》明确规定，女性有与男性平等的选举权和被选举权，同年 12 月开始在全国范围内进行的基层选举，是中国有史以来第一次大规模的普选运动，90% 以上的女性踊跃参加了投票，当选为基层人民代表的女性占代表总数的 17%；到 1993 年召开第八届全国人民代表大会时，女代表已占代表总数的 21. 03%；1954 年到 1993 年，先后有宋庆龄、何香凝、蔡畅、陈慕华等 8 位女性担任全国人大常委会副委员长。

4. “文化大革命”十年：女性参政遭受巨大挫折

中华人民共和国经历了“文化大革命”的十年，中国女性参政走过了一段不健康的发展道路，遭受了巨大的挫折，受到了沉重的打击。受到当时整个社会氛围的影响，女性参与政治的人数急剧减少。十一届三中全会以后，党和政府领导人民拨乱反正，并根据新情况制定了正确的路线、方针和政策，妇女参政问题被重新提了出来。

5. 改革开放以后：女性参政权益保障愈趋完善

随着改革开放的不断深入和竞争机制的建立，广大妇女的社会参与意识不断增强，管理国家公共事务的积极性大大提高。此后经过 40 多年的努力，我国已经初步形成了以《中华人民共和国宪法》为依据，以《中华人民共和国妇女儿童权益保护法》为主体，包括《中华人民共和国婚姻法》《中华人民共和国劳动法》等法律法规在内的一整套保障妇女权益、促进男女平等的法律体系。20 世纪 90 年代以来，中组部和全国妇联联合召开了四次培养选拔女干部会议，促进了妇女参政的发展，各地也响应国家号召，采取倾斜措施，使女干部的比例和数量有所增长，女干部的决策能力和自信心也有所提高。1995 年联合国第四次世界妇女大会闭幕以来，在选拔任用女干部方面所取得的显著成绩，主要表现于：女干部队伍人数不断扩大、素质不断提高，受过高等教育的女干部越来越多；女干部年轻化进程加快，整体结构有了新改善；党政领导班子中的女干部数量明显增加，女性参政议政工作有了新的进展；发展女党员工作得到了增强，女党员在党员队伍中所占的比例明显增长。

2018 省级地方两会：106 名女性当选副省级以上领导

在 2018 年全国两会开幕时间正式确定之时，31 个省区市的省级两会全部闭幕，省级人大、政府、政协三套班子均已完成换届。中国妇女报、中国女网记者统计发现，根据公开资料显示，31 个省区市共选出副省级以上女性领导干部 106 名，三个直辖市——北京、上海、重庆的当选人数位居前列，值得一提的是，北京市两会的女代表委员比例也是排名各地之首，而上海、重庆的市人大常委会主任均由女性当选。在十九大后的首轮省级地方两会中，妇女参政呈现新气象，这也是对十九大报告中再提“坚持男女平等基本国策”的积极回应。

此次换届，有 12 个省区市选出女性省级“一把手”，12 位的总数也比上届的 6 位翻了一番。

当选省级人大“一把手”的 3 人分别是：上海市人大常委会主任殷一璀、广东省人大常委会主任李玉妹、重庆市人大常委会主任张轩。3 位主任均为“55 后”，均为继续当选。

当选省级政府“一把手”的 3 人分别是：内蒙古自治区政府主席布小林、贵州省省长谌贻琴、宁夏回族自治区政府主席咸辉。

其中，布小林和谌贻琴是“去代转正”，咸辉为再次当选。3 位都是“58 后”，布小林和咸辉都出生于 1958 年，谌贻琴 1959 年出生。她们都是十九届中央委员。

此次共有 6 人当选省政协主席，在女“一把手”群体中的比例最大，占一半。分别是：山西省政协主席黄晓薇、江苏省政协主席黄莉新、浙江省政协主席葛慧君、福建省政协主席崔玉英、湖南省政协主席李微微、云南省政协主席李江。

“打虎女将”黄晓薇、“救火队员”黄莉新是在省委副书记任上当选，连续担任过三届世界互联网大会组委会工作的葛慧君是从浙江省委常委、宣传部部长任上当选。上述 3 位都是十九届中央候补委员，也是本届选出的女“一把手”里的 3 位“60 后”。

此外，崔玉英是 6 人中唯一一位从中央“空降”的，李微微是继续当选，李江则是在担任云南省政协党组书记、副主席 1 年后，本届当选为主席。

此外，值得一提的是，记者根据公开资料统计，在本届地方两会选出的副省级女领导干部中，黑龙江省委常委、副省长贾玉梅是唯一一位十九届中央候补委员。

根据公开资料统计，记者发现，本次集中换届中选出的 106 位女干部中，有 22 位曾有过妇联系统任职的经历，这也是妇联章程中规定的“各级妇女联合会应成为培养和输送女干部的重要基地”在各地的具体体现。

（资料来源：王长路.2018 省级地方两会盘点：106 名女性当选副省级以上领导 [N]. 中国妇女报，2018-02-05（A4）.）

第三节　女性政治权利保障与自我发展

一、女性政治权利的保障

（一）观念保障

曾经的央视主持人杨澜说过：“女性的敌人不是男性，而是压迫女性的观念和制度。女性解放的历史，并不等同于男性与女性之间的战争，而是共同反对性别歧视的历史，性别平等是男人与女人与生俱来的权利。当一个日趋包容的社会重议性别平等，重新认知我们身边的异性伙伴，是女性与男性需要合力完成的命题。”

人类社会长期以来形成了以男性为中心的价值取向，把妇女从属于一个以男性为定义、为主导、为中心的社会。这个社会的价值指标的判断指向也是以男性为中心的，连女性能力大小的评判，也是一个以男性为中心的参照系统。由于传统观念的影响，我们的社会中也还没有完全改变这样一种价值取向，在这种价值取向的作用下，一些人片面把“男女平等”理解为“男女都一样，男人能做到的事女人也一样能做到”，它无视妇女的身体条件与男性的差异，忽视了男女的差别，对男女实际存在的多层面的不同视而不见。为了追求与男性一致，女性必须在完成人类赋予她的繁衍后代任务的同时对自己社会化，不顾身体、心理条件，牺牲自己而满足社会，如不顾家，为了事业不顾孩子，为了工作不要爱情等；同时，在家庭关系上，除了和男人一样 8 小时工作外，人类自身的生产、哺育、教育孩子这些女性必须为之的活动，以及大量的家务劳动，使女性在家庭舞台上的角色扭曲。双重社会角色的冲突，已超过了妇女本身的负荷量，妇女付出了超出男人的巨大代价，得到的却是与实际不等的评判结果。只有切实提高全民对女性政治权利的认同，普及男女平等观念，公正地评判妇女实际付出的代价，从社会性别的角度来保障女性权益,使妇女权益保障从重视妇女生理特点向保障妇女的平等社会地位和自我发展权利转变,才能提高对妇女权益的保障水平。

(二)制度保障

要保障女性的政治权利,必须要通过相应的制度安排才能得以实现。对女性权利的制度保障和法律确定,是现代社会对女性发展的最合理的路径选择,也是对女性政治权利最有效、最便捷的维护手段。

在我国,《中国共产党章程》第三十五条提出:“党重视培养、选拔女干部和少数民族干部。”党的十七大提出“重视培养选拔女干部”,这个要求是作为党组织建设的重要内容提出来的。1995年的《全国培养选拔女干部、发展女党员工作座谈会纪要》提出:“到本世纪末,省、自治区、直辖市党政领导班子至少要有一名女干部,地(市)、县(区)、乡(镇)党政领导班子至少要有1名女干部,争取配备2名女干部;省、地、县党委部门和政府部门,要有一半以上的领导班子至少配备1名女干部;中央和国家机关部委领导班子要尽可能多地配备女干部;担任党政领导班子正职的女干部数要有所增加;女职工比较集中的行业、部门以及企业事业单位,要多选配些女干部;村党支部、村民委员会中也应有女同志。”2010年修订的《中华人民共和国村民委员会组织法》第六条规定:“村民委员会成员中,应当有妇女成员。”2000年的《党政领导班子后备干部工作暂行规定》提出:“省、市、县三级党政领导班子后备干部队伍中的女干部,应分别不少于10%、15%和20%。中央、国家机关各部门领导班子后备干部队伍中,也要有一定数量的女干部。”1998年全国组织工作会议和《1998—2003年全国党政领导班子建设规划纲要》都强调了培养选拔女干部的内容,提出:“到2003年,省(自治区、直辖市)、市(地、州、盟)党委、政府领导班子至少各配有1名女干部。”《中国妇女发展纲要(2001—2010年)》提出:“各级政府领导班子中要有1名以上女干部。国家机关部(委)和省(自治区、直辖市)、地(市、州、盟)政府工作部门要有一半以上的领导班子配备女干部。正职或重要岗位女性数量要有较大的增加。”

1990年、1991年、1995年、1998年、2001年中组部和全国妇联联合召开了五次培养选拔女干部、发展女党员的座谈会和工作会议,及时总结妇女参政的经验,提出培养选拔女干部的新目标、新举措,以遏止妇女参政意识淡化、参政数量下滑的趋势,加强了妇女参政的理论研究,使妇女参政局面出现新的上升趋势。《中国妇女发展纲要(1995—2000年)》《中国妇女发展纲要(2001—2010年)》《中国妇女发展纲要(2011—2020年)》的制定、实施,使第四次世界妇女大会通过的《北京宣言》和《行动纲领》从政府承诺变为政府行动。

(三)法律保障

女性人身自由的保障是制度安排的首要任务,主要体现在法律保护妇女的人身自由不受侵犯。现代社会女性解放的基本前提就是身心的解放,通过法律制度保障女性最基本的生存权和生命权,保障女性的人身自由。同时,法律对于剥夺和限制女性人身自由的行为也给予相应的惩罚,这些规定对维护女性的人身自由和权利自由起到了良好的作用。

实践中,早在1934年《中华苏维埃共和国宪法大纲》中就确立了男女平等的选举权和被选举权,抗战时期,各边区参议会中都有女参议员。中华人民共和国成立后四部《中华人民共和国宪法》和《中华人民共和国全国人民代表大会和地方各级人民代表大会选举法》均明确规定了妇女与男子享有平等的选举权和被选举权，并且为保障妇女的参政权做了更加具体的规定。《中华人民共和国妇女权益保障法》中保障女性的政治权利共计 6 条，其中第九条规定：“国家保障妇女享有与男子平等的政治权利。”《中华人民共和国全国人民代表大会和地方各级人民代表大会选举法》第三条规定：“中华人民共和国年满十八周岁的公民，不分民族、种族、性别、职业、家庭出身、宗教信仰、教育程度、财产状况和居住期限，都有选举权和被选举权。”妇女与男子享有同等的选举权和被选举权是我国妇女解放的政治标志，说明中国妇女与男子同是社会主义的主人翁，可以行使当家做主的权利，这也是我国民主政治建设的基础。《中华人民共和国全国人民代表大会和地方各级人民代表大会选举法》第六条规定：全国人民代表大会和地方各级人民代表大会的代表中，应当有适当数量的妇女代表，并逐步提高妇女代表的比例。《中华人民共和国妇女权益保障法》第十一条规定：“全国人民代表大会和地方各级人民代表大会的代表中，应当有适当数量的妇女代表。国家采取措施，逐步提高全国人民代表大会和地方各级人民代表大会的妇女代表的比例。”《中华人民共和国宪法》第四十八条规定：“培养和选拔妇女干部。”《中华人民共和国妇女权益保障法》第十二条规定：“国家积极培养和选拔女干部。国家机关、社会团体、企业事业单位培养、选拔和任用干部，必须坚持男女平等的原则，并有适当数量的妇女担任领导成员。国家重视培养和选拔少数民族女干部。”

二、女性政治角色的自我发展

新时期的女性，如何认识自我，提高自我，展现自我形象，实现自我价值，推进女性双重角色的发展，在中国特色社会主义新时代中发挥“半边天”的作用，做到与时俱进，这是我们亟待解决的问题。

（一）坚定马克思主义妇女观，促进社会协调发展

牢固树立马克思主义妇女观，坚决贯彻男女平等基本国策。一是要在承认和尊重性别差异的前提下追求男女平等；二是要充分利用、科学实行政策倾斜保障妇女实现发展的权利；三是要正确认识并重视女性自身在整个经济社会发展中的地位和作用，不盲目自信，也不妄自菲薄，以自信、自强的姿态进入政治舞台；四是努力在与男性的合作和协调发展中实现男女平等；五是要将女性的政治角色放到社会协调发展的高度来认识和解决自我发展与男女平等问题。

（二）切实保障女性权益，建立健康的女性发展观

为切实保障女性权益，真正在细节上落实男女平等，不仅需要研究如何使党的领导作用和政府行为对妇女权益的保障形成合力，而且要研究如何让女性在日常生活中能有更多的发言权和更大的影响力。要寻求女性政治角色的自我发展，必须加强社会性别平等的宣传，通过真正关注女性境遇，重视女性体验，探索女性发展路径，不断调节女性人性的矛盾和社会的矛盾，从而有效改变社会整体对女性的审美取向和道德评判的倾斜现状，重塑整个社会健康的女性发展观。

细数全球政坛美女，她们有的不只是美貌

希拉里·克林顿 1947 年 10 月 26 日生于伊利诺伊州的芝加哥富商家庭，曾就读于耶鲁大学法学院。2008 年 12 月 1 日，美国总统当选人奥巴马提名希拉里出任美国第 67 任国务卿，于 2009 年 1 月 21 日正式就职。希拉里“强悍”的着装风格被人津津乐道。

伊萨贝尔·庇隆是阿根廷第一位女总统，也是世界上第一位女总统。伊萨贝尔原为塞万提

斯国家芭蕾舞剧团演员，她年轻时并没有远大的政治抱负，她从未想过要去攀登国家的权力之巅，她的志愿是当一名出色的舞蹈演员。

意大利机会平等部部长玛拉·卡尔法尼亚曾经是一位模特，但现在却在为意大利中下层民众的权利而奔走。

季莫申科1999年至2001年任乌克兰副总理，2005年2月至9月任总理，2007年9月季莫申科再次出任政府总理。季莫申科拥有动人外貌、衣着讲究，她标志性的盘头麻花辫为大众所熟知。她不仅占据过各大时尚媒体的头版头条，更曾做过《花花公子》的封面女郎。

迪尔玛·罗塞夫，迪尔玛当过游击队员，曾参与策划了一次针对圣保罗州前州长的"劫富济贫行动"，2011年1月1日正式就职，成为巴西历史上首位女总统。

阿丽娜·卡巴耶娃，被誉为"艺术体操女皇"，2004年宣布正式退役。退役后，卡巴耶娃改行成为一名模特，她为多家时尚杂志拍摄过性感照片，并参与拍摄过一部动作电影。2007年，卡巴耶娃加入了普京的统一俄罗斯党，并在当年12月的俄国家杜马选举中当选国家杜马议员，被西方媒体誉为"普京宝贝"。

卡梅·查孔在2008年4月14日首相萨帕特罗连任后的组阁中被任命为国防大臣，2008年，怀有7个月身孕的查孔不但统领西班牙军队13万将士，而且还负责西班牙秘密情报机构CNI的工作。

克里斯蒂娜·费尔南德斯在2007年10月28日举行的总统选举首轮投票中成功当选，成为阿根廷历史上首位民选女总统。

玛丽·麦卡利斯在爱尔兰国家广播电台当过主持人和记者，曾任大学常务副校长，1997年10月31日当选为爱尔兰第八任总统，11月11日宣誓就职。

2007年，42岁的美国共和党候选人萨拉·佩林成为阿拉斯加州新任女州长，2008年8月29日，由共和党提名总统候选人麦凯恩宣布为副总统人选，搭档参选美国总统大选。佩林美丽动人，曾参加选美，当选"瓦西拉"小姐，并在1984年"阿拉斯加小姐"选美比赛中获得亚军。

撒切尔作为国内民众所熟悉的英国"铁娘子"，她的魅力与能力使她毋庸置疑称得上美丽女政客。她出自平民，没有显赫的门第的庇荫，没有夫贵妻荣的依傍，靠着不断的努力追求和顽强的奋斗，在英国保守党这块"男人的天地"里成为第一位女领袖，并蝉联三届，任期长达11年之久。撒切尔夫人推行强硬的内外政策，被称为"铁女人"与"冷战专家"。

33岁的莱昂艳压群芳，成为全球最美丽的女政客。莱昂本身是律师，现在是秘鲁最年轻的国会议员，一名读者形容她长有一张"天使脸孔"。

（资料来源：细数全球政坛美女，她们有的不只是美貌. 环球网，2015-03-07.）

（三）提高女性受教育程度，重塑女性主体意识

提高女性受教育的程度可以加快女性主体意识的觉醒，促进女性独立人格的发展，从而使女性找到自信，确认自己的特质，在关注家庭的同时也认识到女性的社会角色的发展和完善，进而学会关照社会，学会思考，全面开发自己的智力和提高自己的能力。另外，提高女性受教育程度还可以解放女性传统的生育观念，从而使女性获得更多的发展机会，更有能力解决个人发展、参与社会生活和生育子女消耗过多个人时间、精力、财力的矛盾。

（四）打造女性新形象，展现女性风采

按照党的十九大提出的宏伟目标，打造女性全新形象，必须以新时代中国特色社会主义思想为指导，适应时代发展的要求，把女性的个人的追求和时代的需要相结合，树立自我意识、成就意识、成才意识、竞争意识，大胆追求事业和理想，用女性的智慧在生活中落实女性的价值取向，提升道德素质水平，从而拥有努力向上、积极进取的时代精神，去开创美好新生活。新时期的女性应学会正确处理好事业和家庭的关系，实现女性的双重角色来体现自我的人生价值。

【思考训练】

1. 请简述女权主义与女权运动的兴起及历程。

2. 女性参政的含义是什么？

3. 女性的政治意识觉醒于什么时候，经历了怎样的过程？

4. 我国近代女性政治参与表现在哪些地方？

5. 如何保障现代女性政治权利，促进女性自我发展？

【拓展阅读】

钢铁与玫瑰——全球女性政治生态

美国大选辩论打响，两党候选人竞争态势胶着，民主党候选人希拉里或成为美国首位女性总统。

10月的欧洲，英国新任首相特雷莎·梅首次公开英国启动脱欧程序计划并将废除一项欧洲一体化法律；德国总理安格拉·默克尔宣布，将"举国努力"，遣返未通过该国避难申请审批的非法难民。

作为缅甸非暴力提倡民主的政治家、诺贝尔和平奖获得者，昂山素季曾被缅甸军政府软禁长达15年，2010年获释，并于2015年在缅甸大选中获得压倒性胜利。

当下，女性正在以更积极的态度出现在世界政坛上；从亚太到拉美，从欧陆到非洲，世界的发展正在接纳更多来自女性的思考。

1990年到2000年的十年间，大部分国家的女性从政人数均有提升，其中，美国以及大洋洲、拉丁美洲和非洲南部的国家尤为突出。

进入21世纪，非洲大部分国家经历了女性政治人从无到有的过程。利比亚出现了非洲大陆第一位民选女总统埃伦·约翰逊·瑟利夫。她在2011年时被授予诺贝尔奖。

值得一提的是，欧洲特别是北欧地区的女性政治人保持稳定的高比例，我国在各国间保持中等偏上的稳定比例。

在新任联合国秘书长竞选中，女性候选人首次占半，且行动积极，不让须眉。

到2017年1月，全球超过20个国家或将由女性领导。越来越多的女性愿意参政议政，意味着女性在公共生活中话语权的增多，更是世界政治多元化的表现之一。

一个国家女性政治人的数量是由多种条件共同制约，包括参政机制、政府机关女性人数配额、竞选和晋升机制等，同时也包括传统观念中对女性职业的固有认知形成的无形框架。因此，女性参政是女性自身和政治生活之间相互选择的结果。

主张公民平等的现代民主思潮始于文艺复兴中后期，峥嵘岁月里，女性为获取话语权和决策权作出了漫长、缓慢却无比坚定的斗争。

据不完全统计，目前世界上所有主权国家中，约 193 个国家的女性拥有参政权。

一个女性一生中会扮演很多角色，或许是家庭中的温和一半，或许是格子间的卓卓职员，她们忙碌在各自的世界里，平凡安宁，事事顺遂。可偏有这样的女性，或出生于寻常人家，或本就世代官宦显贵，她们打破传统桎梏，跻身男性为主的政治圈，几度沉浮，功过是非，由世人评说。

（资料来源：钢铁与玫瑰——全球女性政治生态. 新华社新闻客户端，2016-10-21.）

第三章　女性与教育

【热点链接】

海伦·凯勒在与其老师沙利文合著的自传《我的一生》(又译《我生活的故事》)中,有一段莎利文如何讲授“爱”一词深意的描述:

记得有一天早晨,我第一次问老师“love”(爱)这个词的意思。我在花园里找了不少早春的鲜花,我把这些花拿给老师。她想吻我一下,但是那时候,除了母亲以外,我不喜欢别人吻我。沙利文老师用手臂温存地围着我的脖子,在我手上拼写了“我爱海伦”。

我问:“‘爱’是什么东西?”

她把我拉得更近,用手指着我的心说:“爱就在这里。”她的话使我迷惑不解,因为当时除了手能摸得到的东西以外,我不能理解任何别的东西。

我闻着她手上的花,打着手势问:“花的香味是‘爱’吗?”

“不是。”我的老师说。

我想了一下又问:“温暖的阳光照在我的身上,射向四面八方,这是‘爱’吗?”

我认为没有什么比太阳更美丽的东西,因为它温暖的光能使万物生长。但是沙利文老师还是认为不是。我感到困惑和失望,我想我的老师真怪,为什么不把“爱”拿给我看看,让我摸摸。

大概一天以后,老师要我把大小不同的珠子穿成两颗大珠和三颗小珠相间隔的式样。我穿错了很多,沙利文老师并没责怪我,而是耐心和蔼地指出我的错误,叫我再仔细地按正确的次序排列。沙利文老师用手触着我的前额,拼写了“think”(思考)这个词。

刹那间,我懂得了事物的名称是在人们的脑子里通过思考产生的。我第一次意识到某些东西不一定都是我的手能摸到的。

我花了很长的时间琢磨“爱”这个词。现在我知道这个词是什么意思了。太阳被云覆盖,下了一场阵雨。忽然云开日出,阳光又带来了南方特有的炎热。

我又问老师:“这是不是‘爱’呢?”

老师回答说:“‘爱’就像云一样,在太阳出来之前布满天空。”接着她又解释说,“你知道,你不能摸到云,但你会感觉到雨。同样的,你不能摸到‘爱’,但是你知道人的温情可以灌注到每一样东西中去。没有爱你就没有欢乐,你就不愿游玩。”

我的脑子里充满了美妙的真理。我感到我的心跟我看不见的东西,跟别人的心,都是紧紧地连接在一起的。

我是通过生活本身开始我的学习生涯的。起初,我只是个有可能学习的毛坯,是我的老师帮我开了眼界,使我这块毛坯有可能发展进步。她一来到我的身边,就给我带来爱,带来欢乐,给我的生活增添绚丽的色彩。她把一切事物的美展现在我的面前,她总是设法使我生活得充实、美满而有价值。

（资料来源：[美] 海伦·凯勒. 海伦·凯勒自传：我生活的故事 [M]. 查文宏，译. 南昌：江西人民出版社，2017.）

【观点分享】

海伦·凯勒和莎莉文老师的故事，展现出一位女性教育者面对另外一位身体残疾的女孩，所展现出的教育魅力、教育情怀、教育智慧，感动了无数读者。海伦在受到启发与点拨后，积极克服身体与心理的双重障碍，最终实现了自我超越，亦成为女性身残志坚、勤学不懈的佳话。海伦与其老师莎莉文的例子说明，女性具有可教性，且女性亦可以成为优秀教育者。当代女性在教育中已逐步彰显出自己的个性与价值，其在教育中的性别符码发挥着越来越重要的作用。安妮·莎莉文在其教育手记中详细记录并展示了一个普通女性对一个盲聋哑者艰难而伟大的教育过程。安妮·莎莉文在摸索中总结了自己的教育方法，她充分注重对海伦的智慧启迪，摒弃了在房间里进行死板的、僵化的、俗套的课堂教学，而是让海伦融入自然中去，从她感兴趣的事物中寻找教育的机会，其对海勒的教育过程通过手记可见一斑。

1. 任性的小女孩儿

现在，我能够确定，如何在不破坏她情绪的情况下，让她服从我的意志、接受我的训练指导，将成为我最大的难题。如果任由她的性子继续下去，我想我的教育工作将很难进行。

2. 见缝插针的第一步

我摇摇头，并没有把布娃娃给她，而且还想用她的手指再拼出些字母来。我紧紧地把她按在椅子上，直到筋疲力尽。我意识到这样挣扎是没有用的，现在的关键是扭转她的情绪和想法。

3. 海伦的心理状态

我想，能够使她转变并快乐的唯一方法就是与她进行心灵沟通。但面对野性十足的海伦，我该从何下手呢？

4. 从学习“服从”开始

对于她的任性和无理，我简直无法忍受。虽然我尽量避免使用暴力，但我发现对待海伦这个撒野的孩子，要完全做到这一点是很难的。我越来越确信，只有服从，当然还有爱，才能让知识的活水源源不断地涌进孩子的头脑和心灵。

5. 环境隔离

我意识到有她的家人在旁边，我根本拿她没办法，几乎所有人对她为所欲为的行为都给予了纵容。没有人愿意违背她的要求，她已经霸道得不成样子。

6. 海伦变得越来越温顺

海伦现在刚刚有起色，改变了她原来为所欲为的生活方式，她必须彻底地从内心深处习惯这种新的生活，以及对我的服从和依赖，否则以她这样的个性是很难从根本上改变她的。只有让她的改变深入骨髓，才能真正达到教育的目的。

7. 解除“隔离”之初

我竭力让他们明白，对海伦的放纵是对她的不负责任，让孩子为所欲为更是糟糕透顶，那样只会害了海伦。我希望他们不要以任何方式干涉我对海伦的教育行为。

8. 智慧之门打开了

我从不喜欢把她圈在房间里被动地接受我教给她的单词。我认为让孩子接受最自然的教育，从兴趣引导，让她亲自感受、亲身体会事物后再教给她，孩子才更乐于接受。

（资料来源：[美]安妮·莎莉文. 安妮·莎莉文教育手记[M]. 北京：中国盲文出版社，2004.）

（注：[热点链接]中的“沙利文”与[观点分享]中的“莎莉文”是不同译者对Sullivan的不同翻译）

【智慧探索】

教育，为了遇见更好的自己；教育，为了遇见更好的世界。女性与教育历来是永恒的话题，女性的教育状况是衡量女性在社会中地位高低的主要标志之一。教育资源惠及女性群体，体现出人类的“公平”理念追求，从内尔·诺丁斯的关怀理论，到津田梅子的女子教育理论，透视着教育史发展中女性角色的苏醒；从苏格兰长老会牧师詹姆斯·福代斯所著《对年轻妇女的布道》，到简·奥斯汀在《诺桑觉寺》中对女性角色的设计和刻画，反映着女性教育内容突破宗教禁锢逐步文明开化的过程。女性与教育，已通过各自独特的发展规律，深刻嵌入彼此的历史发展轨迹中，教育为女性提供了探寻真理的基石，成为女性实现自我发展、提升社会地位、实现性别平等的利器；女性作为教育中不可或缺的独特群体，依其特殊的生理与心理发展规律，为教育现代化、教育民主化、教育普及化作出了突出的独特贡献，推进着社会发展、历史发展的进程。

第一节　女性教育真谛的探究

教育是一种培养人的社会活动，从说文解字的角度来说，“教育”一词有广义、狭义之分。广义的教育，泛指一切增进人们的知识、技能、身体康健，影响人们思想观念的活动，因此形式灵活、行为发生的时间地点较为自由，包括学校教育、家庭教育、社会教育等。狭义的教育，则专指学校教育，由专职教育人员和教育机构承担，是教育者根据社会要求和受教育者身心发展规律，对受教育者所进行的一种有目的、有计划、有组织的传授知识技能、培养思想品德、发展智力和体力等对受教育者身心施加影响的活动。从女性角色视角来看，广义的女性教育亘古衡有、流传至今，从原始社会的粟米织衣、古代社会的“孟母三迁”、近代社会的女权之风，至当今社会的知识传授，女性在养育、教育下一代中担当着重要角色，对传承文明、恪守真理发挥着重要作用。然而纵观中国女性教育发展史，女性在教育中的角色与作用仅仅囿于社会教育与家庭教育的窠臼之中，女性长期被隔绝在学校教育之外，备受“女子无才便是德”的碾压，狭义的女性教育经历了漫长又曲折的发展历程。

一、女性教育的奠基与滥觞

先秦时代是女性教育的奠基时期。在母系社会崇尚群婚的背景下，女性是社会的主宰者，是部落权力的掌舵者，处于社会的巅峰。《吕氏春秋》载：“昔太古尝无君矣，其民聚生群处，知母不知父。”母系社会中的教育以生活教育、宗教教育、道德教育为主要内容，女子在栽种作物、纺纱缝衣、制陶等生产劳动中居于中心地位，亦成为核心的教育者，教育形式以口耳相传为主，加之儿童对生母的生理与心理依赖，使得女性在儿童教育中坐拥得天独厚的地位，女性在教育过程中发挥着重要作用。同时,母系社会女性通过自然崇拜、祖先崇拜等宗教教育内容,促成社会成员在集体生活和共同劳动中遵守既定准则。随着男性在猎取猛兽、开垦荒地等体力劳动中主导优势作用的发挥愈发走高以及群婚制的衰落,整个社会逐步进入父系社会,女性在父系社会中丧失了主宰权,随之失去的是对教育权的主导与受教育权,女性逐步被动冠以"从顺""贞节"的精神枷锁,此时的女性教育已经逐步变了味道,逐渐沦为礼教与妇道的发声器。礼教对女性的要求诸多,为首的是"贞",《礼记·仪礼》记载:"妇人以顺从为务,贞懿为首。"妇道则以礼教为核心思想,对女性的行为举止、言谈力行等方面作了细致的规定。此时,女性教育仍以家庭教育为主要范式,同时,针对胎教、女童、妇女等各阶段的"家政"教育内容均有所区别,其教育内容虽以"规范"为主,但仍有母系社会的印记。

二、女性教育的失语与沉寂

秦至清中叶社会的女性教育,虽不乏一些教育繁茂愿景的出现,一些有真才实学的女性的涌现,甚至一些经典女学著作的出版,然而在长达千年的古代教育发展长河中,这些细小的浪花犹如昙花一现,终归于沉寂。彼时女性与教育的关系,在矛盾中递进,女性的枷锁,也恰恰因为"三纲五常""三从四德"教育内容的普及而逐步固化并越扼越紧,最终达到了男权社会对女性的绝对凌驾。秦汉时期"三纲五常""三从四德"观念逐步形成,使"夫为妻纲""未嫁从父、既嫁从夫、夫死从子"等成为社会伦理道德的基本规范,女性屈从男权成为应尽的义务,刘向的《列女传》、班昭的《女诫》均是该时期培养合格女性的经典教材。班昭在《女诫》中对"四德"的释义如下:妇德——"不必才明绝异","清闲贞静,守节整齐,行己有耻,动静有法";妇言——"不必辩口利辞","择辞而说,不道恶语,时然后言,不厌于人";妇容——"不必颜色美丽","盥浣尘秽,服饰鲜洁,沐浴以时,身不垢辱";妇功——"不必工巧过人","专心纺织,不好戏笑,洁齐酒食,以奉宾客"[①]。后佛教传入、道教兴起、儒家延续,魏晋南北朝时期的多元文化发展与纷乱政局,使该时期的女性教育从仅一元的伦常教育中得以喘息,虽然"三纲五常""三从四德"等传统的教育内容尤居主流,然而儒家经学教育、书法教育、武功教育、技艺传授等新鲜内容成为魏晋南北朝时期女性教育的开创之举,其中涌现的左芬、谢道韫、荀灌、苏蕙、穆姜等"新女性"成为古代女性教育的典范。隋唐女性教育在承袭汉制的基础上,在女性教育领域、女性教育内容、女性教育方式等方面均有开拓创新,教坊与梨园开办的女子艺术教育为女性陶冶心性开启了一扇新的窗口,《女孝经》《女论语》《妇人训解集》《女则要录》等女性教育教科书层叠涌现,展现了隋唐女性对教育的新诉求。宋元时代的女性教育从诗意开放之风锐变为淫奢禁锢之氛,日益炽烈的贞节观念、理学为主的教育内容、繁盛的女子艺术教育成为该时期女性教育的显著特征。明代高压的政治生态使社会对女性操行贞节的强化到了顶峰,彼时社会舆论对女性的"才"与"德"出现了转向,即明代女性不应有"才",仅需有"德"即可,至此女性教育彻底沦为维护男权统治的女德教育。清代前期强化了女性贞节教育的制度化与社会化,女性"才"、"德"矛盾与对立更加突出,女性的私塾教育和社会教化渐成气候,《内则衍义》《新妇谱》《改良女儿经》《闺门千字文》《女训约言》等女性教科书与女性读物风靡一时,清代前期的女性教育在循旧制、遵旧礼的境况下,逐步走向没落和失语的深渊。

---

① 徐少锦,范桥,陈延斌,等:《中国历代家训大全(上册)》[M],北京,中国广播电视出版社,1993。

三、女性教育的转向与发展

清末至中华人民共和国成立前,女性教育的功用实现了从服务家庭到服务社会、服务国家的转变。鸦片战争之际国门被迫打开,早期教会女子学校零星开办起来,使艰难的劝学之路与招收女学生这一冒天下之大不韪的难题得以克服。福州女子学校创办者传教士保灵夫人自述道:“社会上流传着我们收这些女孩派何用处的两种说法:其一是我们将把女孩杀死,以便与鸦片掺和在一起;其二是我们将把她们送到北京并卖掉做药。后来,这位当地教习问我是否愿意每天给她们一些铜钱,因为这些女孩在家都是做些事的。我答应每天给她们十文钱。我购置了图书、钢笔、墨水等物。在国内,我们都很乐于为读书付钱,在这里,恰好相反,教书付费。”① 最终,传教士对女性的教育与培养初见成效,“一个具有阅读能力的女孩成为整个地区的奇迹”,传教士们培养出的知识女性涤洗了国人对女人如马一样不可教授的旧识,亦启发了大批接受了西方先进文化的国人自强不息地探索女性教育的路径,兴办新女学成为宣传女性解放思想的坚实阵地。1898 年,在经元善、梁启超、康广仁等维新志士的筹备下,近代中国第一所国人创办的女校——经正女学在上海正式开办,课程设置以“中西并重”为指导原则,成为维新志士践行女子教育的重要实践成果。经元善曾言:“我中国欲图自强,莫亟于广兴学校,而学校本原之本原,尤莫亟于创兴女学。人自胚胎赋形,即禀母之胎教,自孩提成立依依恃母、饭食、教诲,触处皆关学问。在昔魁奇伟彦得贤母之教,而显名于世者,史不胜书。是欲妇女深知大义,不得不先兴女学明矣。”② 自此,国人创办的女子私学如雨后春笋般成长在祖国各地,以其灵活的教育形式、丰富的教育内容、革新的教育理念,在近代女性教育中发挥着无可替代的作用。女子私学与政治的相对隔绝,亦使私学在政局波动、风云诡谲的民国政坛下得以较为独立地开展教育活动,然而毫无疑问,在波涛动荡的政治生态中,女性教育的发展又怎能做到独善其身呢?“清末新政”时期,虽仍未跳出“中体西用”的窠臼,但仍有普及女性教育、设立女子官学、颁布女子官学章程等进步之举,公办女学、私立女学及公办私助等不同类型的女性教育机构渐成气候(如表 1)。

表 1 “新政”至辛亥革命时期私立女子学堂一览表

年代	女子学堂名称	创办者
1901	苏州兰陵女学	徐江兰陵
1902	广州移风女学校	马励云、杜清池、张竹君等
	广州公益女学	(创办人不详)
	常州秉存女子学堂	顾实、何承焘
1903	四川铜梁县女学堂	黄德润等

① 熊月之:《西学东渐与晚清社会》[M],上海,上海人民出版社,1994。

② 章开沅:《经元善集》[M],武汉,华中师范大学出版社,1988。

续表

年代	女子学堂名称	创办者
1904	山东女学堂	王伯安
	天津民立第一女子小学堂	张正峰等
	南京旅宁第一女学堂	沈凤楼等
	杭州女学堂	高白淑夫人
	九江民立女学校	徐廷兰等
	湖南第一女学校	龙绂瑞等
	广西容县龙胆女学	创办人不详
	贵州达德女学校	黄齐声等
1905	湖北不缠足会附设第一女学堂	端方等
	北京豫教女学堂	沈钧等
	奉天淑慎女学堂	陈弘庵夫人等
	福州乌石山女塾	舒树基等
1906	安徽兰化女学堂	张振埙等

（资料来源：朱有瓛．中国近代学制史料（第二辑下册）[M]．上海：华东师范大学出版社，1989.）

1912年民国元年南京临时政府的成立，宣告了两千多年的封建王朝被推翻，女性教育逐步脱下千疮百孔的旧衣，慢慢向新教育蜕变，随着初等小学堂男女同校的开始，女性教育的内容亦从家政为主逐步向其他学科渐次拓展蔓延，职业教育和高等教育也在艰难迈步，女性教育的旨意，逐步从贤妻良母主义，发展为"养成完全之人格"，女性教育不再是为夫、为子服务做准备，而是为女性的自我发展积蓄力量。蔡元培先生在《养成优美高尚思想》一文中言："然必谓女子之事，但以贤母良妻为限，是又不通之论也。人之动作力，如限于一家，常耗费多而成功少，故贤母能教其三孩子者，不必专教三孩子，不妨并他人之孩子而共教之。故余以为，女子当求学之时，即须自己想定专诚学一事……今可察世界之趋势，不必限定，各自分趋，他日所成就，定可与男子同。"[①] 新文化运动中平等、自由、民主思想的传播，将束缚女性发展的封建礼教与封建教条鞭挞涤荡，女性教育逐步得到拓展和深化。1927年南京国民政府成立，女子学校教育在政府干预与推进下得到了巩固与提高。然而，1937年"七七事变"爆发，至1949年中华人民共和国成立前，在全国抗日救亡的号角中，在解放战争的征途下，女性教育的发展在战争的洪流中被迫转向，其教育内容、教育方式等不得已烙上了战争的印迹。

四、女性教育的复苏与调整

中华人民共和国成立后的前30年，"男尊女卑"的传统在表面上已被划归为"封建残余"而成为批判的对象，"男女平等"的基本国策反映了国家意志。中华人民共和国成立后颁行了《中华人民共和国教育法》《中华人民共和国职业教育法》《中华人民共和国义务教育法》《扫除文盲工作条例》等相关法律和法规，建立了新的教育体制，积极开展女性扫盲运动，使女性的受教育水平与整体素质得到了显著提升。此外，中华人民共和国成立后在女性基础教育、高等

① 高平叔：《蔡元培全集（第二卷）》[M]，上海，中华书局，1984。

教育、研究生教育、留学教育和继续教育等各教育阶段创新开展的中国化教育实践,大大提升了女性在社会中发挥的作用,女性的自我意识得到显著增强。改革开放后,计划经济向市场经济过渡转型,国家意识形态所构造的性别平等的神话在市场意识形态的冲击下逐渐幻灭,女性与教育的问题不再仅仅停留在男女拥有平等受教育权的浅层、表层方面,而是开始转向教育中所隐含的隐形性别符码之中,教育中深层的性别问题被逐步剖析出来,中国社会对教育中性别问题的关注愈加热切,西方女性主义学术思潮在中国的介绍与传播越来越广、越来越深。女性逐步成为教育者的主体,逐步在教育中占据愈加重要的角色,女性与教育的结合将继续对21世纪中国政治、经济、文化、社会的走向产生巨大影响。

教育作为文化传播、文化传承的重要途径,在女性自我发展与提升、女性社会地位确立、女性价值发挥等方面均发挥着重要的影响。进步的、符合社会发展规律与女性身心发展需求的教育,无疑对女性的成长起着助推作用,对社会进步、人口素质提升起着提升作用。反之,落后的、禁锢并压迫女性发展需求、枉视社会发展规律的教育,会加重对女性的盘剥与洗脑,阻碍社会文明进步的步伐。

第二节　教育中的女性符码解读

男女两性在教育中的地位真正平等吗?女性在教育中的性别符码真正可以与男性匹敌吗?教育作为上层建筑,其本质的发展走向与发展道路,是在经济政治的奠基中决定的,在教育的长远发展历程中,性别偏见是普遍的,久远的,也是国际性的。虽则“男女平等”的呼声日益高涨,各国纷纷将男女享受平等的受教育权上升为国家意志,但并非意味着教育中男女平等已真正实现,在教育机会赋予与教育资源分配上,在教育过程中的发展期待以及发展结果上,女性依然普遍处于弱势地位。由此,教育中的女性符码,无法亦不应拘泥于两性教育权的表面平等,而应深究教育内部的女性声符,应从根本上对一向以男性占主导地位的学科领域所形成的知识主体进行重新考量。在我国,教育中的性别问题与西方国家相比,既有共性,又呈个性,共性即女性均有长期被主流教育排斥的发展历史以及女性在发展过程中和发展结果上面临的性别不公平问题;个性体现在我国特别厚重的封建传统历史文化使得我国对女性与教育的认识理论更加保守谨慎。

一、女性在教育中的存在状态

女性在教育活动中长期处于边缘者、失语者的状态,基本上都是以“不在场”的方式存在于喑哑的世界中,仅能在其狭小的可怜的领域中默默无闻地存活。在男权社会的背景下,女性在教育中被边缘化的状态,主要是由以下观念导致的。

第一,女性与学问是矛盾的,女性没有能力涉足教育领域。“教导女人就像提着一个边缝裂开的沙袋。”[①] 男女两性从生理构造到性格、品性、思维方式都是有区别的,男性优于女性。女性天生是富于情感缺乏理性,缺乏逻辑思维能力的,而这一切与学问研究的要求是相悖的。哈佛大学的一位医生爱德华·克拉克(Edward Charke),在其著作《性的教育:给女孩的公平机会》一书中详细论证:男女生理结构不同,如果女性过多读书,就会使血液从卵巢流向大脑,从

① [美]梅里·E.威斯纳-汉克斯:《历史中的性别》[M],何开松,译,北京,东方出版社,2003。

而影响她们生育健康的婴儿,甚至危及她们的身体[①]。男女之间社会性别的差异是由智力水平的差异以及家庭分工决定的,学术研究不但对妇女鲜有用处,如果任由女性进入教育领域,会对知识的神圣性、学堂的尊贵地位以及声誉造成威胁。

第二,女性天生的角色定位决定了她们没有资格也没有必要进入教育领域。按照孔子的说法,妇女与小人皆属"无德"之列,没有资格进入教育系统。此外,女性最重要的是遵循封建礼教的道德规范和行为准则,履行好为人妻母之责,没有必要研习学问。这种根深蒂固的"生物决定论"思想中外雷同,西方社会大众,包括广大女性都深知"妇女的生活几乎全部局限于履行作为母亲和妻子的职责。超越她们的家庭职责,就是破坏柔顺服从、虔诚贞洁的品德,使女人的名誉受到损失"[②]。

那么,随着当代社会生物学、解剖学的发展与进步,女性生理劣于男性的根本基础得以瓦解,是否意味着女性就得以在教育中实现了与男性的平起平坐呢?从本质上说,女性教育权得以保障是社会的一大进步,然而,米利特(Kate Millett)在《性的政治》一书中就尖锐地指出:"妇女们眼下被鼓励通过人文学科的学习,使她们艺术的爱好得以发挥,但它只不过是她们以后为进入婚姻市场而必须努力获得的'教养'的一种延伸而已。"[③]教育对女性的初步接纳并未僭越传统的社会性别制度,社会对女性的角色定位依然未发生本质变化。从激进女性主义理论的视角来看,教育体系中的知识、学科、课程、教学等各方面并非教育自诩的无涉性别、"性别中立",而是具有性别化倾向的。教育所采取的性别盲视立场,已被主流文化深刻默许。

二、女性与知识

传统认识论与现代认识论塑造了一个将价值中立与性别化集于一身的知识童话。在这个童话故事里,男权社会探索发现的知识约定俗成地将性别悄无声息地无意识隐去,男性在知识探索与总结中的价值与经验偷换为人类的全部经验予以表达,由此,男性经验与生活等同于人类全部的客观生活。这种潜移默化地将女性主体隐身、女性经验抹去的行为,使女性被排斥在知识体系之外,实质上就历史地构成了"知识"的特殊含义——作为毋庸置疑的、普遍的、客观的群体男性气质的文化含义。正是由于"知识"与"男性"不加证明的神秘合体,才导致了女性与知识的存在相互矛盾,从而使女性在教育中处于劣势地位。科学史哲学家伊夫林·凯勒在考察了历史上关于科学知识的种种描述之后发现,在"科学的"与"男性的"之间存在一种神秘的对等关系,"科学的 = 客观的 = 男性的"被看成是不证自明的等式。这种神秘的信念通过"性隐喻"(sexual metaphor)的方式在日常语言的表达和有关知识的阐述中体现出来[④]。

中国古代的"才女现象"

在中国古代社会出现过令西方人惊异的"才女现象"。中国古代才女层出不穷,其中最具代表性的为李清照、班昭、蔡文姬、卓文君、上官婉儿。李清照大致是才华最全面的一位,几乎无所不通。宋以后历代均有学者高度评价其绝伦,如宋代王灼说她"若本朝妇人,当推文采第一";元代杨维祯说她"此大家氏之才之行,足以师表六宫,一时文学而光父兄者,不得并议

---

① 王俊:《解读高等教育的性别符码》[D],武汉,华中科技大学,2005。

② [美]布卢姆:《美国的历程(上册)》[M],北京,商务印书馆,1998。

③ [美]凯特·米利特:《性的政治》[M],北京,社会科学文献出版社,1999。

④ 王俊:《解读高等教育的性别符码》[D],武汉,华中科技大学,2005。

矣”;明代杨慎说她“当与秦七、黄九争雄,不独雄子闺阁也”。班昭的成就,凸显在治史上,曾独立完成《汉书》的第七表《百官公卿表》与第六志《天文志》,作为女性,这个成就堪为震古烁今。另外,她也善于赋颂,有《东征赋》《女诫》等作品传世。蔡文姬传世之作有《胡笳十八拍》以及《悲愤诗》等,宋代所刻的《淳化阁帖》收录有她的书法作品,另外,史料里还说她“通音律”,也会治史。卓文君那句最著名的“愿得一心人,白头不相离”堪称经典佳句,且姿色娇美,精通音律,善弹琴,有文名,为蜀中四大才女之一。上官婉儿以一介女流,影响一代文风,这在中国古代文学史上是很少见的。她不仅以其诗歌创作实绩,而且通过选用人才、品评诗文等文学活动倡导并转移了一代文风,成为中宗文坛的标志者和引领者。对于当时文坛的繁荣和诗歌艺术水平的提升具有重要作用。中国古代那么多才女,是否意味着古代女性真正进入了核心知识体系呢?

(资料来源:中国古代四大才女.百度百科.)

从本质上来说,这些才女们并没有进入中国古代学术系统,因为“中国古代的学术是以经学为主,而许多女性从事的是文学创作,纯粹是出于个人的爱好和消遣,并不是以研究知识、发展知识、传播知识为目的的。因此她们所谓的研究成果也就不可能对学术发展产生什么推动性影响。这些有限领域的涉足,充其量是一些茶余饭后的闲情逸致,也是女性修身养性的一部分”[①]。

三、女性与学科

从传递知识、教育教学的角度,学科的含义是“教学的科目”,即“教”的科目或“学”的科目;从生产知识、学术研究的角度,学科的含义则是“学问的分支”,即科学的分支或知识的分门别类;从大学教学与研究组织的角度,学科又可作为“学术的组织单位”,即从事教学与研究的机构[②]。

经过长久以来学科的整合发展,学科制度包含着一整套知识的权力形成系统,学科成为外在于学术共同体的社会各种利益集团角逐的竞技场,实际上是“隐含着知识霸权的制度”。这种权力和霸权不仅用于清除江湖骗子或差劣的科学家,更能排斥女性,“早期学科的建制就完全限制了一整个性别的成员参与其事”[③]。由于女性和关于女性的知识在学科化进程中被排斥,所以教育中学科化学问也就与女性无缘。男性执掌知识的特权使他们成为学科的局内人,女性由于被排除在知识体系之外,她们理所当然地成了学科化知识的局外人。虽则随着社会发展与女性掌权的增多,女性在某些学科中成为“局内人”,然而女性对学科的选择具有很多文化壁垒与障碍。

女性只适合“软”科学

在中国的传统文化中,男性被认为是身体强壮,攻击性强,独立性强,有胆有识的;而女性则被认为是身体柔弱,性格温顺,依赖性强,缺乏勇气的。多数西方国家及现代中国社会,也普遍认为,男性长于逻辑、抽象思维,女性长于语言、形象思维。在这样的社会文化背景下,男性和女性都被赋予了带有文化色彩的社会性别。受这样的文化的影响,男性倾向于选择逻辑、抽

① 张晓明:《学术参与:中国高等教育进程中的妇女》[D],武汉,华中科技大学,2003。

② 胡建雄,等:《学科组织创新——高等学校院系等学科结构的改革研究》[M],杭州,浙江大学出版社,2001。

③ [美]华勒斯坦,等:《学科·知识·权力》[M],刘健芝,等,编译,北京,生活·读书·新知三联书店,1999。

象思维较强的理工类学科即“硬”科学，而女性则会倾向于选择语言、形象思维较强的人文社科类学科即“软”科学。自然科学强调抽象思维能力、逻辑推理能力、实证研究的能力，而这一切与女性的思维、生理、特征都是相悖的，所以社会普遍认为女性更适合从事“软”科学的学习与研究，特别是人文科学的学习，即使在人文社会科学中，那些相对“科学化”程度高的学科（如经济学等）也还是男性占主导地位。社会对男女两性学科的选择真的合理吗？

（资料来源：学科中的性别. 百度文库.）

在社会性别制度性别特征标准的认定中，女性早已被本质化地归于感性的、非逻辑的、不确定的、依赖的、消极的体系内，女性亦自身宿命般地接受了这一认定。由于科学知识以及获取科学知识的天生能力与方式都被赋予了男性气质，所以女性在其间已从认识论上被边缘化。

四、女性与课程

西方第二次女性主义浪潮将女性主义的清新空气吹向课程领域，以知识女性为代表的活动者对教学内容所传达的性别意识进行检视。女性主义者们发现，基于女性的经验与知识被歪曲或被排斥于学科、知识体系之外已成为习以为常的事情，因此提出课程要有女性的声音、女性的体验。由此，女性主义研究者对课程进行重新定义、重新建构，以此推动课程的变革。美国威尔斯利大学（Wellesley College）妇女研究中心主任佩吉·麦金托什（Peggy Mclntosh）把课程历史的变革分为五个阶段：“没有女性的历史”— “历史中的女性”— “女性作为问题”—“女性生活作为历史”—“急剧的转型”①。性别、地位、自我认识、知识、权力等成为女性与课程发生关系的焦点词汇，拓展了课程研究的深度与广度。

教材性别面面观

教材作为课程内容的核心承载方式，对其中性别角色的剖析，透视着社会普遍的性别观念。清华大学教授史静寰在《走进教材与课程教学的性别世界》一文中对北京师范大学出版社2000年版“义务教育课程”小学《数学》教材（1~5册）中男女性别进行了量化统计与分析，这套书的插画中男性人物出现频率明显高于女性人物（男性1023人次，女性542人次）。在职业分布上，无论是男性或女性基本都出现在传统性别职业角色中，作为教材插画主体部分的男孩女孩有关数学学习的活动表现出明显的男强女弱、男主女从的特征。而幼儿读物在职业分工和角色定型上表现出来的性别刻板印象也十分明显：插画中100%的科学家、工农兵是男性，100%的教师、75%的服务员是女性。此外，小学语文教材中出现的男性多为社会型、事业型、管理型、悠闲型的，而女性出现的场景主要在家庭。以女性为主要人物描绘的课文共涉及49位女性，其中32位出现在家庭私人领域。即使是在历史上有重大影响的女政治家、女领导人也被赋予家庭化角色气质。邓颖超是中国共产党和国家的领导人之一，曾在小学语文教材中出现两次，一次是为周总理补衣服，一次是雨中为警卫员送伞。

（资料来源：王金玲. 妇女学教学本土化——亚洲经验[M]. 北京：当代中国出版社，2004.）

教材中男性女性出现频次的差异与各自社会分工角色的不同，隐含着“男强女弱”“男主外、女主内”的性别陈规和刻板印象。课程内容的细节问题产生的影响是潜移默化的，这种影响会自动化成“隐性课程”，在教育中对学习者造成持续、有效的隐蔽影响。

① [美]华勒斯坦，等:《学科·知识·权力》[M]，刘健芝，等，编译，北京，生活·读书·新知三联书店，1999。

五、女性与教学

传统教学依据“规律—本质”“目的—手段”“逻辑—实证”的路径来指导教学实践,其导致了教学情景过于抽象、教与学关系单一、教学方法机械等问题,教师的绝对权威体现着知识霸权与垄断的主导精神,反映着男性“刚性”的性别特质。基于此种弊端,女性主义者们提出了“女性主义教学论”这一概念,倡导两性平等、知识多元、兼容并包、互相激励,以分享性学习、注重个人经验、批判性思维为核心,主要包括差异教学法、批评与思考教学法、情境与体验教学法、故事与对话教学法。女性主义教学以“课堂能够并且应该是一个提供帮助的集体”为基本前提,强调的是“一种有机的知识创造的过程”。允许学者、教师、学生针对不同教育内容进行充分的开放式讨论。

老师,您提问时注意到女生了吗

女性主义研究者们在美国布朗大学自然科学课堂进行了调研研究,他们认为,教师的教学习惯会对男女学生产生不同的影响。要想鼓励学生,特别是女生参与课堂讨论,应当注意以下几个环节:(1)在选择回答问题的同学之前,给出一段思考时间。研究表明,虽然给出 2~3 秒的等待时间在最初会让人不适应,但这却可能会鼓励更多的学生参与回答问题。(2)关注由谁来回答问题,以及如何评价他的回答。研究显示,教师更多地习惯于请男生回答问题,并且由于男生回答问题的态度更积极,所以更乐于给他们鼓励与指导,意识到这一点后,教师应当给女生更多的回答问题的机会。(3)注意在课堂上使用中性的语言,用中性的语言谈论男女科学家。多介绍一些科学界的女性人物,哪怕是一本杂志、一本关于性别的书,抑或是一份科技调查数据,都会令女性产生共鸣。(4)下课前告诉学生下一节课要讨论的问题,以这种方式为那些想抓住讨论机会的男女学生提供充分的准备时间。

(资料来源:肖巍. 女性主义教育观及其实践 [M]. 北京:中国人民大学出版社,2007.)

以上案例从女性的独特视角对鼓励参与课堂交流讨论进行调查研究,从而督促教育者更加关注女性在课堂参与中的主体地位,对女性主义教学法的应用提供了有益的参考。

教育中的性别公平,是一项尚未完成的议程,不公平的现象在平等外表的掩饰下继续延续着。对教育中的女性符码进行解读可知,真正的两性平等依然有很长的路要走。

第三节 女性教育发展的探讨

有人说,教育中的女性最真,有人说,教育中的女性最美。余宝笙(1904—1996)就是这样一位美丽的女性。她是福建省莆田人,光绪三十年(1904 年)出生于医生家庭,父母十分重视对子女的教育。余宝笙童年和少年时都远离家庭,在女校接受封闭式教育。1922 年,余宝笙进入华南女子文理学院读书,两年后赴美继续深造。1924 年,余宝笙在美国获得硕士学位,1928 年回国在母校教有机化学。1935 年她二度赴美,1937 年获得博士学位(为约翰·霍普金斯大学第一位女博士)。她成绩优异使导师大为赞赏,这位享有世界声誉的生化专家、维生素 ABC 的发明者麦卡伦教授导师要留她共同搞科研。不久抗日战争爆发了。她奔回祖国,随母校到南平,任化学系主任。中华人民共和国成立后,余宝笙在 1953 年担任福州师范学院的教务长兼化学系主任。1981 年,她被批准为我国第一批招收硕士研究生的导师。1985 年,年过

80岁的余宝笙为了发展我国女子教育事业,创办中华人民共和国成立以来第一所私立女子职业大学——福建华南女子职业学院,亲任院长,这是中华人民共和国第一所私立女子职业教育高等学校,这位杰出女性为中国教育事业作出了突出贡献。

(资料来源:妇女节,女校长们的故事献给所有老师,是激励更是感动.中国网教育频道,2017-03-08.)

时至今日,女性在争取自身地位和权利的路途中已前进了一大步,男女在智识上的性别平等也逐渐成为社会共识。独立的身姿、自信的态度和优秀的能力已成为女性立足社会的资本。梁启超曾经在《论女学》一文中写道:"欲强国,非造国民不可;欲造国民,非兴女学不可!"这种呐喊时至今日仍可旧语新意。习近平总书记曾言:每一位妇女都有人生出彩和梦想成真的机会。而教育将继续在女性独立与追求自我的进程中发挥其独特作用。

综观女性与教育的发展,仍然道阻且坚。除完善法律法规,保障女性权益,从根本上促进男女实质平等之外,仍应从以下方面着力。

一、宏观:开展多层级的女性教育活动,提升师生性别意识

(一)大力发展女性职业教育

1. 发展女性非传统领域的职业教育

随着社会的发展,传统的社会分工角色已经发生了转变,不少男性已经介入了女性的职业领域。女性教育只有不断拓宽专业领域,才能在更多的岗位争取更多的就业机会。而时代的发展赋予了女性更多的机会,能够让细腻敏感的女性发挥越来越重要的作用,在金融、媒介等领域成为与男性抗衡的重要力量。因此,女性教育的多领域、多专业、多层次化发展成为现实需要和时代需求。这就需要充分利用社会市场为导向,不断调整和优化女性职业教育结构,与此同时,加强对女性线上线下教育的培训,从而使女性获得更多的就业机会和更广阔的创业空间。

2. 大力发展女子高等职业教育

科学技术的发展对人才提出了更高质量、更高规格的要求,国际化、创新型人才是21世纪的人力资本,在这样的变革中不断丰富和充实自己,实现社会发展和自身发展的双重进步成为女性教育的迫切需求。发展女子高等职业教育,整体提高女性素质,才能更有利于促进女性事业进步。所以,发展女性高等职业教育是一项战略性任务,努力提高女性劳动者的文化知识水平和综合素质能力,对女性职业者更好地适应经济结构的改变具有重要的意义。

(二)大力发展女性终身教育

如何提高女性自身的竞争力是一直以来的重要话题,只有提高自身的人力资本才能在职场占据更有利的位置。终身教育的倡导者认为,一个人的一生应该是一个不断受教育的过程。女性的继续教育也同样应当给予重视,这就需要政府与相关组织的相互合作和协调,充分调动女性参与的积极性和主动性。教育信息化可以扩大女性的受教育群体,在以大数据和网络技术为核心的教育平台,扩大教育覆盖面,选择性更强,可以更方便地满足多层次、全方位的教育需求,不管是内容还是形式,都能够给予充分的辐射和最大化的影响力。根据女性的发展特点,应广泛开展性别教育与培训。

二、中观:加强女性学学科建设,强化女性学相关研究

女性学从人类性别出发,以女性群体的实践为对象,通过探索不同时期女性性别、生存方式等,探索女性生存与发展规律。从社会学视角,探讨女性在社会关系中的地位及作用,增强女性的社会意识和社会角色,激发女性的主体意识及自强精神。新时代对人的知识结构和整体素质都有了新的要求,女性教育除了培养女性的社会效能意识、竞争意识等,还要在综合素养上给予更多的关注。不少发达国家,比如韩国等已经将女性学作为一门单独的学科进行学术探讨,我国自 20 世纪 80 年代中期始,有相当一部分女性理论兴起,许多科研机构及高校都开展了系列选修课程,比如女性学概论、妇女社会学等。但在科学研究上是远远不足的,在女性学学科建设中,首先,应该持续深入开展女性研究,这是开设女性学课程的基础和前提。其次,要加强女性学学科建设。应该从思想上明白,加强女性学科建设不仅顺应国际高等教育的改革,同时也是在学术创新交流上与国际的接轨,是时代的客观需要,同时符合学科的内在发展。加强女性研究和学科建设,促进理论与实践、教学与研究的相互联系,对培养具有更广阔的世界眼光及良好的社会适应能力的女性人才具有重要的意义。

三、微观:以性别实质平等为出发点,构建新型教育教学模式

(一)课程建构、教材编写合理公平

社会以男性文化为主导,课程内容也不免渗透相关的思想。在课程构建中要有意识地纠正这种潜意识嵌入其中的社会性别平等的理念和内容。首先,必须了解和把握女生的身心发展特点以及学习行为方式习惯。男生、女生在抽象运算、具体运算、形象运算以及逻辑运算等方面存在一定的差异,女生更注重事物之间的关系,课程内容的设置和选择应该更加生活化,注重感知和经验的积累,这对女生的学业发展有特殊意义。其次,各级教育主体都应该把性别平等作为审定视角,在审定、编写教科书时,多增加与女性大家相关的传记作品,展现女性风采,促进女性角色新观念产生。删除教科书课文故事中有关女性角色、社会活动、职业活动等方面反映女性卑下地位的内容,相应地增加女性人物出现的频度,还应尽量多地选择那些反映男女平等的内容、插图和照片,在思想层面不断树立正确的价值判断。最后,在地方、学校、课程三位一体协同过程中,开发多元内容,丰富课程体验,从而吸引更多的女性参与。

(二)注重教师培训过程,树立正确性别观念

教师在教学过程中具有重要的主体地位,对学生在知识、技能、思想及经验积累方面具有至关重要的作用。教师在教学过程中应当对性别意识有一定的反省能力,在进行教育活动中,有意识地创造无性别差异的教育环境。不仅如此,只要是与教育体系相关的人员,都应该加强对性别教育的批判意识,创造一个良好的人文环境。在教学过程中,鼓励教师将性别平等意识贯穿到课堂组织形式及教法上。在教学过程中,对待男女一律平等;在教学态度和行为上,淡化性别差异;在教学方法上,根据男女心理发展不同,因材施教,因人施教。尤其突出的是充分发挥女教师的优势,充分展现女教师的影响力和作用。

"微妙的性别偏见的围墙仍然继续制造着迥然不同的教育环境,引导着女性与男性走向分离与不平等的未来。"①

女性与教育的话题仍将继续言说,女性的发声仍将继续回响。

① [法]米歇尔·福柯:《规训与惩罚》[M],刘北成,等,译,北京,生活·读书·新知三联书店,1999。

【思考训练】

1. 女性接受教育的历史轨迹是怎样的？

2. 女性教育与女性发展的关系是什么？

3. 当前教育中存在的性别问题有哪些？

4. 当今女性教育应如何继续发展？

【拓展阅读】

中国第一位女教授的完美人生

她是中国第一位公派并以西洋史为专业的女留学生。

她是中国历史上及北大第一位女硕士、女教授。

她是名副其实的“才女教母”，培养了中国近现代史上一众知名的才女，张爱玲、林徽因、萧红、苏雪林、冰心、凌叔华、丁玲、石评梅、庐隐……

她是陈衡哲。

常人概念中的才女，往往是才华出众，要么命运曲折，要么婚姻不幸。而她，虽身处新旧世界的激烈动荡中，却在个人事业、情怀、婚姻家庭的每一个方面都做到了足够完美。

这一切，她是如何做到的？

陈衡哲1890年出生于江苏常州，祖籍湖南衡山。父亲陈韬是当地有名望的学者和诗人。母亲庄曜孚是当时和吴昌硕、齐白石齐名的书画大家。舅舅庄蕴宽（军事家）曾对陈衡哲说：世上的人对于命运有三种态度，其一是安命，其二是怨命，其三是造命。纵观陈衡哲的命运轨迹，她似乎一生都在造命。

陈衡哲7岁时拒绝母亲缠足，18岁时拒绝了家庭指定的婚姻，从而逃婚至常熟姑母家住了三年。1914年夏，清华学堂在上海招生，录取的学生将由中国政府保送赴美深造，陈衡哲顺利通过考试而到了美国。此时，她已经24岁，大大超过了中国传统女子结婚的年龄。在美国，她变成一位不婚主义者，为理想和事业，谢绝了诸多人的追求。

然而命运的安排永远出人意料，在美国，她遇到了生命里最重要的两个男人。其一是任鸿隽，中国近代科学的奠基人，原四川大学校长、上海图书馆馆长，后来成为她的丈夫。这位任先生说过一句在今天看来足以让天下女子动容的话。他说：“你是不容易与一般的社会妥协的。我希望能做一个屏风，站在你和社会的中间，为中国来供奉和培养一个天才女子。”

另一位是胡适。胡适是在任鸿隽的推荐下认识陈衡哲的。当时胡适倡导白话文，在文化界引起了很大的争议，一时间反对嘲讽者众多。在孤立无援的尴尬境地，陈衡哲却在行动上成为胡适最有力的支持者，并在《留美学生季报》上发表了她的白话小说处女作《一日》。

胡适曾评论说：“当我们还在讨论新文学问题的时候，莎菲（陈衡哲笔名）已开始用白话做文学了。”一来二去，胡适对陈衡哲爱慕也是与日俱增，然则胡适不失为遵循传统道德的君子，母亲已在家乡给他订下了婚约，他不敢轻易违抗母命。而他这份爱慕之心却不会泯灭，并最终升华为另一种精神层面的情愫。

1920年，陈衡哲在胡适的推荐下，被北大校长蔡元培聘任，成为现代中国第一位大学女教授。

在大学任教期间，陈衡哲曾针对中国当时存在的妇女问题，先后发表了《复古与独裁势力下妇女的立场》《妇女问题的根本谈》等文章。

颇有意思的是，事业巅峰时期的陈衡哲，最终却因为要带孩子而辞去北大的教职，成为专职家庭妇女。那时，她头顶着中国第一位女硕士、第一位女教授的光环，尤其她还是曾经的不婚主义者，这使当时的学术圈一片哗然。

作为当时新女性的标杆人物，她的辞职让无数人失望。然而她自身的经历让她明白，“母亲是文化的基础”。

“当家庭职业和社会职业不能得兼时，则宁舍社会而专心于家庭可也”，陈衡哲认为，妇女解放是从观念上和行动上把自己塑造成对家庭和社会有用和有益的新人，而不是自求多福，孤立地对抗家庭和社会。

此后，她精心教养三个子女，直到三个子女相继成才。长女以都，颇有其母遗风，获美国哈佛大学博士学位，在美国任大学教授；次女以书毕业于美国瓦沙女子大学，任教于上海外国语学院；三子以安获美国地理学博士学位，也在美国任大学教授。一家两代五教授，堪称书香满门。

她自己也取得了骄人的成绩。文学著作《小雨点》《西风》《衡哲散文集》相继出版，学术著作《西洋史》《文艺复兴小史》《欧洲文艺复兴史》，至今都有相当的影响力。

1961 年，任鸿隽去世。“文革”期间，陈衡哲遭到了两次抄家的厄运。然而在这场政治风雨中，多少人忍辱离去，而她一直挺了下来，用自己的方式，不屈地艰难前行。

1976 年，陈衡哲在上海逝世，享年 86 岁。

陈衡哲一路走来，不断地超越他人，也超越了自己，似乎聚上天的万千宠爱与眷顾于一身，超凡的天赋与颖悟、强硬决绝的个性、过人的勇气与冒险精神……她是社会变革中“试图在旋涡中掌握自己命运”的那部分人，当时跟她有类似幸运的女性可谓凤毛麟角。

幸运只会偏爱有准备的人，因为她，是陈衡哲。

（资料来源：唐苹子. 中国第一位女教授的完美人生 [N]. 今日女报，2018-06-07(19).）

第四章　女性与就业

【热点链接】

张义珍副部长出席第107届国际劳工大会并发言

2018年6月5日，人力资源社会保障部副部长张义珍出席在瑞士日内瓦举行的第107届国际劳工大会，并以《消除性别差距确保女性获得更充分更高质量就业》为题做大会发言。

张义珍指出，消除劳动力市场中的性别差距、确保女性获得更充分更高质量工作是当前各国面临的重要任务。中国政府将男女平等作为基本国策，高度重视女性就业工作，女性劳动保护制度不断完善，女性就业质量和结构不断改善，妇女社会保障覆盖面不断扩大。中国政府将坚持以人民为中心的发展理念，大力保障妇女合法权益，优化妇女发展环境，提高妇女社会地位，推动妇女平等依法行使民主权利，平等参与经济社会发展，平等享有改革发展成果。

张义珍表示，各国政府应根据国情，综合施策，持续推进工作中的性别平等目标。为此，张义珍提出三点建议：第一，持续扩大妇女的就业渠道，确保妇女平等获得就业机会，支持和帮助妇女成功创业；第二，持续加大对妇女的教育培训力度，破除针对妇女的行业和职业偏见；第三，持续保障女职工的合法权益，完善和落实促进男女平等的法律政策，支持国际劳工大会制定关于工作场所暴力和骚扰的公约和建议书。

（资料来源：张义珍副部长出席第107届国际劳工大会并发言．中华人民共和国人力资源和社会保障部网站，2018-06-06.）

【观点分享】

为所有人提供充分的就业机会和体面工作，这是当今世界各国面临的最为迫切的挑战之一。同时，确保全面尊重国际劳工标准以及保障不歧视、平等、安全和体面工作条件的基本原则与权利，仍然没有实现[①]。

——联合国经社理事会副主席德罗布尼亚克

在工作方面，只有五成适龄女性进入职场，男性的该比例为77%。薪酬方面，同工不同酬情况依然存在，女性的薪酬平均为男性的70%~90%。此外，发展中国家的女性在家务和护理家人方面比男性平均每天多花3个小时，发达国家的这一时间差为2小时[②]。

——联合国《2015世界妇女：趋势和统计》

积极保障妇女权益。妇女权益是基本人权。我们要把保障妇女权益系统纳入法律法规，上升为国家意志，内化为社会行为规范。要增强妇女参与政治经济活动能力，提高妇女参与决策管理水平，使妇女成为政界、商界、学界的领军人物。我们要保障妇女基本医疗卫生服务，特别是要关注农村妇女、残疾妇女、流动妇女、中老年妇女、少数族裔妇女的健康需求。我们要采取措施确保所有女童上得起学和安全上学，发展面向妇女的职业教育和终身教育，帮助她们适

① 《联合国：将充分重视平等就业 扭转对妇女就业偏见》，大众网，2015-04-05。

② 《联合国发布〈2015世界妇女：趋势和统计〉报告》，中国矿业大学网站，2015-10-25。

应社会和就业市场变化[1]。

——习近平于2015年在全球妇女峰会上的讲话节选

【智慧探索】

第一节 就业与女性就业

一、概念内涵

(一)就业与女性就业

国际劳工组织指出,就业是指一定年龄段内的人们所从事的为获取报酬或为赚取利润所进行的活动。结合我国现有法规政策,实现就业应该符合以下基本条件:第一,我国法律规定就业主体必须年满16周岁且是具有劳动能力的人;第二,就业主体从事的必须是某种社会劳动,而不是家务劳动、义务性劳动或社会救济性劳动;第三,通过劳动获得相应的劳动报酬或劳动收入也是就业的一个重要标志。按照我国就业政策的规定,只要劳动者通过一定的途径实现同生产资料相结合,从事一种合法的社会劳动,取得一定的报酬或劳动收入就是就业。因此,无论是在国家机关、事业单位、国有企业、集体企业、三资企业、私营企业、个体企业谋求职业,还是自主创业、自谋职业,都应视为就业。公益劳动和家务劳动不算就业。

女性就业是指女性在法定的劳动年龄内,依法从事某种有报酬或劳动收入的社会活动。从人群划分,主要是指城镇在业女性;从时间段划分,界定为中华人民共和国成立以后,重点是改革开放之后;从行业划分,主要是指在第二、第三产业的各行业从业的女性,不包括从事第一产业,即农业的女性人口。

(二)职业结构和女性就业的职业结构

职业结构有广义和狭义之分。狭义的职业结构是指社会劳动力在各种职业之间分布的数量、比例及相互之间的关系。广义的职业结构除了狭义的职业结构所包含的内容外,还包括各职业从业人员的教育构成、产业分布、空间分布等。

所谓女性就业的职业结构,是指女性在业者在各种职业中所占的比例和状况,它是衡量女性就业质量和就业程度,体现男女在就业领域公平性的重要指标。

(三)性别歧视和就业中的性别歧视

所谓性别歧视,指基于人的生理性别或社会性别而产生的歧视与偏见。结果和目的是损害或否认妇女在男女平等基础上,认识、享有、行使在政治、经济、社会、文化、公民或任何其他方面的人权和基本自由。国际劳工组织对就业中存在的性别歧视这一概念进行了明确的界定,其指出:"就业中的性别歧视就是基于性别的任何区别、排斥或特惠,其后果是取消或损害就业方面的机会平等或待遇平等。但是基于特殊工作本身的要求的任何区别、排斥或特惠不应视为歧视。"劳动力市场中出现的性别歧视是造成女性就业难的主要原因之一,包括职业歧视和工资歧视两种形式。

(四)角色期待和角色冲突

角色期待是指社会(包括多个组织或群体)对其中占有一定位置的人(行为者)应该采取

---

① 习近平:《促进妇女全面发展 共建共享美好世界——在全球妇女峰会上的讲话》,新华网,2015-09-28。

的行为内容及行为方式所寄予的期望或规范性要求。不论哪种形式的角色期待,都说明角色是在一定的历史舞台上出场的行为方式,隐藏于其后的是社会给予的角色期待。人们都在实际上背负着角色期待而去扮演和实现角色。可见,角色期待本身附着着社会舆论、意见甚至习惯等社会心理压力。

角色冲突是指角色扮演者在角色扮演情境中心理上、行为上的不适应、不协调状态。一般来说角色冲突分为两种类型,一种是不同角色间的冲突,即不同角色承担者之间的冲突。它常常是由于角色利益上的对立、角色期望的差别以及人们没有按规范行事等原因引起的。另一种是角色内部的冲突,即由于多种社会地位和多种社会角色集于一身,从而使得一人承担的不同角色在自身内部产生冲突。对于女性而言,其角色冲突更多体现在角色内部冲突上。尤其是在女性职业角色和传统母职角色的冲突中。一旦其职业发展角色和母职发展角色发生冲突,就极易造成女性个体自我职业发展诉求与家庭需求之间的矛盾。

二、女性就业特征

经济的快速发展也给中国的就业带来了良好的发展契机,尤其是产业结构的调整为女性就业创造了大量的机遇。第三产业的发展创造了大量适合女性从事的职业,女性群体已经成为劳动力不可或缺的组成部分。但同时,由于受到传统的历史、政治、经济和社会等多方面影响,女性在就业方面仍然存在很多困境和挑战。例如,女性就业要求提高、竞争加剧、压力增大、性别歧视加重等新旧问题叠加出现。总体而言,女性就业呈现如下特征。

(一)女性就业竞争压力大

供给侧改革的持续推进,将发展投向新兴领域、创新领域和经济新增长点领域中。人力资源更倾向于职业技能强、承压能力强、专注程度更高的专业高素质人才。同时,一些产能过剩企业占据了大量人力、资金、土地等资源,约束经济发展。清理僵尸企业、淘汰产能过剩企业也使就业岗位处于紧收状态。基于用人单位对女性承压能力、生理期、怀孕哺乳期人力成本、孩子教育及家庭照料等因素的思考,女性上岗优势不突出,在竞争上岗过程中易于被放弃。此外,由于网络电商的异军突起,对实体店铺造成了巨大的冲击,导致大量从事服务业的女性加入待业大军。最后,伴随着智能化普及,用工需求量在逐步减少。例如,随着自助取款机、自助业务办理操作机的大力普及,银行业柜员的需求量在大量缩减,而大多数银行业柜员则以女性为主。智能化的发展导致更多女性成为待业人员,增大了流向待业市场的女性数量,女性就业形势不容乐观,就业竞争加剧。

(二)女性就业结构不尽合理

影响职业结构的因素主要有三个:一是产业结构,二是就业政策,三是劳动力素质。从产业结构看,产业结构的调整会导致行业变化,行业变化会导致职业变化,职业变化会导致职业结构变化;从产业政策看,不同的就业政策会引发不同的就业行为及劳动力配置方式,从而间接影响女性的就业质量;从劳动力素质看,不同劳动力素质决定了劳动力价值大小,反映劳动力价值的工资报酬、职业层次与就业质量密切相关。

在快速增长的第三产业,女性就业的职业空间逐年扩大。传统的第三产业,如商业贸易、饮食、邮政、文化教育、卫生服务等增长迅猛;新兴的第三产业,如金融保险、信息产业、房地产、旅游业、电子、仓储业、动漫产业、咨询业也全面兴起。从第三产业内部结构看,目前仍然主要是以商业、餐饮、旅游等低端服务业为主,高端的服务业所占比例不大。从区域看,低端服务也遍布全国,各地差别不大。高端服务业主要集中在中心城市,重点集中在发达的东部城市。第三产业,尤其是低端服务业的快速发展,有效地满足了从第一、第二产业分离出来的低技能女性就业的需求,但也将其定型在了女工这种低就业结构上。

(三)女性就业歧视现象存在

女性就业歧视问题一直都是一个全世界范围内亟待解决的问题。尽管国家对男女平等就业有着明确的规定,但女性就业仍然遭遇不同的歧视,特别是隐性性别歧视加重,使女性就业处于劣势。因为用工和就业是市场导向下的“双向选择”,招工单位往往根据其内部经济情况而不断调整发展规划、用工策略。一般而言,在出现用工荒招不到男工、不得不选择女性的情况下,用人单位才会考虑招聘女工,但更多地倾向于招聘已婚已育的女性,从培养员工的角度上讲,已婚已育的女性解决和降低了企业的培养成本。再者,已婚已育的女性家庭稳定,思想成熟,对于企业来讲在用工合作上时间会较为久远一些。曾经一度已婚已育的女性成为企业的香饽饽,在找工作中比较容易被企业接受,但随着国家二孩政策的全面放开,此类女性又面临了企业的“翻白眼”,已婚已育的女性又进入待产高发期,休假生孩成为这部分女性的主流生活,她们再次被推向就业尴尬边缘,面临新的就业挑战。此外,女性不仅就业过程遭遇性别歧视,晋升发展难度也高于男性。而在劳动力市场供应充足的情况下,即便是在相同的素质条件下,企业和单位一般也会更倾向于选择男性而非女性。

随着全球经济一体化与经济体制的转型、市场供求结构变化的影响,我国劳动力出现了供大于求的不平衡拐点,很多雇佣单位无形中提升入职门槛、限制性别。针对女性的培养成本、生育成本、婚假和产假成本、生理期情绪影响工作的成本,以盈利为主要目的的企业为了保证自己的利益,在招聘用工时会尽量选择男性而非女性。在劳动力资源重新配置的过程中,女性在就业市场中处于劣势,就业机会渐进减少,“男士优先”频频出现在各大招聘信息中,有些用人单位对女性额外要求身高、相貌、年龄、未婚未育等,无形中一批女性求职者无缘与单位进行进一步沟通。在一些人力资源管理中,甚至出现将怀孕女工调整到条件恶劣或者是不能承受的岗位,迫使女性主动辞职的现象。

三、女性劳动价值评定

根据宪法和法律规定,我国妇女享有同男子平等的就业权、劳动权和同工同酬的权利。由此,妇女的经济参与、经济地位也正在逐步提高。但是,由于受传统观念影响,女性劳动者既要积极参与社会经济发展方面的工作,实现就业并获得相应的劳动收入,还要承担着家庭照顾、家庭养育等重要家庭责任。也就是说,女性劳动者在家庭和社会中均扮演着重要角色。但是,长期以来,女性为生育及照顾家庭所提供的社会劳动并没有获得相应的劳动价值肯定。女性劳动者承担着社会和家庭的双重负担,但家庭劳动却是不被社会承认的无报酬劳动。这对女性来说显然是极不公正的,是对女性整体价值的歪曲。对女性劳动价值的判定应坚持两个重要原则。

一是树立男女劳动价值的平等性观念。强化男女两性劳动价值平等观念,不仅仅在于强调男女同工同酬,保障女性在社会劳动中获得与男子相同的权利。同时应该减少女性在职位晋升、职业发展中因生育权利而受到歧视及不公等现象,重视女性在经济生活中的作用。

女性在就业过程中,往往或明或暗地受到一定程度上的歧视或不公平对待。例如,一些用人单位,在招工时附加了对女性不利的条件要求,他们或是提高女职工录用门槛,或是限定女工婚育时间,若是非招女工不可,他们就只招收未婚女性和过了哺乳期的女工,而将其他年龄的妇女排除在招工对象之外。同时,现有法律对女性就业中遭遇的不公平或歧视问题并没有明确的规定。《中华人民共和国劳动法》虽然规定了妇女享有与男子平等的就业权利,但却没有规定违背这条法规的制裁措施,这就导致用工单位无视法律,致使保护妇女享有与男子平等的就业权利的法律规定形同虚设,女性就业歧视等问题一直存在。最后,由于女性生育导致女性在就业及职业发展中容易受到不平等对待。一般情况,青年女性一旦走上工作岗位,马上就面临着恋爱、结婚、生孩子、休产假等一系列问题。这的确会对用人单位的正常工作秩序产生一定影响,而且在产假和哺乳期间,女性职工的工作专注度下降往往也被用人单位所诟病。所以,尤其在外企和私企中,女性职工一旦怀孕生子,为了平衡家庭生活与企业工作强度的要求,在用人单位或明或暗的提示下,只能"被动"选择"主动辞职"。同时,由于女性产假、哺乳假期延长,以及"全面二孩"政策的放开,这些都使得用人单位的劳动力成本加大,负担加重,这无形中更加大了女性的失业压力。

二是重视家庭劳务的价值。科学对待女性为家庭照顾和家务服务所提供的劳动的价值。恩格斯曾表示,只有把私人的家务劳动变成一种公共的行业以后,男女的真正平等才能实现。因此,我们应该对女性总体价值给予客观、公正的宣传、评价,在全社会形成一种好的风气。不仅尊重职业女性从事社会物质资料生产的劳动价值,而且充分肯定从事家务劳动的女性的劳动价值。依据马克思主义的劳动力价值理论,生养后代是劳动力生产的重要组成部分,需要获得相应的劳动报酬;家庭成员的衣食住行、生老病死、教育与技能培训学习等也属于家庭保障的耗费,需要得到相应的耗费补偿,保障社会与人的生产持续进行。因此,女性再生产的社会价值理应得到社会认可。但是由于我国的最低工资标准没有将再生产的劳动耗费补偿纳入劳动力价值中并在劳动收入中充分体现出来,家务劳动的无偿化使人们忽视家务劳动的社会价值,没有给家务劳动应有的肯定,女性的家庭付出隐形化,没有得到相应的回报。同时,女性在家中承担大量的家务劳动和扮演多样的角色,如生养与教育子女、照料老人等,虽然需要投入大量的时间、精力和情感,但由于家务工作量及难易程度难以衡量,没有办法形成系统。因此家务劳动很容易被忽视并简单化,难以计算其劳动报酬。

呼吁正视劳务价值　7省母亲宣布家务罢工

2014年5月11日,正值母亲节。来自北京、云南、浙江、江苏、广东、甘肃、福建等多于7个省市的28名母亲向社会大众发出一个宣言:家务劳动罢工一天。

据称,这群妈妈在生活、工作中发现,女性承担家务劳动的时间比男性多出超过三倍,但是家务劳动的价值却一直没有被国家、企业和社会大众肯定,导致女性的社会生产价值被低估。

母亲罢工活动发起者:我在平时的生活里面和我的姐妹们都感觉到,家务劳动大部分都是女性在做,男性做得相对还是比较少。但是同时也发现整个社会对家务劳动的认识还停留在"母亲的爱,无私的爱"的层面上。大家似乎还是没有察觉到家务劳动是一种社会再生产。更糟糕的是,我发现很多企业也以"母亲要做家务带孩子"为理由拒绝录用妇女,或者给妇女较少的升迁机会;国家管理下的电视媒体也长期渲染母亲无私奉献、辛勤做家务的形象,而很少进行反思。我就希望以这次的妈妈罢工行动来告诉社会大众和更多的母亲，家务劳动是有价值的，而且应该由男女双方共同承担。我也希望通过这次活动，使国家认识到家务劳动对社会发展的支持作用，而在制定政策的时候更多考虑女性在就业、晋升中的不利地位。

（资料来源：呼吁正视劳务价值　7省母亲宣布家务罢工.网易女人行动13期，2014-05-11.）

三是确立家务劳动的家庭合作和社会互助原则。沉重的家务劳动对职业女性的自信心、成就欲和成功率的影响是极大的。女性必须意识到社会劳动和家务劳动的对立统一，冲破传统家庭分工模式的不自觉束缚，积极倡导建立合作互助的家庭分工方式，让家务劳动成为男女两性都应该承担的工作之一。

现阶段而言，充分发挥女性劳动力在经济建设中的作用，必须坚持彻底地改变陈腐、偏执、不适时宜的女性劳动价值观念，并相应地采取一些对策，以提高女性劳动力的实际素质水平。诚然，女性劳动价值观念的改变是有一定难度的，但劳动力使用价值的提高又是时势所迫的。我们要树立经济改革与女性劳动价值观念、女性劳动力使用价值、女性经济参与协同发展的整体观，不断地提高当代女性的经济社会地位。

第二节　女性就业理论及问题

一、女性就业理论

（一）社会角色理论

“角色”一词原本是属于戏剧中的专业名词。角色在社会学中代表着对占有一定社会地位的人或特定的社会群体所期望的行为。也就是说，在社会生活中每个人都应该按照他所扮演的角色去生活或工作，努力去实现他们自身应该体现的行为模式和要求。这种行为模式和要求是社会公众或是社会发展方向所期待的，所以也叫角色期待。

在20世纪70年代之前，学界基于对男女性别的生物属性特征，提出了性别角色这一概念。性别角色指社会针对具有不同生物性别的人所制定的、足以确定其身份与地位的一整套权利、义务的规范与行为、表现的模式，即以两性差异为依据所划分的一种社会角色。这一定义突显了人的“先赋角色”，即性别是先天的、生物的、第一性的，后天的努力很难改变它，尤其是个人的后天努力很难改变。这一概念强调个体对性别角色的遵从。但随着发达国家中的妇女运动的飞速发展，尤其是在“女权主义”思潮的推动下，人们逐渐认识到过分强调人的生物属性的“性别角色”这一概念的局限性，从而发展变化出“社会性别”这一概念体系。社会性别主要是指自身所在的生存环境对其性别的认定，包括家人、朋友、周围群体、社会机构和法律机关的认定等，是生物基本的社会属性之一，主要体现在性别角色上，是一种文化构成物，不仅因时间而异，而且因民族地域而异，是一种特定的社会构成。也就是说，社会性别认为男女两性的差异主要是在特定的社会文化体系中，通过男女两性互动而不断地得到巩固、加强和发展，是变化和发展的动态概念。

20世纪70年代以来，角色理论体系出现了一个重要分支即角色冲突。有关就业中的角色冲突探讨主要集中在工作和家庭的矛盾上。首先，在传统社会中，工作和家庭往往是统一体,呈现自给自足的特点,工作和家庭角色冲突不明显。但随着生产技术和社会的发展,工作场所和家庭逐渐分离,工作角色和家庭角色的冲突便产生了。其次,工作和家庭角色在空间上的分离也会影响到个人情感的流动。在家庭情感缺失的时候,主体会倾向于从工作场所获得补偿。反之亦然。最后,工作和家庭之间存在边界,一旦这种边界被打破,也会导致两种角色之间的不平衡,从而形成角色冲突。

(二)就业性别歧视理论

就业中存在的性别歧视不仅有损女性的权益,也与市场经济的公正、公平、公开原则相悖。西方学者对性别歧视的研究主要集中表现为贝克尔的个人偏见歧视理论、菲浦斯的统计歧视理论以及多林格尔和皮奥的劳动力市场分割理论等。

首先,贝克尔运用经济学模型解释了劳动力市场存在的歧视问题。他认为歧视偏好模型主要体现在来自雇主、雇员、顾客三个方面的歧视。关于雇主歧视,贝克尔指出歧视性雇主,为了实现自身的效用最大化,其目标函数要么是利润最大化,要么是男性雇员的比重最高。如果雇主偏好雇用男工,则女性会被排除。除非雇用女性的收益大于雇用男工。关于雇员歧视,是指因为员工之间对性别存在偏见,有些男性员工不愿与女员工共事或不甘心成为女上司的下属。关于顾客歧视,是指由于性别刻板印象,顾客在接受不同服务时,会想当然地高估或降低不同性别员工的工作价值。如顾客更相信男外科医生、男机械工程师、男司机等提供的产品或服务;而对于像护士、导游、空中小姐等职业,顾客更偏好由女性担任。

其次,菲浦斯提出的统计性歧视的概念,是将一个群体的典型特征看作该群体中每一个个体所具有的特征,并利用这个群体的典型特征作为雇佣标准而产生的歧视。这一理论的基本观点是雇主总是希望雇佣单位工资生产率最高的员工。但雇主在有限的招聘时间内不大可能完全掌握员工的实际劳动生产率是多少,只能利用员工个人的一些与生产率有关的特征加以判断。该理论认为:由于男性的工作效率整体上与女性相比有一定的差异,使雇主倾向于为保证利润最大化而雇用男性。尽管这种对男女效率的判定并不完全正确,但在劳动力市场仍然存在女性被歧视的现象。

最后,劳动力市场分割是指由于社会和制度等因素的作用力,形成了劳动力市场的部门差异。不同人群获得劳动力市场信息以及进入劳动力市场渠道的差别,导致了不同人群在就业部门、职位以及收入模式上的明显差异,比较突出的差异表现在种族、性别与移民之间的分层等。该理论中所提出的双元结构,更加详细地解释了劳动力市场中存在的歧视现象。双元结构论把劳动力市场划分为一级市场和二级市场。一级市场具有工资高、工作条件好、就业稳定、安全性好、管理过程规范、升迁机会多等特征;二级市场工资低、工作条件较差、就业不稳定、管理粗暴、没有升迁机会。二级市场的就业者多为穷人和女性。由于一级市场的工作要求相对比较高,同时部分雇主存在"统计歧视"的观念,假定妇女的平均生产力低于男性,雇主更偏好教育水平比较高、工作经验比较丰富的男性。这就使得大量女性"拥挤"在二级市场的边缘部门,工资必然比较低。

(三)公共政策理论

公共政策作为规范公众行为遵守的社会准则,对公众行为具有重要的引导作用,这种引导既包括行为的引导更包括观念的引导。同时,公共政策作为对社会公共利益权威性的调节、控制和分配，一旦形成，必然会对社会成员的生存方式、思维方式、行为方式乃至命运产生深刻影响。其重要理念之一是国家责任，即政府是一个国家主要的社会公共权力机构，它对社会成员承担着责任和义务。国家政府的责任在于：应当对社会成员普遍的基本需求有所增益，应当营造公平的社会环境，应当直接为社会弱势群体提供必要的社会帮助，应当为社会成员提供平等的发展条件。从这个意义上讲，女性就业与女性发展，是现代公共政策的题中之意，且只有在公共政策的层面才能得到根本解决。其重要理念之二是强调人权。即每一个社会成员都是平等的，其基本的生存权和发展权应当得到保证。因此，妇女与男子平等地享有人权。妇女应该同男子一样，平等地获得基本的社会保障，包括教育和保健、参与政治和经济决策平等机会、同工同酬、受到法律的平等保护、消除性别歧视和对妇女的暴力。在所有领域中拥有平等的公民权利，既包括在公众生活中的工作场所，也包括在私人生活中的家庭领域。

二、女性就业问题

经济社会和政策的不断变化与发展，带来我国经济结构、产业结构、发展动力、经济形态和经济业态的改革创新，从而对社会企业、单位的用工需求、用工计划、岗位设置、用人观念等产生影响。同时，随着生育政策和养老政策的不断调整，尤其是“单独二孩”和“全面二孩”政策的陆续出台，这些变化调整一方面为女性就业创造更多的平台和机会，一方面也对女性就业提出更高要求，带来新的挑战，使女性就业面临诸如性别隐性歧视加重、就业竞争加剧、就业难度增大、角色冲突更为突出等新老问题叠加的局面。

（一）女性就业歧视仍然存在

女性在就业中存在性别劣势是一个老问题，众多专家和学者也对此做过很多深刻的分析并提出过相应的解决对策。在2018年全国两会上，李克强总理所作的政府工作报告提出：“要健全劳动关系协商机制，消除性别和身份歧视，使更加公平、更加充分的就业成为我国发展的突出亮点。”报告中着重强调了要消除性别歧视，大力促进公平就业，这对贯彻男女平等的基本国策，稳定经济发展具有重大历史意义。但是很遗憾的是，女性就业歧视这一问题至今仍然没有得到根本性的解决，甚至出现了更新形式的隐形性别歧视。

女性在就业过程中遭遇的就业歧视问题，主要表现在三个方面。一是就业机会不平等。女性在就业时可能会遭遇到应招机会不平等和招聘录用标准不平等的双重压力。凡是具有劳动水平的适龄人群，理应得到用人单位提供的公平就业机会，任何人或用人单位都不可加以剥夺、排斥、损害和限制。然而在实际情况之中，女性的就业率和签约往往普遍低于男性。另一方面，在相同工作环境、相同工作岗位前提下，用人单位会因劳动者的性别不同而随意提高录用标准。例如，用人单位在招聘女性员工时往往带有身高、体重、户籍、婚姻、生育情况等附加条件。尤其是对女性生育情况的考量会成为很多用人单位在招录女性员工时的重要参考标准。用人单位因担心女性生育子女会导致人员离岗，教育及对孩子的抚养会影响企业该岗位工作，以及由此导致增加用人单位实际成本支出，从而对女性的生育权利进行一定限制。如规定在进入用人单位的前5年内不允许怀孕等。但即使有些用人单位虽未在单位规章中明确列出生育时间限定等，但一旦生育就可能导致离岗现象的出现，即使在岗也会在升职、加薪方面受到非常大的影响，这就使得用人单位中的女性员工不得不重新考虑家庭生育计划。二是就业待遇男女两性间存在不平等现象。两性间在就业待遇上的不平等主要表现为同工不同酬。

即基于对女性就业者负面影响的夸大化，导致用人单位在支付女性就业者的工资时明显低于男性就业者，造成女性上岗困难及在岗受到不公平待遇等现象。三是女性职业晋升较为困难。即便女性通过自身努力能够有机会获得跟男性同样工作机会，但在后期的工作晋升，职业发展及薪酬增长等方面仍然会受到一定程度的限制。女性在工作几年之后受到提拔被任职为企业高层管理者或是在政府部门中担任领导者的人数与男性相比甚少。

就其原因而言，就业中存在的性别歧视主要是受到传统价值观念固化女性印象、法律机制不健全以及企业欠缺必要的社会责任等多重因素影响。在传统价值观念中，“男主外，女主内”和“男尊女卑”思想仍然深刻影响着两性分工。传统观念强调男人要以事业为中心，而女人以家庭为中心，导致女性在受教育程度及处理家庭工作冲突时，不自觉地被排斥到了就业体系之外。同时，在法律方面，现有《中华人民共和国劳动法》《中华人民共和国就业促进法》以及《中华人民共和国妇女权益保障法》在对女性就业歧视问题上也只是简单的原则性规制。即使有“不得以性别为标准”的规定，但依现行法当事人也只能以起诉用人单位上述行为的方式进行事后救济，而当事人对用人单位上述行为往往也存在举证难等困境，最终常不了了之。最后，企业为追求利润最大化，获取更多经济利益，在录用工作者时便显出强烈的雇主偏好，严重忽视对女性生理保护的社会责任，最终导致女性在职场中遭遇歧视现象频发。

（二）女性职业发展“瓶颈”不断

在传统社会中，少有女性进入男性主导的职业领域。随着现代化的发展，传统的两性分工方式发生变化，更多女性开始接受高等教育，并越来越多地进入不同的职业领域。然而与我国男性相比，女性在薪酬福利、发展机会、职位晋升等领域，仍处于劣势地位，中国女性职业发展中的“玻璃天花板”仍未出现裂缝。“玻璃天花板”一词产生于20世纪80年代，主要指在欧美主流社会中，外来移民只能担任低层职务，或者做到相对高的职位后便再难以晋升，无法进入核心决策层。这些障碍“透明、不易察觉”，就像无色的“玻璃天花板”一样，抬头可见，却难以突破其障碍。特别要提出的是，在女性职业发展中起阻碍作用的并非只有由中级到高级管理层的“玻璃天花板”一层障碍，而是在职业发展的不同阶段表现出与胜任力无关的三重“玻璃天花板”：第一层是女性入职前的“心理天花板”；第二层是女性生育期之后的“角色天花板”；第三层是女性晋升高层的“玻璃天花板”。总体来看，“玻璃天花板”将女性隔离在职业阶梯的底部，让她们主要从事着支持性、辅助性的工作。

女性职业发展过程中出现“玻璃天花板”现象的原因有以下几个方面。

第一，“天花板现象”产生与女性自身观念意识有关。首先女性在职业选择上存在自身传统观念的障碍，受传统的“两性刻板印象”影响，人们普遍认为，男性只能从事传统的男性所应该从事的职业，而女性只能干一些女性所能从事的职业。其次，“我是女人，我是弱者”的女性自弱意识成为女性自设的羁绊，女性也比较容易给人们一种“野心不大”“自信心不够”的感觉及印象。

第二，“天花板现象”产生与组织内部影响有关。一是受男性主导的组织文化影响。在男性主导的组织文化中，组织更倾向于雇佣或升迁具备男性特质的管理者，加之随着组织内部结构的扁平化，管理层的减少，女性想获得职位晋升机会更加困难。二是受高层工作性质影响。高层管理工作本身具有复杂性，对累计社会资本的要求较高，需要员工大量的时间投入，这对于大多兼顾家庭责任在身的女性而言就是一个挑战。三是受女性生育影响。女性由于生养抚育后代与工作时间产生冲突，可能会导致女性工作参与度和劳动效率的降低，造成女性事业发展的暂时和永久性中断，因此在劳动力市场中，女性往往容易被认为缺乏竞争力。

第三，“天花板现象”产生与社会文化影响有关。传统意义上的“男主外，女主内”的观念赋予男性追求事业成功的目标，赋予女性承担家庭责任的义务。男女从社会舆论、家庭、学校中获得了一种固定化的性别角色，导致两性在职业抱负、职业行为等方面的巨大分野，这些因素削弱女性的自信，将一些女性“合理”地“拉”回家。

“玻璃天花板”作为当前社会客观存在的现象阻碍了女性职业发展，这不仅与社会现代化不相符，更不利于社会和谐。在此我们倡议企业与社会给予女性职业发展一个公平的起点和机会，也希望女性正视男女两性差异，努力拼搏。

(三)女性就业角色冲突问题突出

职业女性角色冲突是指其社会角色与家庭角色的冲突，即职业女性在扮演社会角色与家庭角色过程中，由于角色扮演者在时间、空间、身心、能力和行为等方面不同步、不协调，导致主体所扮演的各种角色间存在矛盾状态。

随着中国生产力的解放和发展，很多女性从家庭走出来参与社会发展，促进自身发展的同时还为人类的解放作出了极大的贡献。同时，女性作为拥有延续人类生命能力的特殊群体，在家庭成员的生存与发展保障中占据重要地位和发挥重要作用。女性在就业中既是劳动力，又要承担社会和家庭责任。更多的女性必须在追求事业和照顾家庭、生育后代中作出平衡。

虽然很多职场女性期待从职场中提高自我并获得个人价值的提升以及接受有难度的工作挑战，但职场现实情况却不是那么乐观，家庭羁绊是导致女性丢失晋升机会的主要原因。角色冲突尤其是二胎放开后更多女性发展遭遇就业歧视、机会不平等和升职受阻、收入差异化等一系列显性或隐性的社会问题。

第三节　女性职业生涯发展

一、女性就业结构的演变

中国当代女性就业的发展演变伴随着我国经济社会发展的重大变革，也经历几个阶段的重大变化。在不同的历史阶段，女性的就业状况及就业结构也呈现出不同的特征。

(一)1949—1978年:现代女性就业的变革期

自中华人民共和国成立之后，尤其是《中华人民共和国宪法》以国家根本大法的形式确保了女性同男子拥有同等的权利和地位之后，女性的工作热情被充分调动起来，纷纷从家庭事务中解放出来，走出家门，进入社会生产、工作的岗位。这一时期的女性就业主要表现为女性就业率的大幅度增长，享有与男性同等的工资待遇，但在职务晋升上仍存在一定的差异。

20世纪40年代初，原国民政府主计处统计局进行的局部调查表明，当时10岁以上的女性只有1%~10%有正当职业。1949年中华人民共和国成立时，在全国全民所有制单位中，女职工的比例仅为7.5%。中华人民共和国成立前及中华人民共和国成立初期中国女性的就业率极低。1949—1957年的8年间，全民所有制单位的女职工人数从60万增加到328.6万，在岗比例达到了 13.41%。到 20 世纪 60 年代,受当时的社会政治经济发展影响,女性就业人数猛增到创纪录的 1 008.7 万。到 70 年代末改革开放之前,适龄妇女就业的比例依然高达 90% 以上 [①]。

中华人民共和国成立初期,女性的整体文化素质偏低,因而在就业领域上主要集中在农业、手工业等层次较低的产业和行业。随着社会主义改造完成,计划经济体制的建立,女性作为被平等看待的劳动力群体的一部分,就业成为其无条件的权利和义务。这一时期女性的就业在职业分布上与男性一样,涉及的范围十分广泛,在每一个领域、每个行业,都有女性辛勤劳动的身影。旧的性别分工被打破,妇女走出家门参加社会主义建设,忽略性别差异,打破女性传统职业禁区,在职业选择方面拓宽行业和职业。因此,在劳动力配置的结构当中,基本上没有考虑男女之间的性别差异。同时,由于当时的计划经济体制及社会主义公有制的发展,这一阶段在工资分配方面主要在当时的"大锅饭"工资制度及同工同酬的影响下,男女职工之间工资差别很小。但在职务晋升方面,仍有一定差异,主要体现为男性职位升迁的可能性依然远大于女性。

(二)1979—1990 年:女性就业的过渡期

随着改革开发的不断推进和发展,女性就业模式发生同步变化,即由原来的劳动部门统一分配转为自谋职业和竞争就业。中国女性不得不重新审视自己、调整自己、认识市场、走向市场。这一时期的女性就业体现为就业数量持续增长,职业选择开始逐步打破前一时期的男女两性无差别就业,社会对于女性的角色期待逐渐从原有的中性化趋向于自然化,呈现对女性角色的期待逐渐变得理性和合理的特点。

1979 年改革开放以来,中国女性就业数量逐年呈上升趋势。据 1982 年和 1990 年两次全国人口普查统计数据显示:1990 年女性在就业人口占全部在就业人口的 44%,比 1982 年的 43.69% 有所上升。在职业选择方面,大众对女性基于性别选择给予了更多的理解和支持,从原来的男女平等转化为岗位适应的理性认同。在这一时期,女性就业更多集中在幼儿保育、家庭服务、护理工作、饭店服务和纺织、针织及印染工作等岗位。同时,一批较快适应环境变革并主动抓住机遇的中国女性通过各种手段和方式,如通过高考、工作调动、自我创业等进入职业地位较高的科学技术领域或管理层。女科技人员占全部从业人员的比例在 1982 年为 11.94%,1990 年这一比例则增长为 21.40%。

(三)1991—2000 年:女性就业的调整期

这一时期的中国女性就业结构发生显著变化,总的表现趋势为:其一,大量女性劳动力由计划经济时期过度集中于重体力的第一、二产业特别是农业和制造业逐渐向更适合女性特点的第三产业转移;其二,由主要从事简单的强体力劳动为主逐渐向专业技术和管理类职业转移。从就业数量变化上来看,这一时期的女性就业人数依然增长缓慢。但同时,随着改革不断深化,产业结构调整力度加大,国企改革步伐加快,随之而来的失业和下岗职工人数逐年增加。据劳动部 1995 年和 1996 年两次对部分省市妇女就业专题调查表明,在下岗人员中,女性所占比重较大。在职业选择方面,这一时期的女性就业层次有了较大提高,长期以来中国妇女就业层次偏低、结构不合理的情况得到明显改观。以 2000 年 12 月 1 日为起点进行的第二期中国

① 金窗爱:《中国当代女性就业问题研究》[D],长春,东北师范大学,2012。

妇女社会地位调查数据显示，女性在批发零售、社会服务、教育、文化、卫生等领域工作的比例超过男性，在金融保险、科学研究及综合技术服务和党政机关、社会团体工作的比例接近于男性。女性就业产业分布状况的改变主要得益于这一阶段教育状况的改善，以及遍及全球的信息技术的发展。在教育方面，中国城市两性教育水平差距大大缩小，教育水平的提高为女性进入高层次职业创造了条件。同时，社会主义市场经济体制的建立，为妇女的职业发展提供了更多的职业提升机会。但另一方面，同时期女性平均工资水平要低于男性。由于相对于女性来说，男性的职位从总体上要高于女性，而一般来讲，职位高的工资水平要相对较高，因而在这方面又强化了男性收入高于女性的状态。

（四）2001 年至今：女性就业的重组期

进入新世纪以来，中国的就业市场发生了新的变化。随着新老交替的不断循环，在 20 世纪后十年左右成为再就业难点的大龄下岗女工，随年龄增长已大部分退出劳动力市场；高校扩招后的女大学毕业生、年轻的外来女劳动力正源源不断涌入就业者行列……在岗女性群体正显现出年轻化、知识化、白领化等特点。 但同时，随着国家“单独二孩”及“全面二孩”等重大国家政策的调整，女性就业也不断呈现新特点及新挑战。

整体而言，这一时期的女性就业率仍然高出世界平均水平 11 个百分点。2004 年末就业人员中男性达 41 510 万人，所占比重为 55.2%；女性达 33 690 万人，所占比重为 44.8%。女性就业正在向知识密集度较高的行业发展。在教育、卫生、社会保障和社会福利业以及金融保险业中，女性从业人数是不断增长的。其中，卫生、社会保障和社会福利业及住宿和餐饮业，女性比重超过半数，2004 年分别达到 59.1% 和 55.2%，而在批发零售业中则是下降的。

近年来，高校毕业生人数逐年增加。2016 届高校毕业生人数达 765 万，比 2015 届增加了 16 万人。在产能过剩，经济面临较大下行压力的背景下，大学生就业面临更大压力，被称为“最难就业季”。“全面二孩”政策实施后，由于相关配套措施不健全，一些用人单位出于生育成本的考虑，更加不愿招录女性，应届女大学毕业生面临的就业形势更加严峻，有关女大学生就业难的话题再次受到社会高度关注。

二、女性求职技巧

一个美丽女大学生的求职故事

今年（2016 年）23 岁的徐晓是山东师范大学新闻专业的学生，在校期间表现出色，学习成绩优秀，连续 3 年获得奖学金，实习成绩也很好；是学生干部，还参加多个社团，人际交往能力和组织能力都不错。

进入大四，很多学生开始谈论就业话题。徐晓对此有些不屑，她对自己的实力和前程都很自信。徐晓的就业目标是做一名有理想的记者，踌躇满志的她给自己定下目标：非地市级以上的媒体和单位不去。“当时我的想法是，自己总能在省会济南立足，退一步说，就算不能留在济南的媒体，去一家规模较大的杂志社也没问题。”说这话的时候，徐晓一脸苦笑，“现在我才明白，现实远不是理想中的那样，我高估了自己的实力。”

春节前，部分用人单位开始进校园招聘，别的同学都忙着制作简历，向用人单位推销自己，徐晓却悠闲地在图书馆看书。她有自己的想法：媒体一般在春节后才招聘，凭自己的本事，就业不是难题。转眼到了 3 月份，用人单位的需求达到最高峰，徐晓这才行动起来。她向几家中意的媒体、杂志社投出简历,也参加了一些笔试、面试,却无一单位录用她。

经历过几次打击后,徐晓开始怀疑自己,也变得有些慌张。“那时我才猛然意识到,自己的职业规划不一定合理。”她开始“退而求其次”,决定放弃做一名媒体人的梦想。当时正值校园招聘的高峰期,也确实有不少机会,包括一家中外合资企业打算聘她当文秘,但考虑到可能有更好的工作,她犹犹豫豫间就放弃了。“就像俗话说的高不成低不就,出现机会时,总有些不甘心,以为还会有更好的工作,结果是好工作从身边溜走。”

毕业的日子越来越近,徐晓的压力越来越大,她不得不改变了想法,她在网上找了一份求职简历模板,然后为自己做了一份简历在网上投递,打算找个单位先干着。但这时用人单位大规模的招聘计划已经过去,招聘要求也越来越高,不是要求有工作经验就是要求研究生学历,以致找工作越来越难。徐晓变得彷徨踌躇。“那段日子真的很难过,看着身边的同学一个个与用人单位签约,心里很后悔。”徐晓甚至做了最坏的打算:再找不到工作的话,就去超市做促销员或者去饭店做服务员。

毕业前半月,徐晓收到了一家广告公司的邀请,从事文案策划工作。尽管对这份工作不满意,她还是与该单位签订了劳动合同。“我只能说,机会是给有准备的人的,最初的我太自信,以至于没有认清自己,对就业准备不充分。”徐晓深有感触地说,找工作的过程使自己变得成熟和理性,不但清醒地了解了自己,还对社会有了更深刻的认识。

(资料来源:一个美丽女大学生的求职故事.搜狐网,2016-07-29.)

面对越来越严峻的就业形势,应聘人员在求职中会遇到需方市场化程度进一步加深、用人单位更加挑剔、就业毕业生之间竞争日趋激烈、就业偶发因素多等问题。女性就业因为受到社会性别歧视、自身准备不足或信心不足多重因素的影响,导致其就业形势更加严峻。市场机制就是双向选择、公平竞争,如何在对手如林的竞争中成功地推荐自我,聘到一席职位,应聘者应做好各种准备,并充分发挥好自身优势及特点。

(一)求职者应准确自我定位

美国著名的职业生涯管理专家埃德加·H.施恩教授认为,职业生涯发展是一个持续不断的探索过程,在这一过程中,每个人都是根据自己的天资、能力、动机、需要、态度和价值观等慢慢形成较为明晰的、与职业相关的自我概念。在求职过程中,一个恰当的、准确的自我定位对于求职者而言是非常重要的。对自己进行正确的评估,即对个人的专业特长、兴趣爱好、性格特征、待人接物的能力、擅长的技能及个人志向有个充分的、全面的分析。求职者应当理智地进行自我分析,不要高估自我,正确评估自我能力有助于迅速准确找出自己最擅长并且最喜欢施展的技能,进而找到合适的工作机会。同时,求职过程中,应保持一种志存高远,脚踏实地的状态。刚踏入社会的求职人员,不要把自己的起点定得过高,可以根据自身条件,先就业后择业。从小公司或基层做起,有利于积累丰富的实践经验,提高自身素质,在实际工作中不断锻炼自己。并且恰当地对自己的职业目标作出符合实际的选择与调整,更符合个人职业发展的规律。

(二)充分做好求职准备工作

“不打无准备的仗”也是我们在求职中应该秉持的一种态度。在求职前应广泛获取招聘信息,全面了解自己及应聘公司资讯,做到“知己知彼,百战不殆”。每一个择业的求职者必须通过各种途径，猎取足够的信息，这样才能避免陷入盲目求职的泥沼。求职者可以获得招聘信息的渠道有以下几种。一是通过人才交流市场及参加各种类型的人才交流会获取择业信息，在“双向选择”与“供需见面”的过程中，为自己选择理想的职业奠定基础。二是通过大众传媒获取择业信息，利用好各类报刊、网络等大众传媒上所提供的各类有关信息，以供自己抉择之用。例如知名人才网站如“中华英才网”“前程无忧”“智联招聘”等网站首页常常发布一些企业的实习信息。三是通过学校就业指导中心获取相关信息。就业中心的信息通常可信度高、针对性强、指导性大。四是浏览各大公司网站的招聘主页。这些公司每年都会集中招募实习生，此时投递简历是最好的办法。或者参加各大公司的学生俱乐部，通过加入这些俱乐部，或者参加他们的宣讲活动，会优先获得实习信息，并大胆给所选定的公司打电话，如果公司求贤若渴，很容易获得机会。五是充分利用个人人脉关系，通过已参加工作的学友、亲戚、朋友来获得实习信息。六是参加由公司举办的校园商业大赛，如微软“推荐就业之星”大赛，欧莱雅的全球大学生在线商业策略大赛等，可近距离接触跨国公司的招聘人员。

此外，认真制作一份真实全面的个人简历，并高效投递简历也是非常重要的。简历是求职者的“第一形象”，可以起到形象代言人的作用，帮助你获得宝贵的笔试与面试机会。充分展示出自己业务能力和知识水平，这是通向求职成功的第一步。求职者应详细介绍自己学过什么，做过什么和能做什么，愿意干什么。在实事求是的基础上，把自己的学历文凭、专业特长、取得业绩和获得荣誉展现出来。简历制作完成后要有针对性地投递简历。在发放简历前，需要打电话给招聘单位确认其真实性，得到真实的信息后再发送简历以便供需双方尽快进入实际接触阶段。投放简历最大的忌讳就是不知道自己想选择什么工作，只是为了工作而工作，不要应聘同一个单位的很多职位，因为没有人是全能的，应聘的职位跨度越大越容易给招聘者留下随意、不专业且盲目的印象，这样的求职信息往往都得不到回复。

（三）积极主动掌握面试基本技巧

成功的面试是获得一份工作的关键。因此，求职者应该积极主动地掌握和学习有关面试技巧以提高自己面试的成功率。首先，留下良好的第一印象非常重要。简洁大方、合时合地的着装在与人初次见面时往往会给予面试官良好的第一印象。得体的着装不仅仅可以表现出求职者热情洋溢的精神面貌，更能表现出一名求职者内心的诚意、良好素养及自身独特的品位。其次，注重面试前的细节，严格遵守面试时间，切忌迟到。严格守时是人们在社会交往活动中最为基本的礼仪。而在面试过程中，迟到是最忌讳的。一般来讲，在时间上最好能够提前 10 分钟左右到达面试现场。另外，在正式面试等待时间里，一是求职者切记要保持自己的耐心，力求做一名安静的面试者，既不打扰正在面试的人员，也表现了大学生们的素质，给招聘单位留下较好的印象。二是求职者可以提前平静下紧张的心情，通过呼吸练习及自我对话等方式，缓解紧张氛围，给自己加油打气。三是面试过程中须保持举止得体。肢体、仪态、语言最能向外人传达其内在素养，显示一个人的内在风度。在面试的过程中，求职者必须注意保持自己举止得体。例如，在进入面试房间前，在外轻敲房门，在得到面试官的应允后进入面试房间。在进入房间之后，面试者须主动与面试官打招呼，进行礼貌性的问候，并时刻注意保持自己面部表情自然良好，面带微笑。走路须注意端正有力，要求步伐匀称，挺胸抬头，自信从容。在与面试官进行交流时，精神集中，面带微笑。在回答问题时，不必面试官话音刚落就即刻回答问题，可以容少许思考时间后,整理好思绪再作答。面试结束后,起立与面试官握手表示感谢,感谢招聘单位给予你一个面试的机会,并礼貌离场。四是在面试之前,提前对招聘企业、面试官、面试行业进行一定的了解是十分必要的。一般来讲,在面试的前一阶段,面试官往往会问大学生应聘者"你知道我们公司吗""你为什么来我们公司""你觉得公司未来的发展如何"等诸如此类的问题。而这些问题的合理回答与解释则需要应聘者提前对企业有一定程度的了解。

(四)强调发挥女性优势及特点

每一种职业都有其特定的从业要求,每一个人都有其独特的职业潜质。只有当两者获得了最好的契合时,求职才能取得成功。因此,女性在求职之前,既要充分了解用人单位的需求情况、岗位情况,还要充分发挥自身优势。在需要你的岗位谋职并注重择业技巧的运用,这样才会获得成功。心理学家长期的研究证明,从神经生理机制来看女性能力并不比男性低,在很多方面也有择业就业优势。社会上智力超群、成绩卓著的女性比比皆是。女性大多在语言运用的各个方面均表现较好,在读与写的接受能力上明显好于男性。在遣词造句、驾驭语言文字、学习外语等能力方面也胜于男性。女性在从事教育、编辑、文秘、洽谈等工作时,更能发挥优势。同时,女性在手工制作和社交方面都有着明显的优势。在销售领域,女性成功的原因在于越来越多的顾客喜欢较温和和更具有协商性的策略。女性成功公关的魅力是女性的智慧、行业、语言和仪表等方面的综合体现。女性常常面带微笑,对语言信号,如面部表情、身体动作、语调变化等了解掌握较好。在社交场合工作协调中灵活机敏、善处关系,有较强的公关、社交能力。当然,女性由于其工作认真、责任心强、忍耐力持久等特点在管理中也有着其特有的优势,在管理中,女性一般善于授权,鼓励下属参与,提高其主动性、自尊心,调动下属尽可能有好的表现。受到良好教育的女性,修养有方、谦恭有礼、宽厚体贴,能广泛听取意见,严谨而有原则,忠于职守,交往协调能力强,能较好地胜任各项管理工作。整体而言,将女性生理特点和职业取向结合来看,女性平衡机制好,柔韧性较大,动作灵活,耐久力强,能较快地掌握各种复杂动作,比较适合于从事细微复杂而注意力高度集中的职业。从心理特点来看,女性更适合于做形象思维性职业、高情感类职业,如医生、教师、演员等。

三、女性职业生涯规划和发展

她是如何从"围着孩子转"变成 CEO 的

见到罗薇时,正值电商促销季,公司内一片忙碌。身着修身长裙的她在自己的办公室和员工工位间不停切换,眼里的红血丝也被这种忙碌掩盖了。这样的状态,无法让人联想到她曾经是一位数学老师,可能也没人能想到她会是一个妈妈。

有人说,女人生了孩子就要围着孩子转,不会有发展。不过,罗薇不这么认为,她就是靠"围着孩子转",开始了自己的这份事业。

放弃稳定工作去创业是自我革命

罗薇本是一名数学老师,结婚生子,相夫持家,是她本应该有的生活状态:稳定而安逸。然而,就在孩子诞生后,她的生活观却在不经意间一点点发生着改变,这也是她自我革命的开始。

在产后照顾孩子的过程中,罗薇接触到一些国外母婴品牌的代工工厂。这些工厂存有很多婴儿睡袋的尾货,罗薇拿回家后,发现非常好用,就和身边的朋友一起分享。

久而久之,越来越多的朋友请罗薇帮忙代购。于是,她慢慢有了兼职做淘宝店的想法。但是，毫无意外地，她的想法遭遇了来自家庭的反对。家人认为，女孩子做教师，稳定又顾家，而那时，在大多数人的观念里，淘宝店主还是一个不太正经的职业。

可是罗薇觉得，她不想一辈子安逸下去，她希望在机会面前有主动权，所以不顾家人的反对，罗薇还是下定决心辞职创业。

把用户需求和体验放在第一位，哪怕你只是个淘宝店店主

随着二胎政策的出台，二胎妈妈群体逐渐扩大。罗薇的身边朋友和客户中有越来越多的人有了二胎宝宝，她深知养育孩子的艰辛，“二胎妈妈会比第一胎时承受更多的辛劳，怀孕的同时还要辛苦带娃”。罗薇想给予二胎妈妈们更多的关怀和鼓励。

于是，罗薇团队设计出两个卡通形象，分别起名为小迪和小优。并创作出了一系列漫画，讲述两个宝宝在生活中的一些趣事。最终，用手工绣的方式放在衣服上。

同时，迪尔优品鼓励二胎妈妈们在网购评论区写上一些暖心的话语，互相鼓励，也可以分享家庭小趣事和幸福合影，彼此传播正能量。

作为一个妈妈，罗薇有自己的天然优势，她很容易就可以和顾客们打成一片，甚至很多顾客都成了她的朋友。有一位妈妈告诉罗薇，她就是冲着“护肚系列”来的。原来，去年冬天，用了迪尔优品的护肚睡袋后，宝宝的肚子就没有受凉过。罗薇说，正是妈妈们的肯定，让她一直坚持到现在。

一分耕耘，一分收获。如今，罗薇已经度过最初的创业艰辛期，也逐渐获得了家人的理解和支持。“我现在挺满足的，甚至可以每天为家人做一顿饭”，望着窗外，罗薇的嘴角绽放出灿烂的笑容。

（资料来源：她是如何从“围着孩子转”变成CEO的？搜狐网，2017-08-16.）

从广义的角度来讲，职业生涯是指个体从职业准备到职业退出这段时间所经历的所有与职业有关的活动与收获，以及在这些活动中所形成的对职业生涯的见解、愿望和价值观的总和。而根据著名管理学者诺斯威尔的解释，职业生涯规划则是个人结合自身情况以及眼前或预期的制约因素，为自己实现职业目标而确定的行动方向、行动时间和行动方案。

要提升女性的职业生涯规划意识，首先，要增强女性对职业的性别意识和热情。通过加强对社会性别意识的宣传教育，加深女性对职业性别意识的认识，使女性在职业定位上有更高追求，提升她们对自己职业生涯进行规划和调整的自觉性。其次，丰富和提升女性的职业生涯规划知识和能力。在大中专学校里开设有关职业生涯规划课程，系统帮助女性掌握有关个人执行力发展建档设计法、自我评估、环境分析、目标设定、路径选择、实施策略及评估和反馈等方法，同时，也需要紧密结合女性生命周期的性别特点及社会性别意识教育等，将有限的课本知识转化为进行职业生涯规划的实际能力。同时，女性本人也应该主动借鉴和运用各级妇联组织、社会团体等发布的信息，有意识地借鉴和运用多种经验方案，通过多种渠道了解和借鉴旁人的职业生涯规划经验和教训，并结合在大学期间开展的就业创业实践，把就业指导课学到的知识应用于自己的职业生涯实际规划能力的培育上，甚至大学毕业进入就业领域后，还要主动地利用政府提供的就业指导公益服务，联系实际就业中的经历，进一步提升自己的职业生涯规划能力和规划本身的质量。

除了以上提到的女性职业生涯规划和发展的方法及途径外，我们还应结合女性的发展特点，在实际的职业生涯规划中，注意以下几个要点。

一是合理安排工作生育等重要事项。对于女性而言，尤其是对女性大学毕业生而言，一方面女大学生们需要积极地投入到职场中，为以后的职业发展打好坚实的基础。另一方面，女性也不得不考虑其自身的婚姻生活尤其是生育的事项。尤其是在全面放开二胎政策的大背景下，女性该如何安排好第一胎生育和第二胎生育，在自身职业发展中作出明智选择，也是影响现代女性职业生涯规划和发展的重要因素。这里，我们参考叶文振教授的建议，希望对广大女性有所启发。叶教授建议，女性应该先进入职场为职业发展打好基础，然后再进入生育过程。因此，适度地推迟第一胎生育、拉开二孩生育间隔是理智的。当然，结合现代高等教育的年限制度和全面二孩政策的推行，以及女性的职业发展规划和生育制度间的平衡考量，叶教授认为比较理想的是大学期间谈一个有质量的恋爱，毕业工作后大约 25 岁结婚，婚后 3 年即 28 岁迎接第一个孩子的到来，然后在 35 岁之前完成自己二孩的终身生育任务[①]。

二是将二次就业和创新创业纳入职业生涯规划中。在传统孕育模式的影响下，中国女性的职业发展易出现因生育而导致职业中断的情况。尤其是"全面二孩"政策的出台，对于女性职业生涯发展更是可能造成两次职业中断的情况。因此，我们建议，如果身体条件及工作强度等多重因素皆相对适宜的情况下，女性可以尽可能在孕期保持职业的常态发展。同时，将离岗哺乳与职业培训结合起来，充分利用网络资源主动学习和互动，跟踪原来所担当的职业责任和相应的市场变化，保持作为职业女性的精神状态和岗位意识，甚至还可以学习和掌握新的专业知识和技能。当然，如果因为女性自身孕育条件与岗位要求、职业发展不相符，导致女性不得不面临职业中断的情况时，我们也应该对于女性的这种行为给予支持和理解，并鼓励因生育导致职业中断的女性，扩展职业生涯规划，将二次就业和创业就业也纳入到职业生涯的规划当中来。如果女性在接受高等教育、进行专业实践的时候，就能提早把二次就业和创业就业纳入职业生涯规划，也能为未来职业的转换做好多专业多技能的准备。

第四节　女性就业正能量

拥有强烈的社会责任感的梁伟

梁伟曾是一位大学老师，从教 8 年后，觉得生活过于安定的她，希望到更广阔的天地闯一闯。1997 年，梁伟跑到北京去开创事业。此后，经过自己的努力，梁伟做到了一家公司的总经理助理职位，年薪高达 10 万元。1998 年，她在中国林科院一位专家处发现了无土栽培草毯这个未转化的发明专利。在与这名教授沟通后，梁伟辞掉了高薪的工作回到家乡湖南，并于 1999 年注册成立了湖南天泉科技开发有限公司，成为湖南进行无土栽培草毯领域第一个吃螃蟹的人。

梁伟在大学工作时担任团委书记和哲学讲师，当时她对一门新兴学科"环境伦理学"很感兴趣。该学科认为，人与人之间要讲伦理道德，人与环境之间也要讲伦理道德，这让她触动很大，这些研究成为她后来创业的理论基础。尤其是当看到一些触目惊心的环境污染实况后，她决心创办一个保护环境的企业，成为一名环保创业者。1999 年，她怀着实现自我价值的理想

① 叶文振：《提升职业生涯规划意识 确保女性职业稳定发展》[J]，妇女研究论丛，2014(4)。

义无反顾地走上了创业之路，以“天人合一、回归自然”为宗旨创办了湖南天泉科技开发有限公司，从一株草、一棵树做起，做到了湖南最大规模的“天泉草业”，创造了许多绿色神话，人们亲切地称呼她为“小草皇后”。

（资料来源：4个成功女人创业故事.80后励志网，2017-02-12.）

女性就业无论是对女性本身还是对整个社会而言都具有积极的意义。对女性本身而言，它是女性参与社会生活、实现经济独立和迈向与男性平等的第一步；对整个社会而言，它是建构先进性别文化和建设和谐社会的必由之路。

一、促进女性主体性发展

妇女权利的实现既取决于社会制度，也依靠妇女的自身努力。在社会主义制度下，要使妇女的权利得到全面的实现，法律的规定、国家的保护、社会的支持都是必需的，但离开了妇女自身的努力也是不行的。为此，国家应鼓励妇女自尊、自信、自立、自强。女性主体意识是女性作为主体对自己在客观世界中的地位、作用和价值的自觉意识。具体地说，就是女性能够自觉地意识并履行自己的历史使命、社会责任、人生义务，又清醒地知道自身的特点，并以独特的方式参与社会生活的改造，肯定和实现自己的需要和价值。即在意识上，女性应有主体自觉性、主观能动性；在行动上，妇女应通过不断完善自我素质，提高就业能力，积极参与社会经济发展，真正实现女性主体意识的觉醒和发展。总之，女性应有使命感，切实承担起作为与男性平等的主体的责任。

女性拥有同男性一样平等就业权，充分就业，体现社会男女平等。女性融入社会劳动市场竞争，通过就业劳动付出获得报酬，经济基础决定上层建筑，一定的经济收入可以提升女性在家庭和社会中的地位，提升女性的自我尊严，使女性在获得劳动价值的同时彰显人生价值，经济收入为女性人格独立提供了一定的经济基础和经济保障，促进了女性主体性的发展。

二、构建中国特色先进性别文化

性别文化是作为文化形态存在着的男女两性生存方式及所创造的物质和精神财富，它包括迄今为止整个人类发展过程中的性别意识、道德观念、理想追求、价值标准、审美情趣、行为方式、风俗习惯等。性别文化的发展是一个历史性的矛盾运动过程，性别文化与人类历史同时产生，在历史进程中演化、失衡乃至回归。人类文化的总体发展状况表明，性别文化来自于男女两性共同的创造，有男性文化与女性文化之分，有平等的性别文化与不平等的性别文化之分；有传统性别文化与现代性别文化之分，有落后的性别文化与先进的性别文化之分。人们越来越感受到性别文化对人的全方位的制约作用，在人类性别文化发展的漫长过程中，它不断地加深性别的划分、对立乃至融合，并且通过人的社会化的过程来加以改变。先进性别文化指的是与社会发展相适应的，有利于性别平等、公正、和谐生存与发展的文化。这种性别文化以男女平等为其核心理念，在尊重男女两性差异的基础上，承认男女尊严、价值平等，以及男女的权利、机会、责任平等。女性不再成为男性的压抑对象，而是充分享有独立、自由的个体。

构建先进性别文化是一个继承、批判和创新的过程。首先，构建先进性别文化必须要坚持马克思主义理论及马克思主义妇女理论的指导。马克思主义是现代中国性别文化的主导理念，它揭示了自然界、人类社会和思维发展的普遍规律，同时也为认识性别文化发展的内在规律奠定了理论基础。马克思主义的妇女观，是运用辩证唯物主义的世界观、方法论，对妇女社会地位的演变、妇女的社会作用、妇女的社会权利和妇女争取解放的途径等基本问题作出科学分析和概括。其次，继承和保留传统性别文化中有益的成分。男尊女卑的传统性别文化当然是应该大力批判的“糟粕”，但也不能忘记了“取其精华”。在几千年的文明发展史中，女性在不同于男性的活动领域中形成了独特的、优秀的女性特质，如女性的勤劳、节俭、持家、宽容、善良，等等。现代社会的今天，中国女性的传统美德不能被忘却，而应该被继承和弘扬。最后，应该要合理借鉴西方女权主义理论中的有益成分。例如，西方女权主义倡导并张扬的女性主体意识、竞争意识、进取意识；西方女权主义主张通过法律保护女性的权利等理念。西方女权主义不仅主张在政治、经济、社会层面上向男性争取平等权利，而且要从根本上撼动现存社会、文化秩序，解构传统历史话语，重塑历史，建构新的文化秩序，这就将女性解放运动从社会、政治领域扩展到历史、文化、学术领域。西方女权主义探讨如何根除男性统治、女性依附的权力关系，探讨如何彻底解构父权制，实现女性解放的可能性和途径。这些都是可以吸收并为我们所用的。尽管西方女权主义在极力使女性文化摆脱男性文化束缚进而导致两性文化的冲突和对立方面确有失误之处，但它的一些思想、方法及所倡导的一些理念均有值得我们借鉴的地方。

三、推进民主法制机制建设

法律制度的建设和实施是国家力量的直接体现，也是保护女性就业的重要途径之一。目前我国，从政治上，男女平等已经成为国家的基本国策；从法律上，宪法及其他法律法规规定了女性享有与男性平等的社会权利。将男女平等写入宪法，落实为国家法律制度，并不等于女性在现实生活中就自动地获得了同男性一样的各项社会权利，更不用说获得了同等意义上的发展机会。例如，用人单位的招聘启事上或明确地写着“仅限男性”，或隐晦地提高对女性应聘者的限制条件等，其明显的“性别偏见”已然昭示着男女享有平等的就业权以及不得歧视女性的法律规定将继续处于被“束之高阁”的尴尬境地。倪慧芳教授则认为，我国现有法律法规对女性权利的关照是全面的，但具体条文的规定缺乏刚性，而且缺乏相应的责罚依据，从而使其实施的有效性大打折扣。

因此，要想促进女性的全面发展，必须通过推进民主法制建设，完善法律制度，建立符合市场经济取向的社会保障机制，以及采取必要的行政干预，为女性的职业发展创造平等的竞争环境。进一步完善妇女权益保障法、劳动法、工会法等法律，增加操作性较强的刚性条款，真正赋予女性与男性平等的权利和地位，切实解决妇女就业难，女大学生就业难，女职工权益保护难等问题。同时，要制定平等就业法，高度重视歧视妇女案件的处理，努力保障妇女就业权益。

应将妇女发展相关权益以制度的形式确定下来，在贯彻落实修改后的《中华人民共和国妇女权益保障法》的同时，完善其他与妇女权益紧密相关的支持性法律。当前，有必要重新审视《中华人民共和国劳动法》《中华人民共和国义务教育法》《中华人民共和国婚姻法》等一系列与两性利益相关的法律和政策，认真分析这些法律和政策是否关注到现实生活中存在的两性差异，是否在法律政策框架内对女性的需求给予重视和满足。这样才能使得我们的妇女权益和妇女发展相关法律条例具有法律效力，实现保障作用。

四、提高我国劳动力市场人力资源的合理配置

2015 年国家新闻办公室发表《中国性别平等与妇女发展》白皮书指出：“平等参与经济活动和公平享有经济资源是妇女生存发展的基本条件。中国在推进经济结构战略性调整和转变经济发展方式的改革创新中，充分保障妇女经济权益，促进妇女平等参与经济发展、平等享有改革发展成果。”女性就业与经济社会发展和国家政策关系紧密相连。我国是人口大国，女性居半，其就业对社会发展关系很大，是劳动力市场的重要主体。推动女性就业不仅仅有利于女性群体本身的发展，更是有利于社会发展和经济进步的有益行为，也是能够有效提高我国劳动力市场人力资源合理分配的有效途径。具体来说，对于劳动者而言，对女性劳动力的开发，不仅能够提高劳动者综合素质水平，促进女性就业，还能减少人力资本投资的浪费；对于社会而言，推动女性就业更有利于合理分配资源，保障人力资本的政策流动，为就业市场创造公平环境，减轻社会负担，彰显社会公正；对于用人单位而言，推动女性就业既有利于选拔真正合适的人才，还有利于市场形象的建立。

【思考训练】

1. 女性就业中存在性别歧视的原因是什么？

2. 什么是社会性别？

3. 女性求职过程中如何发挥自身优势？

4. 女性就业历经了哪些发展阶段，不同阶段的特点是什么？

【拓展阅读】

媒体聚焦女性就业：问题奇葩门槛高筑，女性成求职“陪练”

2018毕业季来临，就业性别歧视话题再度成为人们关注的焦点。用人单位招聘“假公平、真偏见”，女性陪笔试、陪面试、陪实习，最后却为他人做嫁衣的现象仍时有发生。当前女性就业现状如何？半月谈记者展开了调查。

问题奇葩、门槛高筑，女性成了求职“陪练”？

今年21岁的王晴（化名）不久前决定放弃漫无目的的简历投递，在父母的帮助下，加入餐饮行业创业大军。“在求职路上兜兜转转了这么久也没有理想的结果，也许创业适合我。”今年本科毕业的王晴也曾在校园招聘会上投过不少简历。“可收到的回复少之又少。”王晴说，一次收到通知，参加了某单位的统一笔试，但笔试过后根本就没有公布分数排名，之后也杳无音讯。“后来通过朋友打听才知道，原来录取人员早就通过内部通知，且招收的全部是男生。”

不少受访女大学生反映，在求职过程中，除笔试、面试外，最终实习环节也会遇到类似的奇葩情况。“原本我以为能从众多面试者中脱颖而出进入实习阶段，好好努力就可以留下，可到头来却是一场梦。”彭一（化名）是江西省某高校新闻学专业的应届毕业生，今年年初，她在浙江一家地方电视台面试后不久便接到该电视台的实习通知，3个月实习期过后，硕果颇丰的她却未被录用。“实习没保障、没工资、没补贴，我尽心尽力，最后录取的却是两个男生，而且还耽误了我其他的录用机会。”

据江西省教育厅提供的数据显示，截至5月，江西2018届普通高校本科毕业生中，男生为6.4万余人，女生为6.3万余人，男女比例基本持平。南昌大学人文学院团委书记胡邦宁告诉半月谈记者，就学习成绩而言，女生总体水平可能比男生还更高一筹。“例如，档案学按专业成绩10%推荐保研资格，今年就全部是女生。”他说，“然而在女生们仍未找到心仪工作时，档案学一位成绩中等的男生已有7家资质较好的用人单位向他抛出‘橄榄枝’。”

不久前刚收到录用信息的小万告诉半月谈记者，她报考的职位男女分开招考，同一职位笔试录取分数线女生比男生高出10分之多。在她看来，尽管一些特殊岗位的确更加适合男性，但也不排除用人单位的性别偏见："为了一份工作，我们要历经笔试、面试、实习多个阶段，耗时长、费精力。不能因为性别歧视，就在这件人生大事上让女生陪衬。"

休假多、精力少、要保护，用人单位也喊"苦"

"在学校承接校园招聘时许多用人单位反映，单位内部男女比例失衡，需要进男性。"江西一高校负责学生工作的教师告诉半月谈记者，"为了不浪费双方的时间和精力，现在校方会事先和校招单位沟通好，如果有性别方面的需求，会明确提出。"但他也表示，尽管有时校方提出希望用人单位男女均衡招聘，但最后大部分仍然选择只招男性。

为什么同等条件或者差距不大的情况下选择男生？在学校招生就业处担任过学生助理的南昌大学毕业生杨华芳曾在对接企业过程中询问过对方："他给我举了个例子，比如你派人去银行提现一笔数额较大的款项，如果是女生还要担心她的安全问题，再派一个男生去保护。"

江西财经大学大学生就业指导服务中心主任曾祥麒说："去年一家银行分行来校招时明确要求招聘男生。相关负责人向校方坦言，当时银行内部柜员岗位2000多人，有400多女员工处于请假状态，导致人手严重不足。"

"若了解到女性求职人员已婚未育，或已生育一孩，领导一般都跟我们说不招。"江西某民营企业一位负责招聘的工作人员告诉半月谈记者，尽管企业业务主要是承接工程项目，但除工程施工以外的其他职位，领导也不想招收近期有生育计划的女性。"以前，女性已婚已育的话，招聘时不会受性别影响，但现在就算是女性已经生育，企业也担心她们生二胎。"

此类现象在教师队伍中尤为明显。南昌市一小学副校长在接受采访时表示，近年来，小学教师队伍以女性为主，且今后一段时间女性教师偏多的趋势仍然不会改变。她说，女性教师偏多，对教学工作的开展必然会产生一定的影响。一是随着"全面二孩"政策的放开，学校教师休产假的人数呈"爆发性"增长态势。"尤其是近两年，集中怀孕、生产的女教师都是具备一定工作经验的骨干教师，这就让学校的师资力量配备显得捉襟见肘，对课程安排也造成了不小的困扰。"

消除就业性别歧视仍需多方共同发力

一篇报道称，中国女性对GDP的贡献率约为41%，超过世界其他大多数地区，包括北美。在生产方面，她们代表着中国最优秀的脑力之一，也推动着这个国家实现新的增长。

但是职场的女性歧视仍然存在，要解决这个问题需要从家庭和工作两方面着手。受访人士普遍认为，家庭环境、成长经历、自我认知等多方面因素均会对高校毕业生的求职去向造成影响。受社会主流观念影响，女生的就业价值观更倾向于找有一定收入水平、相对稳定、相对轻松的工作。因此，男生对于就业的选择面比女生更广。

江西财经大学国际金融专业毕业生卢洪萌坦言："其实女生在某些方面也有着天然的优势，比如财务管理是每个单位都有需求的工作岗位，对性别要求不多，女生心细优势很大。"此外，良好的形象气质也会让女生在求职过程中加分。

"其实由于刻板印象，也有很多女生自觉弱势，因而对自己放松要求。"小万说，"现实中，既有用人单位对女性过度苛责，又有女性对工作不负责任，必须客观地判断，作出自己的选择，同时也要保护好自己正当的权益。"

曾祥麒认为,管理体制相对比较完善的企业,对性别比例的处理会相对更妥当。就业中的性别歧视在民营企业及中小企业中可能会表现得更加明显。

今年的政府工作报告提出,要健全劳动关系协商机制,消除性别和身份歧视,使更加公平、更加充分的就业成为我国发展的突出亮点。在全面实施二孩政策的社会环境下,一些受访人士建议,国家需要进一步完善保障有关女性生育权利的社会保障体系,例如对女性职工达到一定比例的用人单位,在税费减免、房屋租赁等方面给予政策倾斜,推动用人单位增加女性职工人数,维护就业公平。

(资料来源:媒体聚焦女性就业:问题奇葩门槛高筑,女性成求职"陪练".澎湃新闻网,2018-06-25.)

第五章　女性与婚恋

【热点导入】

在一期访谈节目《透明人》中——姜思达采访了一位处理过 400 多起离婚案件的知名律师。她见证了婚姻从“七年之痒”，变成了如今的“三年之痒”；她也见证了离婚时夫妻俩的撕破脸皮和绝情：“离婚可以，钻戒给我。”“我们还有一卷卫生纸，你要不要分？分！”她说男方的离婚诉求，普遍是要房子、车子——而女方的离婚诉求，普遍是要孩子，让人唏嘘不已。无论结婚还是离婚，都是为了更好地生活啊！节目中，姜思达问离婚律师——为什么反对进入婚姻的声音，越来越多了？离婚律师的回答是：我觉得在中国社会，女性越来越独立，她不再依附于男性了。“我有底气提离婚”，对，大不了单独过。婚姻里男性“巨婴式”的不成熟，也让女性开始反思——“我嫁一个人是为什么呢？我管孩子的同时，我还要管老公，这可能也是一个原因。”有数据显示，如今的离婚，有 80% 是女性提出来的。婚姻对有些女人来说，更像是一种剥夺——经历“保姆式妻子”“守寡式婚姻”就是一种折磨。

（资料来源：梅姨.“结婚三年就离婚，房子归你，孩子归我”：一个处理过 400 件离婚案件的律师，揭露了婚姻的残酷真相…….微信公众号“武志红”，2018-03-26.）

请问您认为当前女性婚姻状态如何呢？

【观点分享】

最近流行 AI，还有算法。但是真正的算法、婚姻的算法是什么，婚姻是算不清楚的，我对你爱多一点，还是你对我爱多一点？婚姻的算法，最后就是算了吧就是最好的算法①。

——马云

所谓垃圾婚姻，完全是为了结婚而结婚，没有感情基础，没有经营意识，结婚之后都受折磨；只有对对方的期待，没有意识到自己也需要改变。但垃圾婚姻之所以垃圾，就在于两个人都不愿意努力，让婚姻一直停留在垃圾状态②。

——微信公众号“国馆”

婚姻是一场以爱情为起点的长跑，这份爱情，能否一直推着你们跑到终点，除了爱情，还要看你们的坚持，还要看你们的节奏③。

——周周

---

① 吴苏锦：《“婚姻最好的算法是算了吧”，证婚人马云狂飙金句》，微信公众号“中国妇女报”，2018-05-11。

② 《垃圾婚姻定律》，微信公众号“国馆”，2018-04-07。

③ 《垃圾婚姻定律》，微信公众号“国馆”，2018-04-07。

【智慧探索】

第一节 婚姻形态发展历程

婚姻是人们生活的重要组成部分。作为一种社会意识,婚姻凝结着一个时代的社会文化,也反映一个时代的重要特征。恩格斯在《家庭私有制和国家的起源》一文中曾指出,人类的婚姻主要有三种形式,这三种形式大体上与人类发展的三个主要阶段相适应。“群婚制是与蒙昧时代相适应的,对偶婚制是与野蛮时代相适应的,以通奸和卖淫为补充的一夫一妻制是与文明时代相适应的。”

一、群婚与对偶婚

在历史的最早期,女性与男性是不能享受同等的社会地位和平等的权利的,婚姻形式是群婚与对偶婚。

(一)群婚

群婚制时代,由于生产力水平极为低下,人们的劳动除了维持生计外,极少有剩余,因而不可能出现私有财产,实行的仍然是共产制家庭经济。表现在两性关系上,男女双方都过着多夫与多妻的生活。这实际上只是一种两性结合的方式,是一种与所有符合条件的异性的结合①。

(二)对偶婚

到蒙昧时代和野蛮时代交替时期,对偶婚开始形成。对偶婚是不同氏族一男一女的结合,在长或短的时间内保持相对稳定的偶居生活的婚姻形式。它是群婚制向片面一夫一妻的个体婚制转变的过渡形态或中间环节。

对偶婚的发展,在李永采看来,经过三个阶段。第一个阶段是“望门居”,夫妻双方各自住在自己的氏族,婚姻关系常常采取丈夫访问妻子的形式。第二个阶段是“从妻居”,丈夫住在妻子的氏族,但还不算是妻方氏族的成员。第三个阶段是“从夫居”。在这一阶段,刚结婚时,丈夫必须在妻子的娘家居住、劳役数年,或在第一个孩子出生并长大后,妻子才随丈夫回家并长期居住。由对偶婚“从妻居”向“从夫居”转变,这是一个巨大的革命性的转变。发生这个转变的根本原因,是社会经济发展,社会分工开始出现和初步形成,男子在社会生产、社会事务中的重要性开始超过女子。同时这种对偶婚给家庭带来一种新的社会动力。这种新的社会的动力就是私有财产。伴随着私有财产的出现,财产的继承问题就开始提上日程。但根据氏族内最初的继承制度,氏族成员死亡以后,其财产必须留在本氏族内,由其同氏族亲属来继承。男性死者的子女,不属于死者的氏族,故不能继承自己父亲的财产。因此,随着财富的增加,男子产生了改变传统的继承制度使之有利于子女的意图。但是,当世系还是按母权制来确定的时候,这是不可能实现的。换句话说,男子要将私有财产传给自己的子女,就必须确定谁是他的真正的亲生子女,而要确定亲生子女,就必须使妇女严守贞操,而要妇女严守贞操,就必须改变传统的两性结合的形式。从这个意义上讲,人类婚姻的缔结,个体经济是基础,财产继承是目的。

---

① 何军新:《人类婚姻形态及其起源》[J],益阳师专学报,1999(4)。

二、片面的一夫一妻制

对偶婚以后的婚姻形态演变为片面的一夫一妻制。之所以称为片面的一夫一妻制，是因为对妻子而言，她只能有一个丈夫；而对丈夫而言，他可以有很多妻子。这种婚姻关系是一种支配与被支配，占有与被占有的关系，妻子没有独立的人格，她是以丈夫的财产形态出现的。

首先，在片面一夫一妻制家庭中，婚姻关系非常紧固。妻子已经落入到丈夫的绝对统治之下，婚姻解除的决定权完全操纵在男方家长及丈夫手中。在解除婚姻方面，西周时期确立了一套完整的制度称为“七出三不去”。“七出”是丈夫休妻的七项合法理由，《大戴礼》记载“妇有七去：不顺父母去，无子去，淫去，妒去，有恶疾去，多言去，盗窃去”。即不孝顺公婆，没有子嗣，紊乱家族血统，妒忌打乱家庭安宁，恶疾难以奉祀祖先，多言破坏家庭关系，盗窃这些理由。只要妻子有其中任何一项，丈夫就可以休妻。由此可见，在家庭关系中，丈夫居于家庭中的支配地位，女性只是被动听从。“三不去”指“有所取无所归”“与更三年丧”“前贫贱后富贵”，即妻子无家可归，妻子为公婆守孝三年，娶妻时丈夫家贫贱、结婚后富贵，在这三种情况下由于妻子对夫家有德，丈夫不能休妻。这是对男子随意休妻的限制，体现了对宗法伦理秩序的维护，有助稳定婚姻关系。

其次，片面一夫一妻制形成后，结婚时妻子即嫁到夫家，即从夫居。从夫居是女方嫁到男方的规则，男女结婚之时并不另立新家，而是由男方家长将女方娶进家门。虽然存在“倒插门”的夫入娘家的情形，但在这种情况下，入赘女婿的社会地位很低。对于女性来说，从夫居意味着自结婚之日起她要离开娘家，脱离原有的社会关系网络，进入到夫家的生活环境中。

再次，片面一夫一妻制形成后，子女已完全从属于父亲。这主要体现在“父母之命，媒妁之言”的包办婚姻上。这是传统社会约定俗成的择偶方式。在这种婚姻下，男女青年没有选择配偶的权利，只有服从于家庭或家族的需要；婚姻的目的即是在两个家庭间建立亲属关系，因而婚姻的缔结必须由家长决定、主持和操办。在“男大当婚，女大当嫁”的观念下，家长特别是男性家长在家庭中具有至高无上的权威，他们为了家庭和家族的利益，在“门当户对”条件下为自己的儿女决定终身大事。同时媒人作为双方家长意志的代理人，在婚姻缔结中有着非常重要的地位，既为男女双方的婚事奔走，也在双方出现纠纷时从中调停，左右周旋。《周礼》规定“男不亲求，女不亲许”，一般是男方主动请媒人提亲。《孟子》也指出：“不待父母之命，媒妁之言，钻穴隙相窥，逾墙相从，则父母国人皆贱之。”意思就是不奉父母之命，没有媒证的婚姻，社会是不承认的。

关于夫为妻纲

成书于东周时代的《仪礼·丧服传》认为妇女是服从人的人，她们的人生有“三从”：未嫁从父，既嫁从夫，夫死从子。妇女一生从生到死都处于从属男子的地位。“既嫁从夫”的准则经过汉代一些文人的发挥而系统化、理论化，成为古代正统的婚姻思想。汉武帝时董仲舒从阴阳五行观念出发，认为各种事物都有上下、阴阳，在君臣、父子、夫妇这三对社会规范中，君、父、夫为上为阳，臣、子、妻为下为阴。下和阴受上与阳的支配，臣、子、妻分别服从于君、父、夫。夫尊妻卑是由“天道”决定的，是万世不变的永恒规则。要求妻子唯夫命是从，如果妻不奉夫之命，则夫妻关系就绝了。上述夫尊妻卑的思想,到了西汉末年,由刘向继承和发展,提出了女子不事二夫、从一而终的观点。刘向在《列女传》中,特别强调贞、顺,“贞”的基本标识是夫死不改嫁,“顺”的含义是丈夫虐待妻子,妻子要忍辱负重。东汉初年,由于学者们对于儒家经典理解不一,分歧很大,章帝为了统一认识,建初四年(79 年)在白虎观开会讨论,章帝亲自裁决,最后由班固总结成《白虎通义》一书。该书将董仲舒的思想进一步理论化,明确提出君为臣纲,父为子纲,夫为妻纲的“三纲”学说。“夫为妻纲”是古代夫妻关系的高度概括,要求妻子服从和受命于丈夫。

(资料来源:常建华. 态度与立场:关于中国古代婚姻家庭的若干看法 [N]. 中国妇女报, 2015-10-13(B3).)

最后,片面一夫一妻制形成后,呈现出生育中的男性偏好。男性偏好是指在女性在生育中的对生儿子的重视,这与继嗣制度和过于成熟的农业生产制度有关,也与父系继嗣有关。父系继嗣是指封建宗法制度规定只有儿子有权享有对本家庭、家族的政治地位、经济财产的继承权,例如世袭官爵、继承财产等等。在封建社会里,人们认为女孩将要嫁到别人家里去,因而不被当作是父亲家的人,不会被记入父亲家的族谱,更没有继承家产的权利。生育中的男性偏好一方面强化了女性的生育功能。传宗接代是结婚的主要目标,生养男孩具有重要意义。“不孝有三,无后为大”意味着亲子关系优于夫妻关系。如果一位女性不能替丈夫生育男孩,有义务为丈夫另娶妻子,完成生育男孩的义务,这样的女性是有着“德”性的人。另一方面,生育中的男性偏好强化了女性“第二性”状况。“重男轻女”成为家庭内部分配资源的潜在规则,出生的婴儿因为性别不同受到迥然不同的待遇,这使女性气质中呈现出天然“第二性”的状况。

三、一夫一妻制

中华人民共和国的成立使中国女性结束了屈辱的生存状态,获得了前所未有的解放,也第一次在政治上取得了与男性平等的权利。中央人民政府于 1950 年 5 月 1 日颁布实施了《中华人民共和国婚姻法》,第一次用法律的形式规定男女平等,并赋予女性婚姻自主的权利。一夫一妻制成为主流的婚姻形态,这也是人类经过上万年痛苦探索、人类自身实践而摸索出来的最佳两性关系。

(一)追求以爱情为基础的婚姻

我国第一部《中华人民共和国婚姻法》的颁布,第一次使女性有了独立自主的人格,她们享有与男子同等的自主权利,在恋爱、婚姻中的自主选择权得到法律的保护。《中华人民共和国婚姻法》提出:废除包办强迫、男尊女卑的婚姻制度,实行男女婚姻自由、一夫一妻、男女权利平等的婚姻制度。在法律的保护下,女性的自主意识增强,婚姻自主权利得到彰显。她们开始追求自己的幸福,选择自己恋爱的对象,把握自己的人生。

(二)女性婚姻自主意识觉醒

《中华人民共和国婚姻法》保护了女性的权利,她们开始对传统的婚姻模式进行反思。旧式婚姻不仅禁锢女性的身体,更加禁锢女性的思想。由于特别强调对妇女权益的维护,《中华人民共和国婚姻法》的实施引发了中华人民共和国成立后的第一次离婚浪潮,数百万的女性因此得以解除了不幸的婚姻关系。据资料记载,在第一部《中华人民共和国婚姻法》

的施行过程中，无论城市还是乡村，提出离婚要求的都以女性占多数。女性可以和男性一样平等地提出离婚，使她们获得了独立的人格，提醒自己要从对婚姻的依赖中醒悟过来，自立自强①。

然而随着改革开放的深入，社会的转型，人们逐渐意识到美满婚姻的前提是自主择偶、自由恋爱，他们勇敢地追求真爱。然而成家之后，他们的爱情之心有时会破碎一地，“谁爱谁”变成“谁管谁”，原本从不计较的种种都变成割喉般难以忍受。

第二节　女性婚恋面面观

马克思认为男女两性关系如何是判断社会文明程度的重要尺度：“男女之间的关系是人与人之间的直接的、自然的、必然的关系。因而，根据这种关系就可以判断出人的整个文明程度。”当前，我国女性婚恋状态展现当代女性的自爱、自尊、自立、自强的精神风貌。然而，在多元文化条件下，一些女性的婚恋价值取向、婚恋前后选择方式等呈现以下现象，值得理性反思。

一、“物质女”现象呈抬头趋势

（一）“物质女”特征

随着《非诚勿扰》栏目中马诺的一句“宁可坐在宝马车里哭，也不愿坐在自行车后笑”的言论，“物质女”这一名词在网络上迅速蹿红。对“物质女”这一群体的定义是：在婚姻和恋爱中只注重金钱和物质，而相对轻视人品、性格、修养等内在条件的女孩。她们不断地追求超出自己经济实力的物质享受，以恋爱婚姻为筹码来满足自己的物质追求。她们的婚恋价值观是扭曲的，具有以下特征。

第一，她们盲目拜金，热衷奢侈消费。在她们眼里，奢侈品体现了自己的高贵和与众不同，在满足她们虚荣心的同时，也正好满足她们追求独特与猎奇的心理。

第二，她们精神世界空虚，希望通过婚嫁而不是自身素质修养提高来获得衣食富足的生活。她们不愿意获得更高的学位，不想拥有独立的精神世界，只想成为男性的依附者。

第三，她们善于利用自己的“女神”特质来换取男性身上的经济利益。她们一般拥有“魔鬼”式身材、“天使”般脸蛋，她们有时通过整形美容把自己打造成受男性欢迎的“工艺品”，不断探索怎样迎合男性对女性外形的要求，享受在男性世界里获得的追捧。

第四，她们把自己的婚恋作为商品与男性交换金钱，目的是满足自己对金钱的欲望。一部分“物质女”认为：男人喜欢我，为我花钱是应该的，他理所应当养我一辈子。金钱是恋爱的基础，如果男人心里有我，那么钱包就应该属于我。他应该心甘情愿地花钱买我想要的任何东西。于是便得到“男人爱我就会给我花钱，不爱我就不会给我花钱”这样的理论。

总之，“物质女”想追逐物质享受，过上高品质的生活，这本身没有错。但是不通过自己的劳动所得，而完全希望通过自己的年轻美貌嫁给有钱人满足自身的物欲，这无疑是依附性的体现。她们忽略了女性本性对爱情的追求，这本身也是一种对自己极不负责的行为；她们有时为了改变自己处境或者追求某种成功而不惜搞婚外情做第三者，破坏他人的婚姻家庭，进行财色交易、权色交易，大大丢失女性人格尊严，违背社会的公序良俗，甚至助长了社会腐败。

① 杨雪：《转型期中国城市女性婚恋观的变化研究》[D]，长春，长春师范学院，2012。

“物质女”郭美美简介

郭美美，女，真名郭美玲，1991 年 6 月 15 日出生于湖南省益阳市，网络炫富女之一。

2011 年 6 月，郭美美曾在微博上以“中国红十字会商业总经理”的虚假身份炫富而受关注。她热衷炫耀玛莎拉蒂、满柜的名牌包、奢华派对等。

2014 年 7 月 9 日，北京警方抓获正在参与网络赌球的郭美美，郭美美对网络赌球供认不讳。

2014 年 8 月 20 日，郭美美被北京市东城区人民检察院以涉嫌开设赌场罪依法批准逮捕，此案进入刑事司法程序。

2015 年 5 月 21 日，北京市东城区人民检察院以被告人郭美美、赵晓来涉嫌开设赌场罪，依法向北京市东城区人民法院提起公诉。起诉书指控，被告人郭美美、赵晓来多次组织他人进行赌博活动，情节严重，应当依法追究刑事责任。

2015 年 9 月 10 日上午，北京市东城区人民法院公开开庭审理郭美美、赵晓来涉嫌开设赌场案。郭美美犯开设赌场罪，判处有期徒刑 5 年，并处罚金人民币 5 万元。

（资料来源：郭美美．百度百科）

（二）“物质女”现象产生因素

究其“物质女”现象形成，有以下因素。一是与城市不断攀升的高房价有关。都市居高不下的房价也使得一些女性的婚恋与择偶观念逐渐改变。女性到了适婚年龄，很多人都首先考虑对方是否有房。没有房子就无法安居是中国的一些父母秉承的传统观念，在日常生活与教育中，他们的价值观会影响到未婚女儿的择偶选择。在这种情况下，高房价下的“爱情”与“幸福”往往存有深层次矛盾。为此一些女性把对方财富摆在了很重要的位置，利用婚恋关系不择手段地来获取利益最大化。二是与经济体制改革对人们价值观念的影响有关。市场经济在中国的发展不仅引起了现存社会结构关系的重大变化，而且对传统和现存的价值观念造成了巨大冲击，它唤醒了个人的主体意识、平等意识和竞争意识。同时也对人们的价值观念产生一定影响，如拜金主义泛起、利己主义盛行、追求享乐主义等等。为此，以“物质女”为代表的某些人群把拜金主义等价值观当作赶时髦，希望过上任性花钱的享乐日子。三是与女性个体经验有关。一些女性的人格存在一定的缺陷，她们爱慕虚荣、喜欢攀比，渴望坐享其成。她们受原生家庭的影响对物质基础认识错误，加之受嫁入豪门女性的影响，加剧了她们想通过婚恋来获取富足生活的愿望。

运用布迪厄的资本理论解读《非诚勿扰》中女嘉宾的婚恋观

布迪厄将资本划分为经济资本、文化资本和社会资本，他把三者的合法形式称之为符号资本。以下将运用布迪厄的资本理论来理解《非诚勿扰》中女嘉宾的婚姻观。

第一，从经济资本来看。电视相亲节目《非诚勿扰》中的某女嘉宾面对一位爱好自行车却无业的男嘉宾的提问：“你喜欢和我一起骑自行车逛街吗？”女嘉宾的回答却是：“我还是坐在宝马里边哭吧……”在评价男嘉宾的第一感觉时她说：“他给不了我住豪宅的梦想。”“我闻到了钱的气味。”她的婚恋择偶标准是“我要选择的是男人中的精英，精英中的人才，人才中的王子。”某女嘉宾崇尚物质，拜金的话语，展现了物质性的婚恋择偶标准。

第二，从文化资本来看。参加《非诚勿扰》节目的女嘉宾，在学历上，有些拥有研究生及其以上学历，大部分拥有大学本（专）科的学历。一些女嘉宾在自身的婚恋问题上，更趋向于追求高学历，风度翩翩，满腹经纶的男性。这是女嘉宾追求上层文化，小资生活的表现，是她们对文化资本的注重，其实是一种隐蔽的功利性婚恋观。

第三，社会资本。《非诚勿扰》节目中的一些女嘉宾在寻求配偶时，倾向于寻找海归精英、外籍人士和港澳台籍人士。她们比较看重另一半所拥有的社会资源，以期为未来工作和生活开辟捷径。这是她们对社会资本的注重，其实也是功利性婚恋观的呈现。

（资料来源：方园. 电视媒体对当下女性婚恋观的呈现与建构——以《非诚勿扰》300 位女嘉宾为例 [D]. 重庆：西南大学，2013.）

二、女性"大龄未婚"现象日益增高

近年来，随着女性受教育程度的日益增高，出现了不婚或晚婚这样一类特定的女性群体，她们对经济、政治、文化、社会、生活方方面面的参与具有较高的自主性，对刻板化的"妻职"和"母职"有了一定的批判意识，因此对何时走入婚姻抱有比较开放的心态。这一类拥有高学历、高收入、高智商女性，由于种种原因没有找到理想的婚姻归宿，被习惯性地解读为"甲女丁男"效应中"被剩下"的尴尬群体。

（一）对女性"大龄未婚"的负面形容："剩女"

所谓"剩女"，泛指那些已经超过传统观念认为的"适婚年龄"而依然是单身状态的女性。从语义学的角度来看，"单身"是一个中性词汇。用"剩"这一语带贬义的词汇代替"单身"的命名，表明了对适龄女性未婚、不婚的负面态度与立场，暗指"剩女"处于"缺乏魅力、无人问津"的状态。媒体关于"剩女"的报道有"认命娶个'剩女'吧""不幸沦为'剩女'""千万别成'剩女'""高不成低不就"等语句，从中可以看出"剩女"被描绘成一群具有过于自信、眼光挑剔、挑三拣四、恨嫁等特征的女性。

"剩女"成为一类特定女性的身份标签

2007 年，教育部在其官方网站发布的《中国语言生活状况报告》中，"剩女"入选了 2006 年度的 171 条汉语新词。文汇出版社出版的《中国流行语 2007 年发布榜》，也将"剩女"列入"中国十大社会类流行语"。自此，"剩女"现象成为媒体集中报道的性别议题之一，"剩女"逐渐取代了"单身女性"的提法，成为一类特定女性的身份标签。从文化编码的角度进行分析就会发现，原本指向特定女性群体的身份特征———具有优势的"三高"内涵，被刻板化地转换为具有"三低"特征的身份标签："挑剔"、"焦虑"和"不孝"。

（资料来源：刘利群，张敬婕."剩女"与盛宴 ——性别视角下的"剩女"传播现象与媒介传播策略研究 [J]. 妇女研究论丛，2013（9）.）

（二）大龄女性选择单身的原因

事实上，造成女性大龄未婚现象产生的因素除了人口结构失衡、"男主女从"的家庭角色分工期待以及媒体的推波助澜以外，还有以下因素。第一，受传统的"男大女小"的搭配影响。男性择偶往往将女方形象作为首要考虑因素，趋向于寻找比自己小几岁，甚至更年轻的女性。对于一些男性而言，他们看重女性的青春和美貌，而这种资源随着女性年龄的递增而递减。因此，一些"职位高、学历高、收入高"的"三高"女性由于前期为追求学历事业平台提升而错过了最佳择偶期，从而加入了大龄未婚的大军。第二，受传统的"择偶梯度"的限制。中国传统社会的“男高女低”模式已经传承数千年，择偶阶段的“梯度效应”仍被大多数人所认可。梯度效应即男性择偶倾向于寻找能力资源比自己弱的女性，女性则寻找比自己能力强，能获得精神与经济上安全感的男性。择偶的梯度效应使得父母为子女相亲现象越来越普遍，也导致了现代婚姻普遍存在的性别两极分化的现象，即高层次的女性，尤其是优秀的女性，和低层次的男性面临着婚姻困扰。第三，女性自主意识的提高。随着经济社会的发展，女性就业人数的增加、就业层次的提高，一些女性在经济、情感、人格方面的独立性愈来愈强。她们不再把婚姻视为人生的必然归宿，而是将它视为一种可以选择的生活方式，甚至把婚姻视为一种理想主义的生活模式。因此一些女性为了坚守心中对爱情婚姻的理想主动选择等待，成为大龄未婚女性的一员。

（三）对女性大龄未婚现象的理性反思

这种现象的出现与其说是由女性自身造成的，不如说是由社会造成的，是传统的择偶和婚姻模式与现代新生事物之间碰撞所激发出来的问题。首先，这不是一个社会问题，只是一种暂时的失调。它暴露出男权制家庭对女性职业和家庭选择的障碍，从而造成女性在职业和家庭上的两难选择，造成女性“鱼和熊掌”不能兼得。其次，这种现象更多地展现的是女性自身经济地位的提高和自由选择程度的提高。在人类社会发展的历史上，经济社会的发展必然带来生活方式的变革。当物质条件丰富之后，多元化的生活方式势必出现，一些女性不再将婚姻作为自己的必然选项，而是追求更有利于两性发展的新型的家庭模式，这本身是女性越来越走向自立自强的表现，是女性人格进一步健全的过程。再次，这种现象也为寻求女性发展的新范例提供了机遇。大龄女性婚姻问题的顺利解决将打破“男主外，女主内”的家庭模式，打破男性提供经济和安全保障、女性提供服务和家务支持的婚姻结合模式，建立平等、自由的新型家庭模式和婚姻模式，实现有充分感情交流的高质量的婚姻生活①。

三、主妇化趋势逐渐增强

（一）家庭主妇概念

家庭主妇，也称全职太太，指的是脱离工作全职照顾家庭的已婚妇女。在国外，全职主妇被看成是一种职业岗位。在中国，受传统思想的影响，女性照顾家庭通常被认为是责任和义务。

（二）主妇化类型

主妇化的形成机制，基本上可以归于制度、结构和文化三方面因素。落合惠美子将全球化时代亚洲社会出现的主妇化现象归为以下三类。

一是由失业导致的主妇化，这是一种被动或消极的主妇化类型。这类现象最早始于20世纪80至90年代，伴随城市国有企业改革中的下岗风潮，许多国企工人被迫离职或在家待岗，或被要求工龄买断等等，掀起市场化之后第一次失业风波。其中大部分未受过正规教育、人到中年的妇女不得不回家当家庭主妇，或者兼职做点临时的、不稳定的工作，基本上是家庭主妇工作性质的延伸。进入21世纪之后，随着产业结构调整和全球经济金融形势的变化，就业竞争更加激烈，失业群体范围更广、也更年轻，波及很多受过高等教育的女性，她们在重新就业之

① 高修娟：《“剩女难嫁”的社会学解读》[J]，载《北京青年政治学院学报》，2011(1)。

前很可能回到家中,成为"被主妇化"的一员[①]。

二是为抚养与教育孩子而主妇化,这被称为是主动、积极的主妇化类型。这种类型多见于收入和地位相对较高的家庭,因为这类家庭不需要依靠妻子工作来维持家计。然而伴随着我国"全面二孩"政策的实施,在一些并不是很富裕的家庭里,从照顾子女的需求以及抚养孩子的成本考虑,越来越多的女性产生了回归家庭的意愿。另外精细化的育儿趋势让更多女性选择回归家庭。在社会主义建设初期和计划经济时代,母亲由于工作而缺席一度被视为合理的家庭安排。然而,长期低生育率和转型社会中教育竞争的加剧不断推高城市家庭在儿童养育和教育方面的标准,母亲的缺席不再具有合理性。恰恰相反,精细化育儿趋势下,家庭对理想母亲的期待逐渐超越传统性别分工所指向的体力密集照顾责任,对母亲的情感投入和养育智慧提出更高要求,母亲的在场被日益描绘为不可或缺的责任[②]。由此越来越多女性选择回归家庭。

与全职妈妈柯瑶的深度访谈

同样一儿一女、几年前才来到上海的柯瑶在初次怀孕五个月时就辞职退出了职场,此后一直是全职主妇。柯瑶的公婆在老家,少有往来,日常与自己的父亲合作分担家务劳动,母亲则住在妹妹家帮助抚养外孙。作为没有固定收入来源的全职妈妈,她坦承并未感到明显的经济压力或风险——丈夫虽然不会将收入悉数交给自己,但能做到信息透明,而家中新购的房产也是将夫妻两人的名字都列为产权拥有者。柯瑶的两个孩子均为学前,外公提供的帮助使柯瑶得以大大减轻耗费在家务劳动上的时间,但她对自己的主妇状态并不满意,希望能够在孩子上学后重新开始工作。关于理想母职状态,她认为"有所选择的话,希望自己做一份比较轻松的工作,然后能够照顾小孩和家里"。然而,丈夫已明确表示不支持她重返职场,因为这会导致她无法以孩子为生活重心,而家人也一致不信任保姆等雇佣照料者,因此柯瑶认为全职主妇的现实很难改变。她于是描述了一种看起来更接近现状的理想母职状态,期望能够将时间分配向自身需求略有倾斜:"孩子上学以后,可能我理想中的(生活)就是去学一下跳舞啊,或者因为我自己比较喜欢文学方面的东西,去那个诗会什么的进行一些交流,或者去做义工啊,这些都可以。就是可以安排自己的时间。"

(资料来源:陈蒙. 城市中产阶层女性的理想母职叙事——一项基于上海家庭的质性研究[J]. 妇女研究论丛,2018(3).)

三是出于个体意愿而主妇化,这也是主动、积极的主妇化类型。一类女性往往年轻漂亮,坚信"干得好不如嫁得好",把自我定位为嫁个有钱人、做个全职太太、过有品位的生活、干自己喜欢干的事,因此她们一旦如愿,就过上全职太太的生活。另一类女性往往是在职场上未能找到自己心仪的工作,或者在职场拼杀多年之后辞职归家,出自个体意愿选择做了家庭主妇。

(三)主妇化的形成机制

中国正在兴起的主妇化是在全球化背景下女性遭遇制度、结构、文化三种机制而作出的人生规划和自我选择的结果,也可视为女性在风险社会中寻找安全感不得转而回归家庭避

① 吴小英:《主妇化的兴衰——来自个体化视角的阐释》[J],载《南京社会科学》,2014(2)。

② 陈蒙:《城市中产阶层女性的理想母职叙事——一项基于上海家庭的质性研究》[J],载《妇女研究论丛》,2018(3)。

难所的一种体现。主妇化的兴起还与传统观念、职业隔离、个人特质密切相关,具体如下。

首先,“男主外,女主内”的传统家庭性别分工、贤妻良母的角色期待、夫贵妻荣的价值观念等对女性主妇化有重要影响。在家庭领域,“男主外,女主内”的性别分工意味着男性属于公共领域,负责家庭的经济来源和重要决策,而女性属于私人领域,负责抚育子女、照料老人、负担家务、解决家庭关系矛盾以及增强家庭凝聚力。在“男主外,女主内”的传统性别分工模式下产生的贤妻良母、夫贵妻荣等观念在一定程度上固化了女性主妇化的印象。虽然这种传统观念展现了一种温暖和谐的人伦关系,有利于保持家庭稳定性,但是它却强化了两性之间控制与被控制、依附与被依附的关系,从而影响了女性的婚姻与自我发展。电视剧《中国式离婚》是反映当代中国家庭、婚姻方面的典型范例,整部剧体现出对男权观念下婚姻悲剧的主动反思。剧中女主角林小枫是由蒋雯丽饰演的中学语文教师;男主角是由陈道明饰演的医生,也是林小枫的丈夫。林小枫为了丈夫事业成功,为了家庭幸福,主动辞职,放弃自己热爱的工作,成为家庭妇女。从此林小枫的生存状态是做家务、管小孩、逛商场,电话跟踪丈夫。她要求丈夫做到三条:一是不能撒谎,二是方便时尽量给她打电话,三是不要单独跟女人出去或出差。结婚十年,丈夫宋建平从开始忍着不断接电话和被控制的烦恼,发展到来了电话故意不接。林小枫的种种威逼,使他开始逃避歇斯底里的“爱情生活”,夫妻之间的关系迅速恶化,矛盾加深,直至林小枫同意与宋建平离婚。她对她与宋建平之间的离婚进行了深度反思,她说:“爱是需要能力的。这个能力就是让你爱的人爱你。爱情无须刻意去把握,越是想紧紧地抓牢自己的爱情,反而容易失去自我,失去原则,失去彼此之间本来应该保持的宽容和谅解,爱情也会因此而变得毫无美感。”

其次,职业隔离对女性主妇化造成一定影响。职业隔离包括横向隔离与纵向隔离。横向隔离主要体现在行业之间,即两性在各行业的分布比例不均,女性往往从事那些收入较少和社会地位较低的工作行业,比如服务业、手工业和商品零售业,而这些行业一般具有流动性比较大、收入不稳定等特点。纵向隔离主要体现行业内部,即男性一般处于管理监督岗位,而女性则普遍处于较低层的职位。在职业隔离背景下,女性在职位地位以及工资收入上呈现出明显的弱势地位,增加了她们成为家庭主妇的可能。

再次,个人特质对女性主妇化有重要影响。尹木子在2011年开展的“中国社会状况调查”中总结出个人特质对已婚女性成为家庭主妇产生的影响。具体观点如下。第一,年龄与已婚女性成为家庭主妇的关系可以用一条开口向上的抛物线来表示,即在一定年龄段内,随着年龄的增长,已婚女性成为家庭主妇的可能性会降低,而到了一定年龄后,成为家庭主妇的可能性会随着年龄增长而增加。第二,教育程度与已婚女性成为家庭主妇呈负相关,即已婚女性受教育程度越低,其成为家庭主妇的可能性越高。第三,不同户籍的已婚女性成为家庭主妇的可能性存在显著差别,非农业户口的已婚女性比农业户口的已婚女性更容易成为家庭主妇。第四,已婚女性成为家庭主妇存在地区和居住模式差异,东部地区的已婚女性比西部地区的女性更易成为家庭主妇,无论与本人父母同住还是与配偶父母同住,都会降低已婚女性成为家庭主妇的可能。最后,子女年龄对已婚女性成为家庭主妇有显著影响,最小孩子年龄在13岁到17岁之间的已婚女性成为家庭主妇的可能性最大。

（四）主妇化现象反思

当前许多女性回归家庭主要出自个体的意愿，她们往往是在权衡各种利害得失下作出的个体化选择。因此主妇在这里具有了完全不同于过去的含义。然而这种个体化的选择，归根到底还是家庭内部不同个体协商的结果。这也是女性在家庭主妇这个新的位置上建立起身份认同并获得相对自由的个人空间的基础。需要指出的是，女性主妇化过程中面临着一定的经济风险、婚姻风险和女性自身的身份认同危机。在现实中，这些自愿选择主妇化的女性究竟出于个体的意愿还是家庭的意愿，究竟被客观环境所迫还是出于价值理念选择，有时并非总是界限分明的。

讨论：女性是否应该回归家庭

从工作岗位回归家庭，不仅对女性自身，还对整个家庭甚至社会运行产生直接或间接的影响。从主妇角度来讲，女性婚后如果脱离工作，会在经济上完全依赖丈夫，从而降低家庭地位。从家庭角度来讲，已婚女性成为家庭主妇，既方便照料年幼子女和长辈，对于降低离婚率、构筑幸福美满家庭也有着重要意义。从社会角度来讲，已婚女性成为家庭主妇，对于缓解就业市场压力、提高社会整体幸福指数等方面都具有积极意义。国外学者埃德塞尔（Edsel）和贝雅（Beja）2014 年通过分析世界价值观数据指出：没有工作和兼职工作已婚女性的幸福感均高于全职工作的已婚女性。

……

通过对家庭主妇成因中的性别意识变量和工作变量的分析，可以判断出家庭主妇的经济和社会地位堪忧。

一方面，传统的性别角色分工意识使已婚女性更可能成为家庭主妇，而这种意识不仅将已婚女性固定在家庭中，还造成了她们的思想僵化，创新意识的缺乏，甚至出现与时代脱节的可能，从根本上限制了女性的个人发展和事业进步。

另一方面，处于劳动力市场第二层次中工资收入较低的已婚女性更可能成为家庭主妇，这部分女性的受教育程度、工作技能和市场竞争力相对较弱，社会地位较低，脱离工作后更难提升其社会地位，同时，由于女性的经济收入与其家庭地位呈正相关关系，可以推断出这部分女性在家庭中的地位堪忧，她们的生存境况有较大风险。

（资料来源：尹木子. 女性主妇化的影响因素——基于中国社会状况综合调查数据的研究[J]. 人口与发展，2016（1）.）

四、离婚率不断攀升

根据民政部发布的《2016 年社会服务发展统计公报》显示，2016 年我国依法办理离婚手续的共有 415.8 万对，比上年增长 8.3%，离婚率为 3.0‰，比上年增加 0.2 个千分点。2007—2016 年十年时间，中国离婚人数累计达 3 062.8 万对，累计增长率为 98.1%。从大数据可以看出，中国离婚率呈增长态势。

离婚即婚姻关系的解除，是应对婚姻家庭不可避免出现的压力和问题的机制。离婚对夫妻双方都是一个重大的挑战，但女性承担着更大的离婚风险及离婚所带来的经济、舆论、抚养子女等压力。社会、经济、文化、法律、道德、情感等因素均会对婚姻关系造成影响，导致婚姻关系破裂。现实中导致离婚的原因往往是复杂的。从个体层面看，影响离婚率的因素包括婚姻收益、离婚阻力和婚姻替代。

(一)婚姻收益

影响婚姻收益的因素包括经济、情感、生育能力等。经济是确保家庭系统正常运转,家庭功能顺畅发挥的基础。现代社会生活节奏加快,消费水平持续增长,购房与子女教育对夫妻双方构成巨大经济压力,当夫妻中的一方收入少或无收入时,夫妻间可供交换的经济资源就会减少,从而造成经济上的依附和家庭地位的不平等。从情感层面来看,传统的以"生育共同体""经济合作社"等面目出现的家庭,正在被现代的"情感——心理——文化共同体"式的家庭所取代。原来家本位的婚姻转变为情感价值取向。夫妻间能否达到情感的满足和精神上的愉悦,夫妻间的文化修养、气质、性格、生活等方面是否基本一致,已成为婚姻质量的重要影响因素。夫妻间彼此精神交流少,价值观认同低又互不忍让,离开对方的念头就悄然萌发,很容易导致婚姻关系的终结。另外,伴随着中国人口的流动,特别是在夫妻分居的情况下,由于空间距离的影响,夫妻情感交流往往会减少,家庭的离婚概率往往会增加。正如莫玮俏在《农村人口流动对离婚率的影响》一文中所提到的观点:"人口流动率越高的地区离婚率越高。两地分居的夫妻感情深厚程度明显低于生活在一起的夫妻,而且婚姻的失败感也增加。"

(二)离婚阻力

离婚阻力的因素包括法律制度、社会规范或文化习俗等。在中国传统社会,女性没有离婚的权利,被"休妻"后,女性还要承担沉重的社会道德压力,使得女性甘愿忍受丈夫的不公正待遇。随着经济的发展,法律的进步,社会风气的改善,一方面,女性离婚的权利与结婚的权利一样受到法律的支持和保护。另一方面,社会对离婚女性表现出更大的宽容,减轻了离婚女性的道德压力。父母出于对子女婚姻幸福的考量,尊重子女的离婚权利,降低了女性的亲情压力[①]。

(三)婚姻替代

当维系一段婚姻所花费的经济、情感等成本超越从婚姻中所得到的报酬,调整交换机制也不能获得更大的报酬时,人们往往会寻找新的婚姻替代资源。在城市化、工业化进程中,社会人口流动性增强,当代社会的婚姻可替代资源比较丰富。同时互联网的出现和普及极大地扩展了中国已婚者接触异性的范围,即时聊天软件(如QQ、微信)、在线交友网站的出现增加了中国已婚者接触异性的空间和交往异性的深度,配偶替代者的增多更容易导致婚姻的脆弱。

婚姻作为个体生命历程中的重大事件,既关乎个人幸福,又与家庭稳定、社会和谐息息相关。离婚是一把双刃剑。现代社会的离婚现象本身是合乎道德精神和社会正义秩序的。但是离婚意味着婚姻的离散和家庭的解体,不仅会带给当事人无限痛苦,还会造成家庭伦理道德问题和社会问题。

五、传统贞操观念趋于淡薄

现代社会,随着物质文化的丰富,人们对精神及性的意识程度提高,摒弃了传统贞洁观,加之受西方"性解放"思想的影响,性观念由封闭走向开放,未婚同居现象较为普遍。中国社会科学院李银河研究员做过一项关于"婚前性活动"的研究,结果表明,不仅大多数人认为在婚

① 刘云卿:《当代女性离婚的因果分析及对策建议》[J],载《长治学院学报》,2016(2)。

前两性间可以拥抱接吻，而且有近三分之一（30.5%）的人对婚前性行为持容许态度，更有15.5%的人坦直承认自己有过婚前性行为。

性观念的开放与随意引发一系列健康问题、家庭问题与社会问题。不安全的性行为存在很多健康隐患甚至致患艾滋病。国家有关部门2016年发布的一组数据显示，我国每年人工流产多达1 500万人次。这还不包括药物流产和在未注册私人诊所做的人工流产数字。在有婚前性行为的女性青少年中，超过20%的人曾非意愿妊娠，其中高达91%的非意愿妊娠者选择流产。重复流产的情况尤为严重。更让人担忧的是，人工流产已经呈现出低龄化趋势。此外，数据还显示，我国每年人工流产总数中，25岁以下的女性约占一半以上。女大学生甚至成为人工流产的"主力军"。

第三节　女性婚恋宝典

一、树立正确的婚恋价值观

自尊、自爱、自立、自强是现代女性应有的精神风貌。首先，现代女性应当认识到自己在社会关系中的主体地位，认识到自己是一个完全独立自由的个体，并重新审视自己的婚恋价值观，完成由依附到自主的心理革命。其次，现代女性应克服对男性的依赖心理，彻底抛弃"干得好不如嫁得好"的落后观念，克服择偶中的功利思想，不把婚姻当成一种筹码，不把它视为改变命运的工具，如果一直把人生寄托在别人身上，一旦生活发生震荡便很难翻身。如同波伏瓦所说："男人的极大幸运在于不论在成年还是小时候，他必须踏上一条极为艰苦的道路，不过这是一条最可靠的道路；女人的不幸则在于被几乎不可抗拒的诱惑包围着，她不被要求奋发向上，只被鼓励滑下去到达极乐。当她发觉自己被海市蜃楼愚弄时通常为时过晚，她的力量在失败的冒险中已被耗尽。"再次，现代女性应超越自我，确立远大志向，自强不息，树立起强大的自信，在社会的广阔天地中锐意进取、奋发有为，以自己的实力来赢得社会的尊重。

二、培养爱的能力

心理学家弗洛姆曾说过，爱的能力是需要不断学习的，因此只有不断发展爱的能力，爱情才能持久。培养爱的能力，首先，要发展自己健全的人格，这是爱的能力的根基；其次，要不断学习、创新，包括学习一些爱的技巧、爱的表达方式；再次，要培养处理各种矛盾的能力，学会协调、处理婚恋中出现的波折、矛盾，找到合适的与对方相处的方式等。具体来说爱的能力包括发展健全人格的能力、表达爱的能力、接受爱的能力、拒绝爱的能力、建立亲密感的能力和承受失恋痛苦的能力等等。

（一）发展健全人格的能力

健全人格是人格的正常和谐的发展。心理学认为可以从性格（内外倾）、人格品质（善恶）、责任感、情绪稳定性、思维开放性五个维度来定义一个人的人格是否健全。在婚恋关系中，双方能够互敬、互信、互学、互助、互爱、互让、互勉、互谅非常重要，这也是人格健全的重要特质。具体来说，双方应尊重彼此的生活方式和生活态度，不强人所难，不要求对方做其不愿意做的事情，理解、信任、宽容对方；不与第三者发生恋爱关系等；对自己的行为负责，对对方的身心健康负责。

（二）表达爱的能力

婚恋不是单方面的爱恋，它必须建立在情投意合的情感基础之上。因此一个人心中有了爱，要敢于表白、善于表白，还要懂得表白，这都是表达爱的能力。国内知名媒体人、家庭问题和女性问题专家阿莱就表白提出了一个“水温论”，即表白就像喝水需要测水温一样。首先要摸摸杯子烫不烫，再进行下一步。如果一股脑儿不问来由地喝下去，便会烫伤喉咙。因此，表白是一堂“心理课”，是拷问自己与考量对方的过程。表白的最大意义是让对方获知表白者的心意，不要彼此错过。

中国妇女报在 2017 年 5 月发布了《中国式家庭情感表达方式》调查报告，其中显示近四成国人不懂如何表达爱。

《中国式家庭情感表达方式》数据发布

在由中国家庭文化研究会、中国妇女杂志社联合欧派家居集团共同举办的“唤爱回家”活动中，《中国式家庭情感表达方式》调查报告数据于 2017 年“5·15”国际家庭日当天发布。

此次问卷调查历时三天，共回收问卷 14 208 份，有效问卷为 8 512 份。受访者中，三成人赞同“家人之间不好意思说爱”，近四成人称“想表达，但找不到合适的方式”，只有四分之一的人认为“爱需要表达，即使是家人之间”。报告显示，在中国，患上“家庭情感表达尴尬症”的人群相当普遍，甚至大部分人均认为“爱不需要表达”：36.8% 赞同“家人之间怎样都能谅解，不需要特别去表达”；29.8% 赞同“照顾好一家老小的吃穿就是对家人的爱，不需要其他表达方式”；29.7% 赞同“努力工作挣钱养家就是对家人的爱，不需要其他表达方式”…… 此次调查旨在通过数据解析中国家庭情感表达现状，呼吁人们勇于对家人表达爱，传播和谐、美好、幸福的家庭理念。

（资料来源：周文. 中国式家庭情感表达方式报告显示：近四成国人不懂如何表达爱 [N]. 中国妇女报，2017-05-17（A4）.）

究其原因，这与中国人天生的含蓄文化有关。在含蓄文化的影响下，中国人让爱的表达更多体现在对家庭的实际贡献中，例如挣钱养家、照顾老小，而像“我爱你”这样的口头表达、亲吻拥抱牵手等身体表达，则只会出现在年幼的子女与父母间或情侣间，一旦子女成年后、情侣婚后，便在柴米油盐中渐渐消磨了表达爱的勇气。而事实上，家庭成员间的情感表达和实际贡献同样重要，尤其是发生误会或矛盾的时候，也许一句抱歉、一个拥抱，就能轻松化解。

爱的表达分为两种情况：第一种情况是求爱表达，第二种情况是相处表达。求爱表达可能有三种结果：一是对方欣然同意；二是说要考虑考虑；三是拒绝。在第二、三种情况下，不能急躁，更不能对对方进行逼迫和威胁。爱情不可强求，果子未熟，摘下来也是酸的。要一如既往地交流，以诚相待，培养感情，增加了解。

在相处表达中，切记最好的表达是“融表达”，即多种方式的表达。如若暂时不能兼顾，其中最便捷、最明确的就是率直的赞美。赞美的对象可以包括对方身上吸引你的地方，如发型、服装搭配、时尚的装束、胸前的配饰、手上提的小包、脚上的鞋等。实际上，对对方肯定的表达，至少包含三个方面：尊重对方的信念，关注对方的目光和愿意对对方公开表达的这样一种行动的勇气。

（三）接受爱的能力

当期望的爱来到身边时能够勇敢地接受，这是爱的能力的表现。但是在确定这个对象是否接受之前，首先需要考虑清楚，即想想自己应该寻找什么样的人。因为家庭有三大责任，孝敬父母、养育子女、夫妻互助，所以在选择爱人的时候切记为父母选一个好媳妇、好女婿，为未来孩子选一个好母亲、好父亲，为自己选一个好妻子、好丈夫。其次需要想想你预设在婚恋中获得什么。有的人是在借由婚姻找爱，有的人是在借由婚姻找家，还有的人是借由婚姻找一个舞台，亦有大部分人是借由婚姻来成就自己做母亲或父亲的梦想。这些人依据不同的目标制定出不同的方案，然后借由婚姻找到一份稳妥的家的感觉，一点点爱人以及被爱的感觉，一个小小的舞台以及一份做母亲的资格……事实上，这些"找家行动"的附属品在幸福的婚姻中会有赠送。因此选择者在寻找对象时，一定要知道自己要什么，要懂得取舍，因为没有十全十美的爱情和婚姻。

（四）拒绝爱的能力

当被别人所爱时，对爱作出判断接受或是谢绝，这也是一种爱的能力。爱情来不得半点勉强和将就，对不希望来到的爱情，要运用一种充满关切、尊重和机智的方式来谢绝，这是对他人的爱护，也是对自己的爱护。培养拒绝爱的能力包括两个方面。首先，如果你认为对方的爱不值得或你不愿意接受时，要注意果断、勇敢地说"不"。其次要掌握恰当的拒绝方式，切忌恶语相加，要尊重别人对自己的爱。因为珍重每一份真挚的感情是对他人的尊重，也是一种自珍，更是对一个人道德情操的检验。

（五）建立亲密感的能力

爱的能力首先看内心储存了多少爱可以给予，如果一个人内心是干枯的，没有爱可以付出，也就缺乏与他人建立亲密感的基础。因此要与他人建立亲密感，第一，要学会自爱。正如艾克哈特所说："如果你爱自己，你就会像爱自己那样爱其他的每个人。只要你对其他人的爱不及对自己的爱，你就不会真正地爱你自己，但是如果你同样地爱所有的人，包括爱你自己，你就会爱他们像爱一个人，这个人既是上帝又是人类，这样的人就是一个爱自己，同样也爱其他所有人的伟大而正义的人。"第二，要学会包容、理解和体谅，既保持自己的独特性，又尊重对方的独特性，不以爱的名义实施非爱的行为。第三，要了解两性差异，"男人来自金星，女人来自水星"，男女两性要提高沟通质量，需要注意男女两性不同情绪需求。男性情绪三大需要是能力被肯定、才华被欣赏、努力被感激；女性情绪三大需要是时常被关怀、需要被肯定、想法被尊重。

韩国有一个感人的催泪短片，发人深省。短片中的夫妻，恋爱和新婚像大多数深爱的人一样，很是幸福。可不知道从什么时候起，他们习惯了彼此——他们不再表达对彼此的爱意，他们甚至不再和彼此说话。最后，老公提出了离婚，他觉得两个人的感情已经太淡了。

妻子想了一整晚，第二天早上和老公提出——离婚可以，但是接下来的一个月，丈夫要完成自己提出的一些要求。老公想，反正30天之后一切都结束了，就答应了妻子。可他没有想到，妻子接下来一个月的要求，竟然是——老公出门前抱一下她再走，一起的时候牵一下她的手，睡前说一句爱她，早上醒来亲一下她……老公每天按妻子的要求做，30天后——他再一次深切感受到了，一直以来所忽略掉的，妻子对他的关心和爱，而他一直把妻子付出的一切，都视为理所当然。直到同事问起，他才突然想起，原来是他求婚时曾对妻子许诺过：我向你保证，每天都牵你的手，每天都抱你，每天都亲你，每天都说我爱你，你愿意嫁给我吗？婚姻里最重要的，是不忘初心——是不忘给婚姻加点仪式感，是不忘珍惜彼此的付出和陪伴，是不忘表达对彼此的爱；是珍惜眼前人，是不把对方的关心视作理所当然。不要总拿着“都老夫老妻了……”的万能借口，不给婚姻互动和新鲜的空间。世间没有完美的婚姻，也没有不倦怠的爱情，好的婚姻，需要两个人的用心经营。

（资料来源：梅姨.“结婚三年就离婚，房子归你，孩子归我”：一个处理过400件离婚案件的律师，揭露了婚姻的残酷真相……微信公众号“武志红”，2018-03-26.）

（六）承受失恋痛苦的能力

失恋虽为人之常事，却是一生中最痛苦的心理挫折之一。不管是主动抛弃还是被抛弃，失恋会给双方的情感带来悲伤和心灵刺痛。一方面是因为失恋者可能在失恋中会产生一种错觉，认为失去的往往是最好的；另一方面，失恋者习惯的恋人关系突然中断，会使他们感觉到失落、彷徨与痛苦。为此，失恋者本身的自我认知、自我调适、自我发展对他们走出情绪困扰的泥沼，在广阔的天地中找到真正属于自己的最美好的爱情与人生是非常重要的。

1. 自我认知

首先是要改变不合理认知。合理情绪疗法理论认为，引起情绪困扰的原因并非诱发事件本身，而是由当事人对诱发事件的不合理解释和评价引起的。不合理的信念往往导致负性情绪和不良行为。对于那些身陷痛苦、不可自拔的失恋者而言，只要改变对失恋事件的不合理认知，就能重拾信心和勇气，扬起爱情的风帆，乘风破浪，超越自我，追求幸福美好的人生。

合理情绪疗法的ABC理论

ABC理论是合理情绪疗法的核心理论，主要观点是强调情绪或行为并非由外部诱发事件本身引起，而是由于个体对这些事件的评价和解释造成的。在ABC理论中，A代表诱发事件，B代表个体对这一事件的看法、解释及评价，即信念，C代表个体的情绪反应和行为反应的结果。ABC理论认为，B是引起情绪和行为反应的直接原因。所以人们可以通过改变自己的不合理信念B来改变、控制其情绪和行为结果C，这是合理情绪疗法的治疗核心。

对于人们所持有的不合理的信念，韦斯勒等曾总结出下列三个特征，这就是绝对化的要求、过分概括化和糟糕至极。首先，绝对化的要求这一特征在各种不合理的信念中最常见。是个体从自己的意愿出发，认为某一事物必定会发生或不会发生的信念。这种特征通常是与“必须”和“应该”这类词联系在一起的，当某事物的发生与其对事物的绝对化要求相悖时，个体就会感到难以接受和适应，从而极易陷入情绪困扰之中，产生心理问题。其次，过分概括化是一种以偏概全的不合理思维方式，仅以某一件或某几件事来评价自身或他人的整体价值。再次，糟糕至极是一种对事物的可能后果非常可怕、非常糟糕，甚至是一种灾难性的预期的非理性观念。这将导致个体陷入极端不良的负性情绪。

（资料来源：张文. 合理情绪疗法理论对失恋大学生摆脱情绪困扰的启示 [J]. 思想教育研究，2010(5).）

其次，确立“失恋是正常的”信念。要学会客观面对失恋，恋爱和做其他事情一样，都有两面性，即成功与失败。因此，恋爱出现挫折是正常的事情，恋爱双方的选择是双向的。失恋仅仅说明双方中至少有一方觉得恋爱关系不融洽，相互不能接纳而已。

再次，请确信“我们爱的都是一类人”。人生是一个过程，可惜的是不能重来，可喜的是不需要重来。失恋者应认识到你喜欢的异性是一类人，因此没有必要纠缠在一个人身上不放，要拿得起放得下，恋爱只是人生中的一小部分而不是全部。

2. 自我调试

人都有“理智的我”和“情绪的我”。在失恋的情况下“情绪的我”往往会压倒“理智的我”，但要摆脱痛苦，则必须主动自我调适，用“理智的我”去提醒、暗示和战胜“情绪的我”。

第一，不必追问分手原因。一般来说，分手台词都有一定共同性，如“我们性格不合”“为了你的幸福，你会找个更好的”等。男性的分手一般留有余地，不彻底；女性的分手一般比较彻底。因此当面对分手时，没有必要对分手原因究根究底，问个明白；对有些人在分手后的藕断丝连，犹豫不决要有一定的心理准备。

第二，分手后请“情感冬眠”。分手后，不要急于恋爱，不要想立马通过爱情转移的方式找到情感替代。事实上分手做回美好自己一样是件很精彩很幸福的事情。分手后，要静下心来好好反思“分手的根本原因是什么？我到底了解对方多少？我需要如何调整”等，其实对失恋者而言，失恋究竟是绊脚石还是垫脚石，都在他的一念之间。

第三，合理宣泄。失恋中体验到的痛苦情绪会使得内心积累很多负性能量，因此需要合理宣泄。可以向亲人、好友或心理咨询师倾诉，也可以写日记、书信，看电影、电视，听音乐，散步，进行体育运动等，从而改变注意的焦点，激发个体积极、愉快的情绪。

3. 自我发展

所谓自我发展，就是将恋爱的挫折化为一种发展的动力。当一个人为了减轻心理紧张而把热情投入事业中去时，他就会把这种紧张慢慢地释放变成成就一番事业的动力。如歌德曾多次失恋，但每次失恋后都凭借文学来摆脱精神痛苦，终于写出了世界名著《少年维特之烦恼》。

三、摆正性爱观

爱情是男女双方两颗纯洁的心灵在不断的碰撞过程中弹奏出来的动人旋律，是男女双方用自己的人生、事业和理想共同建筑的情感。两性应增强对婚恋的责任意识，树立健康的性爱观。

（一）性不等于爱

婚恋是一种社会历史现象，是男女两性间的一种社会关系，是两性之间自由发生的、专一的、真挚的情感。婚恋中的两性特别是女性有权利选择自己的性爱，但是，性的存在具有生物性、心理性、社会性等多重维度。如果一味地追求生物性的性满足，违背了所处社会的道德规范，性解放、性自由即便是一时风行，甚至备受青睐，最终也会受到谴责。所以要摆正爱情的位置，树立正确的性爱观，即性是爱情的生理基础，却不是爱的保险栓，能够使爱情长久的是双方真诚的关爱、尊重、沟通、理解、欣赏和共同成长，而不仅仅是性；同样，爱的最高境界不是占有，而是尊重。与对方发生性行为，也并不一定等于爱对方[①]，因此性不等于爱，也不能保全爱。

① 张大均，吴明霞：《大学生心理健康教育》[M]，北京，清华大学出版社，2007。

（二）谨慎对待性

在恋爱中，女性容易被幸福冲昏头脑，盲目地献出一切，以为这就是爱情的升华。在中国的传统思想中，恋爱还是以结婚为目的的，只不过现在的人们更加开放些，将性爱提前到了恋爱阶段。但是，这并不是说恋爱期间的性关系就是理所当然的。尤其是对于女性而言，由于生理上的特殊性，就要更加慎重地考虑两者之间的性关系，否则很容易受到心理和生理的双重打击。第一次性经验无论对男性还是女性来说，都是生涯中的一个里程碑，好像一扇门被打开，男女两性对许多事情的看法往往由此开始转变。因此，谨慎地对待性确实很有必要。

【思考训练】

1.“物质女”有哪些特征及“物质女”现象产生有哪些原因？

2. 女性大龄未婚现象产生的原因是什么？

3. 主妇化的形成机制有哪些？

4. 你认同“干得好不如嫁得好”的观点吗？为什么？

5. 你认为如何培养爱的能力？

【拓展阅读】

阿莱：长期不修剪的园子会荒，长期不修剪的夫妻关系同样如此

阿莱，知名媒体人，家庭问题和女性问题专家，作家，婚姻情感分析师，国内多档卫视谈话节目专家组成员。她倡导女性主义智慧生活，提倡“内心拥有独立花园”的都市女性生存方式，旨在“用日子治愈平凡人生”。她曾撰写数百万字专栏，有18年采访聆听咨询经验，出版了《月亮后面——阿莱手记》《一大一小》《女人底线》《小幸福》《爱情识人术》和《谢谢你，让我变成更好的自己》等作品。关于夫妻关系的经营与维护，我们来听听她的感悟。

“夫妻其实不怕吵，所谓小吵怡情，同时也利于培养默契，共同成长。但也要看怎样吵，成天把离婚挂在嘴边儿上，是最不明智的。”阿莱认为相处一辈子完全不争吵不太真实，最重要的是遇到问题时如何沟通解决，也就是夫妻间相处之道。

关于夫妻之道，阿莱阐释就是在于“修剪”和“沟通”。“长期不修剪的园子会荒，长期不修剪的夫妻关系同样如此。而最好的修枝剪叶方式叫沟通。‘沟通’不是‘唠叨’，‘沟通’是双方，‘唠叨’是单方。前者感觉很放松，后者换来的只能是抵触。”她特别提醒，良好的沟通方式，需要从认识之初就开始建立，将你们的人生观、价值观尽量糅合。

面对另一种流行说法——“婚姻是两个家庭的事”，阿莱并不赞同：婚姻是两个人的事，如果两个人有能力做好了，需要将两个家庭都搅和进去吗？

前来找阿莱咨询的常常是双方父母，并不是真正的当事双方。阿莱认为，婚姻的问题，最忌讳嫁接给第三者，更不要说第四者、第五者。能在两个人之间解决的问题，最好两个人解决。只要多参与一个人进来，哪怕这个人是双方的父母，恐怕这问题解决起来都会有点麻烦。

“所以婚姻关系的要义，是简单，是要做减法，将没用的元素去掉。然后回归两个人最单纯的对话。所有婚姻的不幸，总是日久生寒。那么驱寒的事情，也不能操之过急。”阿莱说。

而一段稳固的婚姻，阿莱列出三个必要条件：感情、性、物质保障。根据多年感情咨询经验，如果满足上述其中两个条件，这段婚姻就是平稳的，三项都满足那就是一段非常幸福美满的婚姻了。

听了各种感情故事，有的甚至是“感情事故”，究其原因，阿莱认为我们的教育体系里两项东西比较薄弱：爱育和美育。很多人感情中遇到挫折主要也是因为爱育和美育的缺乏。“爱和美都从生活中来，就看你有没有发现美的能力。”

阿莱感叹现在人们都太急了，都奔着结果去，忽略了中间很多美好的过程——你经隔多年，再与她聊恋爱婚姻时，她牵着两个孩子在你跟前儿，却又像什么都没经历过一样空荡荡。

“人这一生，最重要的，是过好每一天。”阿莱说，每一天都不要辜负，只要这样，生命的列车无论在哪一刻戛然而止，你都会爽爽快快产生过足本儿的酣畅，然后翩然下车展开新旅程，根本不会留下遗憾。

她曾在朋友圈中转发一张图片：一对外国人在天津的水上会宾园湖边，开了瓶红酒，享受着当地人常忽略掉的美景……“不用走远，家门口就很美。”阿莱说，这份湖景，是不需要去花钱的，但却需要你有慧心和慧眼，要足够懂生活，对美敏感。爱情和婚姻也是同样的道理。

（资料来源：高丽.最犀利的情感课和最动人的小日子——与女性情感专家阿莱“谈情说爱”[N].中国妇女报，2016-07-19（B3）.）

第六章 女性与健康

【热点链接】

世界真的会惩罚不好好照顾身体的人

2018年,一部不到5分钟的被誉为“2018年度最扎心”的广告短片刷爆网络,戳中了千万网友的心。广告里的每一个场景,都取材自真实的生活经历,故事的主角就像是我们身边的某一个人,也许就是你我他……

一位知名网络作家在他的一篇网文中写道:

过年那段时间,我去医院看望一位身患胃癌的同事。32岁的身体,之前打篮球能以一挡三,如今却虚弱得连从床上坐起来都需要人搀扶。

他是专业记者,熬夜写稿是常有的事儿,甚至经常几天几夜不合眼。忙起来没时间吃饭,要么外卖,要么不吃,随便凑合凑合。他总以为,年轻呗,身体好啊,怎么玩怎么熬都没事儿,却从来没有想过,自己年轻的身体,在病魔和死神面前根本不值一提。

那天,我们正在病房里聊天,医生和护士突然推进来一个病人,进行紧急抢救。几个护士忙着戴氧气机,监护仪,血压仪,医生一边安排着治疗,一边大声安抚着呼吸急促的病人。我们都看傻了,那种一度离死神如此接近,然后又硬生生抢救过来的急促和紧迫,让看的人也跟着心脏紧缩,说不出话。

同事也默默看着,说:“得病这段时间,我看过太多次这样的场景了,有时候是别人,有时候是自己,早就习惯了。”

“生与死,不过是熬几个夜,戴多少仪器的区别。我现在唯一的指望,就是好好活下去,然后辞掉工作,去乡下种地,早出晚归。只是不知道,上天能不能给我这个机会了。”

“你们一定要记着,无论多忙多累,一定要好好吃饭,好好睡觉,没什么比健康更重要了,一定要记着。”

这世界,真的会惩罚不好好爱惜身体的人。

很久之前,在听到前辈略带羡慕说“年轻就是好啊”的时候,我一度认为这是种褒奖,甚至相信,年轻就是任性的资本。可如今明白了,年轻从来不是资本,只有健康才是。在病痛和死亡面前,生命都如此不堪一击,年轻又有什么用呢?

(资料来源:扎心必看!世界真的会惩罚不好好照顾身体的人.搜狐网,2018-05-07.)

【观点分享】

这个社会总是对年轻人,尤其是80后和90后来说,有着深深的压力。随手打开微信公号,就能看到各种类似的题目:《第一批90后已经秃了》《90后打倒80后的时候,从不说抱歉》《80后正式成为中年人,你的存款达标了吗》……

无疑,当下的年轻人只能被各种压力裹挟着,拼命加班,不敢休息。电话不敢关机,必须随叫随到。家里的房贷车贷、结婚的本钱、孩子的学费,需要钱的地方越多,能安安稳稳睡的觉却越少。所有人都说,年轻嘛,开启无限可能,多辛苦点没事儿的,不拼就掉队啦!

可是却没有人告诉我们,比起辛苦,先得好好活着。活到一定岁数我们就会知道,决定人生高度的,从来不是智力,而是体力。

人这一生就像中长跑,越是擅长保存体力的,越能坚持到冲过终点。

不信看看真正的位高权重者,都特别热衷锻炼身体。热爱锻炼的人,先是在体能上胜过他人一些,然后在工作精力上胜过他人一些,继而在整个人生里胜过他人一大截。别让自己的人生早早失去了竞争下半场的资格。更何况,我们从来不是一个人在战斗,我们身边还有关心我们的父母、爱人和孩子。

有人统计过,人一生罹患重大疾病的机会高达 72.18%,患癌概率为 36%,目前重大疾病的平均治疗花费一般都至少在 30 万元以上。

这是什么概念呢?

这意味着,一个人生病,也许就等于对全家人判了死刑。作为孩子,我们怎么能让两鬓斑白的父母体验白发人送黑发人的痛苦;作为伴侣,我们怎么能让说好一辈子到老的爱人体验孤苦无依的绝望;作为父母,我们怎么能让年幼的孩子独自一人承受来自这个世界的荒诞和虚无。

所以,为了还没实现的梦想和抱负,为了父母关切的目光,为了孩子渴望的眼神,我们一定要对自己好一点!

我们可以继续熬最长的夜,在周末的时候懒在床上一动不动,每天心惊胆战地看着猝死的新闻后怕。但也可以从现在开始行动。比如,不再熬夜刷手机,而是早睡早起;比如,不再总是以忙为借口不好好吃饭,而是认真对待每一餐;比如,不再只把健身挂在口上,而是多多锻炼;比如,不再总是推脱没时间,而是亲自去看看大千世界。

世界是公平的,它会悄悄惩罚不好好照顾身体的人,但也会暗暗奖励那些愿意照顾身体的人。当我们早睡早起,就会发现自己的时间其实很多很多;当我们多多锻炼,就会发现自己的身体远比我们以为的更有力量;当我们走出家门,就会发现这个世界远比想象中更值得去爱。

只有我们全力热爱自己的身体,才能有余力热爱这个美丽的世界。好好爱自己,才是余生浪漫的开始。

(资料来源:扎心必看!世界真的会惩罚不好好照顾身体的人.搜狐网,2018-05-07.)

【智慧探索】

第一节　女性健康问题的提出

面对开放的知识经济时代,作为第一生产力中的现代女性群体,既参与物质生产活动,又肩负着人口生产的重担。和以前封建时期传统女性不同,如今女性社会角色的责任使她们面临竞争、科研、上网、继续学习等复杂的社会环境和繁重的思想压力,女性社会化角色面临着巨大的竞争压力,从而导致大多女性处于"亚健康"状态。最近一项调查显示,中国白领"亚健康"比例高达 76%, 7 成人有过劳死危险,肥胖人口即将达到 3.25 亿, 20 年后将增长一倍; 1.5

亿人患有皮肤病；38.2% 的中国人患有各类睡眠障碍；每天约有 10 000 人确诊癌症；中国肠胃病患者有 1.2 亿，慢性胃炎发病率为 30%。健康特别是女性健康问题亟须关注，研究女性这样一个特殊群体的健康问题，协调好她们身体、心理、社会适应能力三者之间的关系，是当前社会重大的民生问题，也是个人与家庭幸福的保障。

一、基本概念

（一）健康

健康是人类的要求，更是全社会的责任，对于集社会角色和家庭角色为一体的当代女性尤为重要。长期以来，人们常常以为不生病就是健康，其实这种观念并不全面。比较公认的是 1964 年世界卫生组织所确认的健康概念，即“健康不仅是没有疾病，而是要有身体、心理的良好状态和社会适应能力”。这一概念涵盖了身体、心理和社会的和谐统一，扩展到人们可以能动地改造环境，有效地调控自己的心理平衡，始终保持高水平的健康状态，更好地适应社会发展。

从生物角度理解，健康主要是指人的躯体器官功能和各项指标是正常的；从心理和精神角度观察，健康主要是指人们有自我控制能力，能够正确对待外界影响，内心处于平衡状态；从社会学角度衡量，健康主要涉及个体的社会适应性、工作习惯、人际关系以及应付各种突发事件的能力等方面。

（二）女性健康的概念

女性是社会的重要组成部分和力量之一，从生理性别而言，其生理结构和机能与男性存在差异，在生活变化中要经历月经、妊娠、分娩、哺乳等特殊生理过程；从社会性别而言，女性在社会及家庭中扮演着特殊而重要的角色。

女性健康不仅指女性的身体免受疾病的侵扰，而且指女性肉体和精神的完好状态。健康的女性具有足够的精力完成日常工作，适应社会发展的需要并与他人建立良好的关系，能够充分发挥其潜力。

20 世纪 60 年代以前，以医学为中心的女性健康只注重女性生殖器官的健康问题，仅满足女性作为母亲的需要，局限于孕产妇健康保健，以男性健康作为完人的健康准则来涵盖女性其他方面的健康。伴随着女权主义在欧美国家的发展，女性主义者开始质疑传统医学对女性健康的忽视，并掀起妇女健康运动，提出以妇女为中心的女性健康观，并努力建构起一门独立的女性健康学。

女性健康关注的领域比较广泛，包括女性的身体、性与生育健康、传播性疾病与非传播性疾病、与生活和工作环境相关的健康问题、精神的和心理的健康问题、暴力对女性身心健康的影响、健康管理以及女性享有获取医疗保健机会与资源的平等权利等。

（三）女性主义健康观念

享有健康是女性的基本人权之一。一个健康的女性应该是具有体力、精力和能力去做她要做的事情的。每一位女性都应积极主动地保护和关心自己的身体，对自己的行为负责。女性健康不仅受生理状况的影响，而且受她们所处的社会、文化及经济状况等因素的制约。

1. 妇女健康运动

妇女健康运动是当代妇女运动的组成部分之一。20 世纪 60 年代以来，在美国掀起的妇女健康运动直接指向以金钱为主宰、以富人为主体、被科学技术垄断、性别歧视的美国医疗卫生制度，认为以往关于健康的研究都是以男性为中心，将女性视为客体，缺乏女性的声音、立场、视角；主张女性健康研究应当以女性为中心，了解并接受女性的身体，包括女性的生理结构和变化，以减少性别歧视和女性的自我贬低；号召女性拥有正确的医疗知识，以增进健康能力，保护自己免受不必要的医疗伤害；鼓励女性掌握自己的命运，担负起自身保健和生命的责任。妇女健康运动首先在美国及欧洲的一些国家取得了一定的成就，提出保证女性健康的要求被政府所接受，一些与女性健康相关的非政府非营利组织出现，同时也出版了许多关于女性健康的刊物和著作。

妇女健康运动在其他国家和地区，特别是发展中国家和地区得到了积极响应。这些国家和地区的女性开始审视自身健康状况与其所生活的社会、文化和生存环境的关系，女性自我保健的意识开始觉醒，展开了许多以女性为中心的健康议题的讨论，女性健康研究发生了显著变化，从以往以男性为中心、女性为客体的健康医疗体系发展为以女性为中心、以女性思维去思考和改善健康医疗服务。妇女健康运动通过宣传活动、研究课题和开展项目，激发女性健康意识，鼓励女性关注自身的健康，参与健康发展项目，提高健康水平，注重生命质量和增强社会性别观念。

妇女健康运动发源于北美，第一波妇女健康运动争取生育控制（生育自主），第二波妇女健康运动争取身体自主，第三波妇女健康运动发展健康照顾。今天，妇女健康运动的目标包括生育自主，负担得起的、可及的、有效的、人性化的医疗照顾，满足妇女基本需求、安全工作环境、人身安全等。妇女健康运动已成为全球化的一项运动，不仅在欧美各国，而且扩展到南美与亚洲各国，不仅在发达国家取得了进展和成果，而且在发展中国家也得到了积极响应并展开多方面与健康相关的议题和行动。尽管各国女性鉴于文化、种族、族群、地域、个人兴趣等不同，在健康议题的探讨上存在纷争，但一个共同的趋向就是：为改善女性健康、提高女性生存质量而合作并努力工作。

2. 女性主义健康观

女性主义健康观认为，每一位女性都应享有能够达到最高身心健康标准的权利。女性的健康涉及其身心和社会生活的各个层面，即女性健康状况不仅受其生理因素的影响，同时还受女性生活的社会、政治和经济环境所制约。

女性主义健康观从女性的立场出发，用社会性别视角看待女性的健康问题，着重讨论隐藏在健康问题背后的性别因素以及性别与社会政治、经济、文化和历史等因素相交织对女性健康的多重影响，指出健康问题的重要性和复杂性，认为健康是女性的基本权利。

以女性为中心的女性健康研究尊重女性自身的经验，理解阶级、种族、族裔、年龄、性倾向及身体形象各异的女性，强调女性在保持健康、自我医疗和谋求变革等方面的能动性，鼓励女性在健康实践中发挥主体精神，增强参与意识，体现了女性健康的多元化、主体性和参与性的特征。

女性主义健康观重新审视传统医疗体系关于女性健康的认识，重新界定女性健康。从生命周期上看，女性健康包括从妇女生命开始到生命终止的整个过程，而不只是将女性看作生孩子的机器——只重视女性生育周期的健康；从健康内容上看，女性健康不只是妇科健康，如生殖、生育以及与生育相关的性健康，而且应包括反映女性地位及生存状态的营养问题、环境对健康的危害问题、职业健康问题、心理健康问题、危机问题、残疾女性问题、对女性的暴力问题。此外，还应考虑女性如何获得医疗保健服务，如何得到社会保障，如何享有医疗权利，以及影响女性保健的政策、法律、文化和社会问题。

女性主义健康观注重分析女性在保健中受歧视、受压迫的种种原因，针对女性在保健中所处的劣势地位，倡导提高女性觉悟，使每一位女性认识到健康是其自身的基本权利；号召女性朋友武装起来、组织起来，坚持在自助和互助中维护女性的健康权利；努力掌握健康及医疗知识，提高维护女性健康权利的能力。

二、影响女性健康的因素

（一）生物性致病因素对女性健康的影响

到 20 世纪初，人类死亡的主要原因是病原微生物引起的传染病及感染性疾病，这种致病的微生物被称为生物性致病因素。进入 21 世纪，既有已往基本控制了的传染病死灰复燃，如结核病的病发率快速上升，又有新出现的传染病的威胁，如艾滋病、人禽流感等。传染病及感染性疾病仍然是影响发展中国家和贫穷国家民众健康的最重要的因素。

随着对疾病认识的不断加深，现已查明某些遗传和非遗传的内在缺陷也可导致人体畸形、代谢障碍、内分泌失调和免疫功能异常等，这类疾病的病因也属于生物性致病因素范畴。生物性致病因素的病因学已成为现代医学的基础，对人类的危害基本有了定论。对大多数生物性因素所致病与其相适应的预防、医疗的理论和实践也较为成熟，但新出现的一些传染病目前还没有好的治疗方法。

（二）社会因素对女性健康的影响

社会因素是指社会的各项构成要素，包括环境、人口和文明程度等。环境又包括自然环境和社会环境。自然环境又称为物质环境，包括未受人影响的、天然形成的地理环境。社会环境又称为非物质环境，它包括一系列与社会生产力、生产关系有密切联系的因素。人与自然环境是密不可分的统一体，人与自然环境相适应能够给人们带来良好的心情，可以促进人类的健康。反之，一个不适于人类存在的自然环境可以影响人们的心情，从而诱发或加重疾病。

健康既是社会发展目标又是社会发展手段，健康指标如降低婴儿死亡率、提高人口预期寿命，都是重要的人类发展指标。投资于人们、投资于健康，是加快经济增长，促进社会发展，保证社会公平的重要手段。卫生领域的发展战略，就是促进人类健康发展，保障人类健康安全，缩小健康差距，消除健康贫困。

此外，社会因素中的社会制度、社会关系、卫生服务等都对两性健康具有重要影响。如社会制度中的卫生分配制度和政策法规、社会关系中的社会支持和家庭关系、人口发展中的人口数量和人口结构、卫生保健事业中的卫生资源和卫生服务等都会影响人类的健康水平。

（三）社会经济地位对女性健康的影响

社会经济发展与人类健康的关系是辩证统一的关系，二者相互促进。经济发展水平直接关系着人们的健康状况。经济的发展促进了健康的整体水平的提高，改革开放以来，我国居民的社会经济地位不断分化，处于不同社会阶层的人，其健康状况存在差异，进而健康风险也出现分化。这种分化不但有性别、区域、城乡差异等带来的影响，也有来自于女性内部社会经济地位的影响,而相比于男性群体,其对女性健康的影响似乎更大。女性的贫困常常与她们对资源的占有、权利、地位等因素错综复杂地交织在一起,而这种状况又使她们对疾病更具脆弱性。基于性别差异的探讨,已有的研究结果表明女性整体健康状况弱于男性,一个重要的原因是社会经济地位弱于男性,因而健康风险增加。

诸如由于传统的性的"沉默文化"的影响,女性通常不能和男性平等地享有卫生保健方面的知识,而这种信息的不可及必然会增加女性在健康方面的脆弱性。繁重的家务、较低的受教育程度妨碍女性接受卫生保健方面的基本知识;家庭地位低下,使得女性在健康投资方面不一定拥有决定权,或者说家庭不一定愿意对女性的身体健康投资。

随着社会阶层的上升,城镇女性劳动力健康风险相应降低。相比于社会经济地位上层女性,最底层女性的健康风险受社会经济地位的影响更加显著。教育程度越高,健康风险越小,职业地位越高,健康风险越小。有研究表明,白领职业女性宫颈糜烂的检出率就明显低于体力劳动者。

世界上发达国家和发展中国家相比,它们的经济发展程度不同,处于其中的国民健康素质也是不同的,同样处于发达国家或发展中国家的人们,不同的经济阶层,其健康状况也是不同的。社会经济地位较低的阶层与社会经济地位较高的阶层相比,前者在遇到健康风险时,抵御能力较弱。一个社会中,如果由于结构调整带来贫困和性别歧视,则男女性相比,更容易造成贫困女性化。女性健康也更容易受到不利影响。

(四)教育对女性健康的影响

受教育程度代表了一个人获取积极的社会、心理和经济资源的能力,虽然收入水平和职业地位也很重要,但良好的健康状况的决定性因素应该是受教育程度。受教育程度高的人总体上更了解健康生活方式的优点和预防保健的重要性,当他们出现健康问题时,能够更好地获得医疗服务。

从一定程度上讲,受教育程度不同,人的生活方式、健康观、价值观也存在着差异。从健康的角度看,教育水平的高低影响着人们健康生活的能力及生活方式,诸如自我保健、良好的生活习惯、正确的求医行为等都与受教育水平有着密切的关系。一般来讲,文化程度与获取信息的关系密切,文化程度高,获取疾病防治、自我保健知识的能力强、渠道宽、机会多,接受新的健康观念快,对形成良好的行为习惯也会带来积极的影响。如传统文化观念使女性在性关系中处于被动地位,难以要求性伴侣采取安全措施,认为女性对性事的无知是纯洁的象征,这种观念也严重影响着女性健康。

(五)性别文化对女性健康的影响

尽管当代社会,女性在经济独立、政治参与等方面有了很大提高,但其身心健康问题并没有从根本上得到解决,更没有得到全社会的广泛重视。在传统"男尊女卑"观念约束下,女性受到多重压力,进而出现各种身心疾病。关注女性健康问题,不仅只重视其生理因素,更应看到隐藏在女性健康背后复杂的社会因素。

1. 性别角色对健康的影响

在人们的社会化过程中,形成了男女不同的性别角色。一些理论模式着重分析与性别差异相关的发病率与死亡率的社会心理因素,诸如冒险行为、环境中的危险、工作环境、工作中的应急元、角色压力以及其他一些变量。比如,“苗条文化”的压力使女性患营养型或饮食性障碍的危险性增加。有实验表明,妇女吃掉了 90% 以上的减肥药,对减肥药的异乎寻常的运用甚至是滥用,使她们出现负反应的可能性增加,甚至可能导致死亡。相反,男性则对营养标准和饮食问题关心较少。

2. 社会习俗对健康的影响

社会习俗与人们的日常生活联系极为密切,贯穿于人们的衣、食、住、行、娱乐、体育、卫生等各个环节。在一些民族文化中,人们限制女性饮食的数量和质量。男性在食物资源的分配上有优先权。这也是影响女性健康和寿命的一个因素。在印度,妻子常常首先侍候丈夫吃饭,然后是孩子,男孩在先,女孩在后,最后才是她自己;一餐中有营养的食物比如鱼、肉、蛋等主要供给男性,人们认为男性的强健和生长需要这些食物,而素食者中女性居多,男人较为少见。20 世纪 90 年代,在河南一些地区,曾经许多人认为女性较男性更适于供血,在有偿供血的年代和地区,这种观念加重了以艾滋病为代表的血液传播疾病在女性中的流行,许多女性深受其害。

第二节 女性生理健康与保养

当前女性长期繁重的工作任务、各种应酬酒席、传统社会文化的压迫、偏好隐忍的性格都成为影响女性健康的重要因素。据有关数据显示,中国(仅指中国大陆地区)当前有 76% 女性处于“亚健康”状况,这种“亚健康”的主要症状则表现在生理和心理两方面。从生理方面看,有接近 60% 的女性患有常见的都市病症,诸如乳腺癌等妇科病,神经衰弱等过劳症状,胃病等消化类疾病。从心理方面看,有 70% 的白领女性患有心理疾病,诸如强迫症、感情隔离症、抑郁症等。

一、女性生理健康

女性生理健康需要重视与关怀,以男性生理健康的标准作为完人标准的医疗概念已不能解决女性的生理疾苦。女性有着特殊生理结构与功能,基于此,女性生理健康问题可以分为女性生理周期健康问题、女性常见的子宫疾病和女性乳房相关疾病等,以下将分别进行讲述。

(一)女性生理周期健康问题

女性生理周期经历了 4 个主要阶段:一是婴儿与儿童期;二是青春期;三是生育期或育龄阶段;四是更年期与更年后阶段。处于各生命阶段的女性面临着一些相关健康问题,其中月经期与更年期值得引起重视。

1. 月经期

女性大约自 11~13 岁起开始来经,至 45~55 岁停经,平均月 28 天一个周期,要经历长达 40 年的月经史。月经不仅是女性健康与生育能力的象征,而且是女性有别于男性所具有的独特生活感受和生命价值。月经是由卵巢分泌雌激素,使子宫内生成一层由血液和细胞组织构成的膜,由卵巢排出的卵子通过输卵管进入子宫。如果女性近期与异性发生过性行为,精子可能和卵子结合,开始怀孕;如果卵子没有受精,卵巢停止分泌雌激素和孕激素,子宫内膜开始剥落,离开体内,卵子也随之被排出体外。

由于在现行的社会文化语境中,有些地区对月经持有异常甚至贬义的态度,一些女性在月经期容易产生一定的心理压力。例如,担心穿戴不便、担心临近考试影响记忆、担心脸上长粉刺、担心青春痘影响美观等。同时一些女性在月经期也伴随相关健康问题的出现,如痛经、经前综合征等。为此建议女性在经期应保持心理放松,注意保暖休息,少吃盐,避免饮用含咖啡因的饮料,多吃粗粮和富含蛋白质的食物等。

2. 更年期

女性的更年期一般发生在45~55岁之间,其主要标志是卵巢停止排卵,雌激素和孕激素减少,月经停止。停经因人而异,多数妇女可能在一两年或几年逐渐停止,但也有可能突然发生。关于更年期,医学、社会学和心理学有不同的视角。

医学上认为,女性在绝经前后的一段时间内,机体会出现生理和心理变化,并将女性更年期出现的一些变化归纳为一系列的健康问题。例如,生理上表现为月经紊乱、潮红、出汗、失眠、头痛、头晕、腰背痛、乏力、心悸或衰老等症状,其心理症状包括能力和精力减退、注意力不集中、易激动、情绪不稳定、紧张、抑郁、焦虑、自我封闭、固执、受挫感、失落感或自责自罪感等,专业术语称之为"更年期综合征",其解决方案往往是药物治疗,如补充雌激素和孕激素等。

社会学和心理学家认为,首先应关注更年期特征。其次应积极探讨女性在此阶段发生的重要生活事件以及角色转变对他们生理与心理的影响。例如,一些女性在事业上可能面临退出社会岗位,在家庭上可能面临婚姻危机,在角色上可能回家做全职主妇,或升格为祖母等,这些都可能造成他们身心状态的变化。再次社会文化、大众传媒等对女性生理衰退、衰老、容貌、身体形象、年龄等方面的偏见与歧视,导致更年期妇女出现种种心理变化和情绪化特征。值得一提的是医学界常常将女性在停经阶段发生的部分生理不适扩大为症状,即所谓"更年期症候群",使处于更年期的女性背负"更年期综合征"的医学标签,从而了影响大众对女性健康的社会问题的质疑与追问。

(二)女性常见的子宫疾病

据世界卫生组织的不完全统计,2005年,20~45岁的育龄女性中妇科疾病发病率在75%以上。据相关资料统计,每三位育龄女性中就有一位患宫颈炎;在不孕女性中,有82%以上的女性曾经患有子宫内膜炎;子宫内膜异位症发病率升至15%以上;年轻女性甚至尚未发育成熟的女孩患卵巢肿瘤的概率迅速增高,许多女性的卵巢早衰也提前了5年至10年。女性的子宫疾病已成为威胁女性健康的重要杀手。以下将介绍女性常见的子宫疾病。

子宫感染是由阴道感染,如滴虫和某些性传播疾病影响到宫颈,造成赘生物、溃疡,或性行为后的瘙痒和出血。

宫颈癌是欠发达国家妇女最常见的癌症。女性过早开始性生活(如月经初潮后的前几年),有多个性伙伴,或性伴侣不节制,曾多次感染性传播疾病、HIV/AIDS等都容易产生宫颈癌。宫颈癌如果早期发现并尽早治疗,可以完全治愈。预防宫颈癌需要定期作检查。建议35岁以上女性至少每两年做一次妇科宫颈检查。

子宫肌瘤是子宫增生物,会引起阴道异常出血或行经时经血过多,下腹部疼痛或有下坠感,性交时发生疼痛等症状,通常通过妇科检查可以发现,并可以通过手术切除。子宫肌瘤是女性多发的一种妇科疾病,它也是女性生殖系统中比较常见的良性肿瘤,一般多发生在30~50

女性多发的一种妇科疾病,它也是女性生殖系统中比较常见的良性肿瘤,一般多发生在30~50岁的女性中。子宫肌瘤并不是严重的妇科疾病,但是一旦发现要及时治疗,否则会诱发不孕症、月经紊乱和流产等,从而影响女性的正常生活。因此女性在日常生活中要多了解自己身体变化的情况,按时做好妇科检查,养成良好的生活卫生习惯,丰富饮食,保持好健康与积极向上的心态,防止子宫肌瘤的发生。

子宫内膜癌是发生于子宫内膜的一组上皮性恶性肿瘤,好发于围绝经期和绝经后女性。子宫内膜癌是最常见的女性生殖系统肿瘤之一,每年有接近20万的新发病例,目前仅次于宫颈癌,居女性生殖系统恶性肿瘤的第二位。极早期患者可无明显症状,仅在普查或妇科检查时偶然发现。一旦出现症状,多表现为不规则阴道出血、不同程度的阴道排液以及引起阵发性下腹痛等症状。早期患者以手术为主,按照手术—病理分期的结果及复发高危因素选择辅助治疗;晚期患者采用手术、放疗与药物在内的综合治疗。

卵巢囊肿发生在生育/育龄期,可能会造成下腹部一侧疼痛或月经不规律,常常是通过妇科检查时发现,有些囊肿会自行消失,有些则需要通过手术切除。

(三)女性乳房相关疾病

乳房是女性显著的性别特征之一,保持乳房清洁、干净、健康,能够使乳房具备的哺乳功能在哺乳期得到充分发挥,关注乳腺增生、预防乳腺癌等是乳房保健的重要目标。

乳腺增生既不是肿瘤,也不属于炎症,从组织学表现看,是乳腺组织增生及退行性变,与内分泌功能紊乱密切相关。此病好发于中年妇女,青少年和绝经后妇女也有发生。当今大城市职业妇女中50%~70%都有不同程度的乳腺增生。乳腺增生症常表现为乳房疼痛和乳腺摸到结节,其危害并不在于疾病本身,而是心理压力,担心自己会不会患了乳腺癌或以后变成癌。乳腺增生症有多种病理类型,如单纯性小叶增生(占乳腺增生症的大部分),只要注意调整心态,缓解压力,就可能逐渐缓解。若乳腺小叶增生伴导管上皮增生,且呈现重度异型,则为癌前期病变(占极少部分),需积极治疗定期检查,防患于未然。

近年来,从世界范围来看,乳腺癌发病率不断攀升,全世界每年有100多万妇女患有乳腺癌。在我国,乳腺癌以每年3%的速度快速增长,已成为我国女性的"头号肿瘤杀手"。

乳腺癌是发生在乳腺腺上皮组织的恶性肿瘤。乳腺癌中99%发生在女性,男性仅占1%。乳腺并不是维持人体生命活动的重要器官,原位乳腺癌并不致命。但由于乳腺癌细胞丧失了正常细胞的特征,细胞之间连接松散,容易脱落。癌细胞一旦脱落,游离的癌细胞可以随血液或淋巴液播散全身,形成转移,危及生命。为此国家医学与社会健康相关部门都非常重视乳腺癌的研究与预防,注重对乳房保健的宣传。他们倡议女性减少对乳房的人工塑形和伤害,经常做乳房自检自查,定期做乳房医疗检查,积极关爱乳房等。

二、女性生理健康保养

20世纪后半叶,女性健康已成为全人类健康中一个重要的聚焦点,继而也成为全球健康政策的一个重点。女性健康特别是生理健康保健,不仅关系单一个体的健康,同样关系到人口、经济、社会、家庭的可持续发展。

(一)饮食合理规律,注意节制

临床上研究发现,女性在生活中注意饮食的合理搭配,注重食物的营养,可以降低子宫肌瘤、乳腺增生、乳腺癌等疾病的患病概率。生活中,女性朋友应多吃蔬菜水果,多摄入维生素含量高的食物,对神经内分泌有良好的调节作用;多摄入牛奶等乳制品,粗粮细粮搭配食用,每天食用一些豆制品、坚果,每周吃一点海带,有利于乳房的健康;少吃鱼虾等海鲜,少吃煎炸类的食物,不吃被激素污染的食物,放弃高盐食品、垃圾食品,远离烟酒。同时女性朋友还应多注意个人的生活习惯。比如,个人私处的卫生,经期及产后的护理等。

(二)定期自检及去医院检查

子宫肌瘤、乳腺增生和乳腺癌,在早期的时候或许没有什么突出的异常表现,都有一个发生发展的过程,所以需要经常性地自行检查或者最好每半年或者一年去医院进行专门的检查。

(三)保持愉悦的情绪,心情舒畅

女性随着年龄的增长,面临着生活、工作和家庭等多方的压力加大的境况,因而很容易产生情绪低落、抑郁,这样使体内雌激素分泌量增多,引起内分泌失调,也就成为子宫肌瘤、乳腺增生等发生原因之一,甚至可能会诱发更加严重的疾病。因此,女性朋友可以多参加户外活动,及时宣泄不良的情绪,保持愉悦的情绪心情,降低疾病的发生概率。

(四)积极锻炼运动,提高身体素质

健康的身体是我们幸福生活的基础。拥有健康身体,不但可以免除病痛的折磨,还可以完成更多自己的梦想。但好的身体不是与生俱来的,是需要我们通过规律的生活,积极的运动练成的。适当的体育锻炼有利于人体的骨骼、肌肉生长,增强心肺功能,改善血液循环系统、呼吸系统、消化系统的机能状况,还能调节神经系统,调节心理状态,延缓身体的衰老,抵御疾病的入侵。

(五)善于应用健康 APP

在健康市场中,女性在健康领域的影响力越来越高,越来越多的女性朋友开始注重对自我健康的投资,女性成为健康市场的关键群体。伴随着智能手机的普及,各种针对女性健康的APP 层出不穷(如表 1)。一些健康 APP 针对特殊需求的用户进行设计,而另一些 APP 则致力于打造现代人的健康生活方式,面向所有人群设计,为此现代女性可以根据自身需求选择一款适合自己的健康类 APP。

表 1　健康类 APP 内容分类表

分类	关注的健康内容	典例
特殊时期呵护类	提供孕期、生理期健康资讯，呵护白领女性特殊时刻	大姨妈、怀孕管家
养颜美容类	分享美容、养颜等信息,改善白领女性的仪态和整体的健康面貌	美啦美妆、bangstyle
纤体塑身类	分享减肥瘦身等信息,提供科学健康的减肥美体建议	薄荷、咕咚
特殊病症治疗类	针对胃病、腰肩酸疼等白领女性常见的病症,提供治疗意见	脊椎你好、爱护眼睛、鼠标手
问诊服务类	类似于贴身医生,提供问诊服务能够为白领女性解答健康疑惑	春雨医生、白领常见病
心理健康类	帮助白领女性减缓职场压力克服心理问题,提供心理健康资讯	白领丽人、解除焦虑症

第三节 女性生育健康与保健

一、生育健康的概念与内涵

世界卫生组织对生育健康定义为:生育健康是指在生命所有阶段与生殖系统、生殖功能和生殖过程有关的一切事物中身体、心理和社会适应都处于的完好状态,而不仅仅是没有疾病和功能失调。

生育健康定义包括三层含义:一是健康状态。指生殖系统及其功能和生殖过程所涉一切事宜上身体、精神和社会等的健康状态,而不仅仅指没有疾病或不虚弱。二是性能力和生育能力。生殖健康表示人们能够有满意而且安全的性生活,有生育能力,可以自由决定是否和何时生育及生育多少。三是安全计划生育和保健。男女均有权获知并能实际获取他们所选择的安全、有效、负担得起和可接受的计划生育方法,以及他们所选定的、不违反法律的调节生育率方法,有权获得适当的保健服务,使妇女能够安全地怀孕和生育,自由选择生育健康婴儿的最佳机会。

二、生育健康的发展历程

19 世纪末,西方国家对于生育控制是持抵触态度的,避孕被认为是非法的、不道德的。20 世纪初,女权主义者认为生育控制或避孕有助于把女性从无计划妊娠中解放出来,有助于女性承担社会角色,融入社会主流生活。在她们的努力下,生育控制和避孕逐渐被合法化,女性生育胎次减少,首次生育年龄推迟。60 年代,女权运动在西方国家再度兴起,西方国家的女性已不甘于将自己仅仅局限于生育上,开始关注生育控制对自身健康的影响,要求得到生殖保健。70 年代,发展中国家的妇女组织也开始提出生育方面的问题,并努力寻求政策上的改变。80 年代中期以后,一些女性非政府组织日渐活跃起来,开始将女性生育调节和为女性提供服务作为提高女性地位、维护女性权利的一个重要方面。她们呼吁要关注女性的健康问题特别是与生育有关的健康问题,因此,“生育健康”这个名词开始出现。

20 世纪 80 年代后期,世界卫生组织在“为全人类健康而奋斗”的宗旨下,积极努力维护女性健康、加强妇幼保健,并在此实施过程中,深深感到仅仅强调计划生育尚不能满足女性在性和生殖方面的健康需求。于是,世界卫生组织首先采纳了“生育健康”这一具有跨世纪意义的名词。1994 年世界卫生组织正式通过了生育健康定义。1994 年 9 月在埃及开罗召开的国际人口与发展会议把生育健康概念写进了行动纲领当中,这标志着国际社会对生育健康概念的普遍接受。

当前我国政府非常重视女性的生育健康,并且有目的、有计划、有步骤地在全社会开展生育健康服务,其具体内容是以育龄女性为中心,以她们的需求为导向,提供咨询、信息、教育为主的友善的保健服务,包括产前检查、安全分娩、产后服务(包括母乳喂养指导)、不孕症的预防和治疗、人工流产及不安全流产后果的处理、生殖道感染的预防和处理(包括性病、艾滋病的防治)、性教育(包括性卫生和性保健)、父母责任教育等。

三、生育健康存在的问题

由于女性承担繁衍后代的重要任务,生殖功能较复杂;同时女性受社会、文化因素影响,在生育方面所承担的风险和责任较大;加之年轻一代性观念的改变,首次性行为的提前、性伴侣的增多等,女性生育健康问题亟须引起社会关注与重视。需要特别指出的是妊娠和分娩也成为女性最易于发生危险和意外的两个阶段。世界卫生组织 2015 年发布的报告显示,发展中国家的孕产妇死亡率是 2.39‰,而发达国家则为 0.12‰。在中国,2016 年全国孕产妇死亡率下降到 0.199‰,中国孕产妇死亡率已经处在发展中国家前列并接近发达国家水平,然而每 5 025 个孕产妇中仍有 1 个孕产妇死亡。另外女性在妊娠过程中容易发生一些病症,为便于女性朋友早了解、早发现、早诊断,以下将列举几种孕产妇常见病。

(一)妊娠高血压

妊娠高血压(简称妊高征),是妊娠期妇女所特有而又常见的疾病,以高血压、水肿、蛋白尿、抽搐、昏迷、心肾功能衰竭,甚至发生母子死亡为临床特点。妊娠高血压综合征按严重程度分为轻度、中度和重度,重度妊娠高血压综合征又称先兆子痫,子痫即在高血压基础上有抽搐。

(二)妊娠糖尿病

妊娠前已有糖尿病的患者妊娠,称糖尿病合并妊娠;另一种为妊娠前糖代谢正常或有潜在糖耐量减退,妊娠期才出现糖尿病,又称为妊娠期糖尿病(GDM)。糖尿病孕妇中 80% 以上为 GDM,糖尿病合并妊娠者不足 20%。GDM 患者糖代谢多数于产后能恢复正常,但将来患 2 型糖尿病机会增加。糖尿病孕妇的临床经过复杂。对母儿均有较大危害,必须引起重视。

(三)妊娠合并肝炎

在妊娠的这一特殊时期,病毒性肝炎不仅使病情复杂化,重症肝炎也仍是我国孕产妇死亡的主要原因之一;同时对胎儿也产生一定的影响,围生儿患病率、死亡率增高;流产、早产、死产和胎儿畸形发病率增高;而且胎儿可通过垂直传播而感染肝炎病毒,尤以乙肝病毒的母婴垂直传播率为高,围生期感染的婴儿容易成为慢性携带状态,以后更容易发展为肝硬化及原发性肝癌。

(四)中央前置胎盘

妊娠 28 周后,胎盘附着于子宫下段,甚至胎盘下缘达到或覆盖宫颈内口,其位置低于胎先露部,称为前置胎盘。前置胎盘是妊娠晚期出血的主要原因之一,是妊娠期的严重并发症。多见于经产妇,尤其是多产妇。临床按胎盘与子宫颈内口的关系,将前置胎盘分为三种类型:完全性前置胎盘或中央性前置胎盘,宫颈内口全部为胎盘组织覆盖;部分性前置胎盘,宫颈内口部分为胎盘组织覆盖;边缘性前置胎盘,胎盘附着于子宫下段,达子宫颈内口边缘,不超越宫颈内口。

(五)胎盘粘连

胎盘粘连,是一种产科病症。是指胎盘绒毛仅穿入子宫壁表层,多是因为多次刮宫或宫腔感染使局部子宫内膜生长不良而发生的。部分胎盘粘连因胎盘部分剥离、部分未剥离,导致子宫收缩不良,已剥离面血窦开放发生出血。

(六)产后大出血

产后出血包括胎儿娩出后至胎盘娩出前,胎盘娩出至产后 2 小时以及产后 2 小时至 24 小时 3 个时期,多发生在前两期。产后出血为产妇重要死亡原因之一,在我国居首位。产妇一旦发生产后出血,预后严重,休克较重持续时间较长者,即使获救,仍有可能发生严重的继发性垂体前叶功能减退后遗症。

这部豆瓣 9.4 分的纪录片告诉我们:真正面对一切的,是女人

2017 年年末,一部名为《生门》的纪录片通过网络和电视同时在豆瓣拿到 9.4 的高分。该片的导演陈为军作为见证者,明白了女人由于生理、社会环境、传统、偏见以及进化论所带来的艰难处境,在接受媒体采访时,说道:“都说生育是两个人的事,是老公、老婆的事情,其实不是。真正面对一切的,是女人”。

1982 年,计划生育政策被确定为基本国策,同年 12 月被写入宪法。直至 2015 年实施全面二孩政策之前,“一家只生一个好”的观念早已潜移默化地塑造了中国人独特的生育观。中国的国情使每一个小生命来到这个世界上都充满了仪式感、焦灼感,故事性十足。而妇产科就是一个高度浓缩了的滚滚红尘。在这里集结了生与死的挣扎、舍与得的纠结、老与少的代沟。《生门》就是基于这样的生育背景,决定将镜头深入病房。

“一胎化政策,使得分娩成了重大的仪式。一对夫妇只能有一个孩子,这让生孩子变成了一个家庭天大的事,这在其他不施行计划生育的社会环境里是没有的。”陈为军说。从备孕、怀孕、保胎再到生产,陈为军感受到了孕妇背后整个家族的焦灼感。

另一方面,没有几个人能坦然面对一个生出来就有缺陷的孩子,但陈为军认为这违背自然规律:“每个人都想生出一个完美的、没有任何缺陷的孩子,这在概率上是不可能的,但人们对此的焦虑却真实存在,没有几个人能做到顺其自然。有的孕妇为了保胎,从怀孕开始就几乎不下床,不敢动。这是跟自己较劲。人要接受一个事实,那就是生命来到这个世界上,是有可能有意外的,我们要坦然接受。这才是正常的生育观。”

在一定程度上,一个不打算丁克的家庭,哀莫大于膝下无子。在跟踪拍摄 80 多个家庭之后,陈为军认为这些家庭唯一的共通之处就是对生育的执着,或者说一切都要让位于传宗接代。

夏锦菊曾怀孕六次,生产两次,已有两个女儿,但为了再生一个儿子,她还是怀了第三胎,手术台上却大出血,心脏停搏两次,总失血量达到 1.8 万毫升,相当于全身血液换了四次。即便随时有可能面临死亡,她还是希望主治医生李家福保子宫——“我才 33 岁啊,能不能努力一下。”

曾宪春是高龄产妇,之前曾怀孕五次,生产两次,再一次怀孕后,她经历了胎盘前置、瘢痕子宫,分娩有生命危险,在得知第三胎是儿子后,小姑子泣不成声:“我哥之前只有两个闺女,一直以来想生个男孩。为了保这个小孩,我们一家都好辛苦。”

像夏锦菊、曾宪春这样的女人数不胜数,不论自己是否身患肾病、肝病、精神分裂、高血压,或是为保胎静卧在床几个月直至腿部肌肉萎缩,不论是否随时有可能面临死亡,她们的想法都如出一辙:保胎、保子宫、生男孩。

“一个人无论是正常死亡还是突发交通事故死亡,都不会伤到我内心深处去。可是亲眼看见那些母亲从生门到死门之间穿越,看见女人为了生育而死的时候,伤到我心里面去了。我以前对死亡那种粗糙的感受,被这种以死换生、以生换死的繁衍本能扭转了,我对母亲、女性这个群体感到敬畏。一个女人只要没生过孩子,不论她多大年纪,都还是小姑娘心态,可一旦生完孩子女人就变了,她的身体会面临颠覆性的破坏。可即便如此,所有女人都前仆后继,哪怕身材变形,哪怕要面临危险,都要把孩子生下来,这是男人做不到的。”陈为军说。

作为一个男性,陈为军似乎站在了男性的“对立面”,他不再以一个置身事外的异性的目光来审视女性,这让他平添了许多悲悯之心,那些厌恶女人生产过后难看的妊娠纹、变宽的髋骨和松弛肚皮的言论,在他看来无法原谅。

生老病死,生排在第一位,不论对于孩子还是母亲,这都算得上是人生中的一道坎,跨过去了皆大欢喜,跨不过去,生就可能变成死。现代医疗技术日趋成熟,孕产妇死亡率逐年降低,这在一定程度上导致相当一部分人忽略了女人生孩子的危险,而在陈为军眼里,这一关实在“太凶险了”。

(资料来源:这部豆瓣 9.4 分的纪录片告诉我们:真正面对一切的,是女人. 微信公众号“新周刊”,2018-03-08.)

四、中国生育健康的发展

1994 年国际人口与发展大会制定的行动纲领号召所有国家采取行动,在 2015 年以前尽可能地面向适龄的所有人群提供生育健康优质服务。中国代表在国际人口与发展大会上对生育健康提出建议:一是女性生殖健康,包括女性整个生命周期不同的生理阶段,都应得到健康、安全和幸福;二是女性有生育能力,并应获得调节生育的权利;三是女性在妊娠、分娩过程中应获得优质保健服务,以保证母婴安全;四是女性有权利和义务抚育儿童健康成长,并获得社会对儿童的各项保健服务;五是女性能享受正常、和谐和安全的性生活,不担心意外妊娠及可能发生的性传播疾病;六是生殖是女性生殖健康的中心,应能得到良好的避孕节育技术服务及与生殖有关的医疗保健服务,包括意外妊娠能获得安全的人工流产;七是生殖不只涉及女性健康和权利,男子是必需的参与者,因此,从生殖健康、生殖权利到社会责任,都必须将男性包括在内;八是完善和提高生殖健康的服务质量,保证和提高女性生殖健康,必须有相应的服务体系。

中国生育健康的服务范围包括新生儿、婴幼儿、青少年期、计划生育、围婚期、围孕期、围产期、围绝经期、老年期等系列保健服务和性传播疾病防治及性功能等内容的教育。主要内容有:一是人们有满意且安全的性生活;二是有生育能力;三是可以自由而负责地决定生育时间和数目;四是夫妇有权知道和获取他们所选择的安全、有效、负担得起的、可接受的计划生育方法;五是有权获得生殖保健服务;六是能够安全地妊娠并生育健康的婴儿。

在中国政府的重视下,中国女性生育健康水平已接近和达到世界发达国家水平,进入世界先进行列。目前中国育龄女性以结扎、上环等为主要避孕手段的避孕普及率为 83%,这一比例在世界上最高。但中国女性避孕,特别是农村女性避孕主要受以前国家计划生育的政策的影响。同时广大女性具有优生优育的意识:一是绝大部分女性了解最佳生育年龄。女性生育年龄以 20~28 岁为最佳期;十几岁生育为早育,易使胎儿患神经发育缺陷等疾病;35 岁以上生育为晚育,易生出先天愚型患儿。二是绝大部分女性注意预防妊娠早期的病毒感染以及避免接触放射线、化学药品。三是绝大部分女性注意保证孕期的营养充足。因为孕妇营养缺乏会导致小儿出生时体重过低、脑发育缓慢以及对疾病的免疫能力降低。四是绝大部分女性注意保持身心健康与情绪稳定。

第四节　女性心理健康与指导

一、女性心理健康

（一）心理健康的概念

健康是生理健康与心理健康的统一，二者是相互联系，密不可分的。当人的生理产生疾病时，其心理也会受到影响，有些人生病时会表现得情绪低落、烦躁不安、容易发怒；同样，长期心情抑郁、精神负担重、焦虑的人也会导致身体上的不适甚至严重的疾病。因此，健全的心理与健康的身体是相互依赖、相互促进的。心理健康是指人思想和精神方面的健康状况，包括具有人格自尊，具有满足自己和家人需要的能力，有积累经验、设法解决自己问题的能力，有与他人建立良好关系的能力。

从广义上讲，心理健康是一种持续高效而满意的心理状态；从狭义上讲，心理健康是知、情、意、行的统一，是人格完善协调，社会适应良好。迄今为止，关于心理健康还没有一个统一的概念，国内外学者一般认同心理健康标准的复杂性，既有文化差异，也有个体差异。

（二）女性心理健康的标准

一般而言，判断心理健康与否，主要源于四个方面。

一是经验标准。即当事人按照自己的主观感受来判断自己的健康，研究者凭借自己的经验对当事人的心理健康进行判定，重在关注当事人的主观心理感受。由于个体先天的遗传及后天的环境不同，经验标准更强调个体差异。同样的生活事件，当事双方由于自我认知不同，自我体验不同，自我评价也不尽相同。

二是社会适应标准。以社会中大多数人的常态为参照标准，观察当事人是否适应常态而进行其心理是否健康的判断。例如：女大学生根据生理、心理与社会发展应当具有独立生活与处理生活中面临的事务的能力，而如果有的女大学生生活能力低下，不能打理自己的日常生活，这便需要引起重视。

三是统计学标准。依据对大量正常女性心理特征的测量取得一个常模，把当事人的心理测量结果与常模进行比较。这个标准更多地应用于女性心理学研究之中，一般而言，我们都要将个体的心理测验结果与常模对照，来判断其心理健康状况。

四是自身行为标准。每个女性在以往生活中形成的稳定的行为模式，即正常标准。事实上，心理健康与否其界限是相对的，企图找到绝对标准是不现实的，女性心理健康标准的掌握也同样存在这样的问题。如何把握标准？我们认为应掌握三个标准，即相对性、整体协调性和发展性。比如：我们在研究女大学生整体心理健康时，应将目光投向发展的健康观，即更多的女大学生面临的许多人生课题、心理危机与心理困惑也都是在发展的大背景下产生的。有的心理困惑属于某一群体所特有的，比如多重压力之于大学生，他们的人生期望、职业抱负、学业期待引发的学业压力、就业压力、情感压力等都需要应对。有些心理问题具有阶段性，当个体心理成熟后会自愈。

二、女性常见的心理健康问题

据北京大学精神卫生研究所的大夫介绍，抑郁症患者占了门诊病人的 40 %，其他常见的精神疾病有精神分裂症、焦虑症、强迫症、恐怖症、药物依赖和吸毒、酗酒等。就诊的抑郁症患者中，30 岁至 40 岁的白领女性占了相当比例。由于生活、工作、学习和家庭的压力和遭遇突发事件等，女性往往会感到精神紧张或内心苦恼，长期得不到解决，则容易导致恐慌症。如果经历重大感情变故、情感创伤、身心打击，如一个女性遭遇亲人故去、离婚或者下岗等事件时，会感觉极度悲伤，持续时间较长的话，就容易导致抑郁症。另外，产后抑郁症也是近年多发的疾病，严重的抑郁会导致自杀。有些女性为了摆脱焦虑、抑郁，往往滥用药物，造成药物依赖或吸毒、酗酒，从而带来更为严重的心理问题。

（一）自卑与依赖

一些女性总是过多贬低自己，自卑感很强，认为自己无论从智力还是从能力上都不如男性。她们缺少自立精神，在情感上依赖他人。她们从未想过可以主宰自己，她们把自己交给外界环境，交给运气，交给丈夫，交给别人。一旦外界条件不能满足她的需求，她的情感就会受到很大伤害。一些女性在事业和家庭面前缺少应有的自强与自信。她们认为自己天生就是弱者，理应得到社会、领导、丈夫的同情、关照与厚爱。在社会竞争面前，她们缺少搏击的勇气，在挫折面前常常退缩，在婚姻危机面前，她们总是泪水涟涟，缺少捍卫自己权利与尊严的果敢。

（二）失落与沮丧

面对竞争中的暂时失败，工作中的挫折和家庭生活的不幸，一些女性万分失落与沮丧。她们情绪一落千丈，精神十分倦怠。下岗女工抱怨自己生不逢时，未能得到职务或职称晋升的女性知识分子愤愤于自己的怀才不遇，婚姻失败者抱怨命运的不公，她们自暴自弃，挫伤着自己继续努力的信心。

（三）恐惧与逃避

一些一贯喜欢平稳的女性，无法适应急剧变化的社会。然而变化时时发生。环境在变，工作在变，人情在变，家庭在变。她们害怕变化中利益的失去，担心竞争中的落伍，惧怕选择带来的风险。她们做事前怕狼、后怕虎，从不敢逾越常规，更不敢探险问路。她们逃避一切矛盾，尽力回避一切冲突，她们的生活也许还能平平稳稳，她们的人格却在萎缩。

（四）紧张与焦虑

现代社会变化太快，快速的节奏使得一些女性终日处于紧张和焦虑之中。学历文凭的不断升温，为了在竞争中处于有利地位，许多女性不断地应付各种等级的学历考试，不停地应战不同类型的资格考试、职务职称考试。考试焦虑已不再是属于学生的专利。市场经济打破了传统经济下利益分配的平均主义，人们生活水平的贫富差距拉开了档次。追求更高档的生活水准，与周围的人不断地攀比，使得许多女性紧张的心理永远不能放松。现代社会给予了人们更多的自由，更多的选择空间。选择给人们带来更多机会的同时，也给人们带来了心理紧张与焦虑。没有绝对的利与弊，难取难舍，困惑不安。长期的紧张与焦虑会损害女性的身体，失眠、头疼成为现代女性的常见躯体病。

（五）烦躁与冲动

生活、工作、学习的压力太大，令人身心疲惫。社会、家庭、个人的问题太多，令人心绪烦乱。青年人面临择业创业的艰难，中年人面临事业的转型与生涯的重新规划，老年人面临退休的生活适应。在重重压力之下,一些女性内心的和谐与宁静常常被打破,情绪极易被激惹,由于心理负载太多,本来勉强控制的怒气,遇到一个小小的刺激,就会马上爆发起来。剪不断理还乱,发不完的牢骚,撒不完的怨气,发不尽的火。情绪不稳定,弥漫在女性发展的各个阶段。恶劣的情绪常常导致各种身心疾病的发生。

(六)孤独与冷漠

惧怕竞争,逃避人际冲突,自视清高,孤芳自赏,一些女性养成了孤僻、冷漠的性格。她们从不主动和别人交往,也不愿参与各种社会活动。她们往往对人怀有敌意。猜忌、妒忌,使她们没有朋友,缺少温情,有的爱宠物甚于爱人,有的仅靠电脑、电视填充心灵的孤寂。

(七)怠倦与抑郁

为金钱而奔波,为工作而工作,没有创造的快乐,也没有获取成就的激动,不想工作还得工作,懒于行动还得行动。屡遭挫折,心灰意冷,怠倦、空虚成为一些失去生活目标女性的现代心理病。工作上的失意,家庭婚姻的危机,子女教育的烦恼,找不到生活的乐趣,失去了生活的价值,许多女生情绪低落,情感抑郁。抑郁持续时间过长或程度过深,就会发展为抑郁症。近年来我国女性中的抑郁症患者逐年增加,因抑郁而自杀的女性也在增加。抑郁症已成为威胁女性身心健康的最危险的心理疾患。以上这些心理问题严重地危害着现代女性的身心健康,妨碍现代女性的生活适应与成功发展。

在各类精神疾病中,以抑郁症的发病率最高,且女性发病率高于男性。抑郁症是一种在阴暗低落的情绪笼罩下的心理疾病,它不是一种短时间可以消失的情绪低落,而是长时间挥之不去的疾病。轻度抑郁者虽然可以自我控制情绪,但时间一久,会渐渐丧失扮演社会角色的能力;重者则有自残倾向。抑郁症的原因主要是快节奏的社会生活产生的压力、生活的困难和不如意,目前在世界范围抑郁症年患病率已达 3%~5%。抑郁症对个人最可怕的后果是自杀。

三、女性心理问题产生的主要原因

世界卫生组织调查表明,由于受经济和社会发展水平及传统文化中男女不平等因素的制约,女性心理异常发生率高于男性。受性别角色的影响,女性比男性面临更加复杂的社会环境和挑战,面临更多的压力,也显现出更多、更为明显的心理问题。在美国,患功能性精神病、神经病、心身失调症、暂时性精神失调和失恋后抑郁症等的女性比例均高于男性。在我国,有关研究也表明,女大学生和女中学生的心理问题发生率高于男生。

(一)生理周期的变化

由于荷尔蒙分泌的波动,女性所具有的生育功能和责任,对抑郁性疾病的产生也有巨大影响。月经的周期性变化、怀孕、产后、不孕、绝经期、要不要孩子的决定,都会导致当事人的情绪变化,甚至出现抑郁。女性处于月经期时,雌性激素和孕激素的周期变化会导致情感性和焦虑性疾病的易感性增高;情绪抑郁、易激动常出现在排卵期后,并逐渐加重,月经开始时消失,称之为“经前期心境恶劣”;产后的情绪波动也会很大,由于母亲对照顾婴儿的心理准备不足,感觉疲累会增加抑郁发生的危险。据统计约有 1/10 的产妇会患上产后抑郁症。

(二)双重角色的压力

压力是指个体对某一没有足够能力应对的重要情景的情绪与生理紧张反应。压力虽然看不到，摸不着，但我们每个人都能感受到它的存在，影响着我们的健康。由于社会对女性不同的角色期待，女性往往比男性面临着更多的压力，最为主要的是工作和家庭的压力，我们称为双重角色的压力。由于男女担任的社会角色的不同，女性所承担的各种角色之间的冲突比男性多，这种矛盾处境增加了女性心理失调的可能性。同时，男性事业失意可从家庭生活中寻求安慰和补偿，家庭生活不如意可从事业上得到寄托。而社会对女性的要求，往往是家庭重于事业，所以一旦失去家庭这一方面，也就无从得到心理补偿，容易出现心理异常。此外，在社会生活中，男性角色的社会价值易得到社会的承认，而女性角色，主要是家庭妇女角色的社会价值不易被社会重视，更不能得到社会的赞赏，并且由于家庭事务十分单调、琐碎，更易使人产生心理疲劳，进而发生这样那样的心理异常。

（三）社会对两性的期望值不同

男人的价值在于事业有成，而女人的价值在于温柔漂亮，社会性别角色期望从出生时就对个体有很强的影响，并深深地融进成人的个性，由于社会认同母亲牺牲自己的愿望和目标来为家庭服务，女孩降低了自己的自立和独立能力。而且，在铺天盖地的美女广告形象面前，许多女性自惭形秽，害怕自己变老、变丑，失去女性吸引力。所以女性更敏感于自己体重、容貌的变化，并产生焦虑。另外，随着离婚率的升高，女性耳闻目睹周围同事、亲戚、朋友情感纠纷及离婚遭际，增加了对婚姻和情感不确定性的忧虑。在这些因素作用下，一些女性比男性更容易焦虑自卑。

四、女性应保持良好的心理状态

由于社会竞争激烈，生活节奏加快，女性在外不仅要做好自己的本职工作，在内还要包揽家务和照顾孩子、老人等等，久而久之会使女性心理和身体健康受到影响。那么如何才能预防心理疾病的发生和保持女性心理健康呢？

一是要树立正确的人生观和世界观，学会做情绪的主人。女性应对所遇到的事物持有正确的认识和客观的分析，做到冷静而稳妥地处理事情，提高对心理冲突和挫折的耐受能力，学会理智抑制不必要的冲动。二是要学会交往，多参加体育锻炼。有研究指出，人际支持系统可以有效缓解烦恼，体育锻炼可以调节人的神经系统并转移人的注意力，因此女性多参与人际交往和体育锻炼，可以帮助缓解焦虑的心情。三是要学会正确认识自己，正确认识他人。女性不应对自己过分苛求，应把奋斗目标确定在自己能力所及的范围以内。特别是到了中年的女性，应学会使用减法，学会减去多余的物质与欲望，减去一些环境的干扰，让自己人生更加丰满与幸福。

【思考训练】

1. 怎样理解女性健康新概念及其影响因素？
2. 女性主义健康观有哪些内容？相对于“正统”的健康观念有哪些突破？
3. 女性生理健康应如何保养？
4. 中国生育健康的服务范围和主要内容分别有哪些？
5. 女性常见的心理健康问题有哪些？

【拓展阅读】

女权之花的绽放——电影《沙漠之花》赏析

沙漠之花(desert flower),沙漠中绽放的花朵,即寓意着女主的坚强与毅力。此片女主历经沧桑,出生于荒凉的索马里沙漠,三岁时被迫接受割礼,十二岁时被迫嫁给六十岁的老叟,困境时被迫与朋友结婚。她的一生好像充满被迫与无奈,但从另一种意义上她又是幸运的。

人性本善。生性善良女主的成功少不了好心人的帮助,这也许是女主本性善良,所以身边的人也同样以善良相待。伦敦玛丽莲、朋友的房东、极惜才的伯乐都是被女主天然的魅力所感动、吸引,从而对女主伸出友好的双手,我们不妨视之为“天使的回馈”。不卑不亢地做着属于自己的工作,是敬业;称一位陌生的女性为妈妈,是单纯;善于抓住伯乐给出的机会,是聪明。对于一个从小深受落后思想影响的女性,她身上对这个复杂的社会所作出的一切回应都是为她将要做的伟大事业做铺垫,更是我们作为旁观者需要学习的地方。

通过她的不懈努力,她从一个无人问津的胆怯的牧羊女蜕变为万众瞩目的自信的顶级模特,满满的正能量诠释着丑小鸭的故事。独具匠心的舞台服装转变呈现沃莉丝一生的坎坷变化。

人性本愚。正如我国伟大的教育家荀子所提的“性本恶”是一个道理,他主张人性有恶,强调道德教育的必要性。而此处的“人性本愚”也同样强调教育的重要性,这主要受环境的影响,所以落后地区的产物很难褪去落后的色彩。除了本片中提到的割礼,还有许多丑恶的习俗摧残着女性的身心。烫乳、陪睡制度、长颈女、面纱女等等,这些都是人们根据当地“神圣”的风俗所作出的相应举措,多以传统之名来保证女性的忠洁。这些习俗在当地人的脑中根深蒂固,被视为上天下达的最神圣的旨意。当女主决心去医院恢复割礼之前的模样,却受到来自同样地区有着同样习俗的男士的讥讽。

三年多来,沃莉丝的家庭一直坚信,没受过割礼的女儿是不纯的,因为存在于她们双腿中间的东西是不纯的,所以一定要割除,然后缝合,以作为处女的证明,到了洞房之夜,丈夫用刀或者利器,把它们割开。没受过割礼的女孩不能结婚并会因此而被视为与妓女同等的人,即使古兰经上没有记载,这种风俗还是持续下去,人们接受它,不管这种割礼是否令妇女在精神和肉体上受害,而这些妇女正是非洲的支柱。倘若能废除这种不合理的风俗,想必这个国家会更加富强。就像沃莉丝所说“我的国家里有句老话:排在最后的跟最前的走得一样快,发生在最少人身上的东西对所有人都有影响”。

众所周知,非洲是个贫穷且人口众多的国家,女主的家庭就有12个兄弟姐妹,究其原因,那就是思想的落后,在它们传统的思想中一个家庭就要多孩子才能幸福,孩子多,免费的劳动力就多,家庭富裕的可能性就大。这样无疑是翠纶桂饵,适得其反。

从电影的角度来分析,本影片采用倒叙的手法,先表述女主现实的生活,再以回忆的形式呈现出其孩提时代的生活,是影片表现效果的需要,使影片曲折有致,造成悬念,引人入胜。另本片用了冷暖色调变化的方式呈现女主不断变化的心境和外境,反衬出沃莉丝生存环境的压抑与转变,从视觉上转变观影者的心境,增强情感色彩。其次,本片的镜头转化也是本片的增分之处。在沃莉丝进行演讲时,影片多以特写的镜头来更加鲜明地展现女主的面部色彩。给以观影者强烈的印象,深刻地体现沃莉丝悲伤的心理路程。而此处沃莉丝深红的口红增添了其此次演讲的定力——致力于改变受不平等待遇的女人的命运。她说她不想作为女人,为什么要这样痛苦这样不快乐,现在她长大成人了,她为自己自豪,但为了大家,她号召大家致力改变这命运——作为女人的命运。

在文章的结尾处以一个俯视的全景角度展现上帝的视角以体现孩提的沃莉丝在面对命运的"捉弄"时的卑弱和微小。让我们看到在封建习俗的摧残下人性的泯灭和女权的衰微,深刻感受到环境对一个人的影响有多大。

全球有1.3亿女性受影响,移民他国的人保持这传统,不仅在非洲和亚洲,在欧洲和美国也是如此,沃莉丝·迪里是第一位公开谈论女性生殖器阉割的女士并成功争取到大众对此问题的关切。1997年,联合国秘书长科菲·安南先生委任沃莉丝·迪里担任联合国特命大使号召抵制这种暴行。自此以后,多个国家正式禁止女性生殖器阉割。

身为女人本就是不可选择的,但我们可以选择自己的命运。面对逆境,勇敢勇敢再勇敢。人生的路漫长而多彩,就像在天边的大海上航行,有时会风平浪静,行驶顺利;而有时却会是惊涛骇浪,行驶艰难。但只要我们心中的灯塔不熄灭,就能沿着自己的航线继续航行。人生的路漫长而多彩:在阳光中我们应学会欢笑,在阴云中我们应学会坚强,在狂风中我们应抓紧希望,在暴雨中我们应抓紧理想,当我们站在终点回望,可以看出我们走出了一条属于我们的人生之路!

(资料来源:女权之花的绽放——电影《沙漠之花》赏析.一呈影娱百家号,2018-06-21.)

第七章 女性与审美

【热点链接】

64 岁新签模特公司，社会学教授的她一直把“自我”穿在身上

山本耀司曾经说过：“一个在工作中投入，不关心获得青睐与否，坚强又低调的女人更为诱人。她越是隐藏其自身的女性气质，越是彰显她存在的根本意义。”

琳恩·斯莱特（Lyn Slater）可能属于这种类型的女人吧。

今年她 64 岁了，作为一名奶奶级模特，她又新签了一家著名模特公司，另一面，她还是一名学者，在美国一所著名法学院担任社会学教授。两年前，她在纽约时装周上和一位时尚界的朋友吃午餐，当时她穿着山本耀司的套装，拿着一件她认为不太起眼的香奈儿包包。结果被周围的摄影师当成了秀场名人，被围观被拍照。就这样她出名了，她决定给自己建一个博客，取名叫作“Accidental Icon”（偶然偶像），以呼应她生活中的这个偶然瞬间。

“我会谈论谁设计了这些衣服，他们的灵感是什么，它让我感觉如何。不只是‘这就是我今天所穿的衣服，如何购买的’，我并不向人们推销商品。”她说。对于她来讲，时尚是一种自我表达。这种表达是可以随着时间不断改变的。

“当我走到衣橱跟前，挑选了今天我要穿的衣服，我就选择了一种姿态，穿着搭配不仅仅是为了‘蔽体’之需，它更是一种表现自我态度的途径。”她说。

琳恩把她自己的时尚理念，称为“身份驱动风格”。这个想法十分符合当下人们急于寻求自我的心理状态。

琳恩小时候读的是教会学校，学校里，她不被允许佩戴首饰，毕业后，她开始在纽约上东区出租自己的住处，那时她的室友还是个有前科的女生，她说这种体验，让她对刑事司法领域非常感兴趣。在取得博士学位之后，她成为法学院的一名教授。作为一名教授，她认为自己的职责更多还是应该激励学生敢于发言，敢于追求。同时她把精力转移到了自己的时尚事业上。她会建议女律师在法庭上展露出自己时尚的一面，不被中规中矩的职业套装所限制。

尽管琳恩认为自己可能不是传统意义上的研究型学者，但她对社会议题的关注从来没有减少。在社会公益事业上，她一直坚持包容、多元的环境。同时她也积极为那些工厂劳动者们发声，替他们争取同工同酬的权益。她还一直热烈地支持环保事业，推崇旧衣物和纺织品的有效回收利用。

现在她依旧在社交网络上与自己的粉丝们互动，与不同年龄的人进行交流。这种保持向上的年轻心态，是她的终极哲学。时尚彻底改变了她的人生。因此她也想用服装和自己的热情，去吸引所有想要谈论和思考时尚的人，鼓励他们积极去追求，而不仅仅是单一的消费时尚。

“对于我来说，时尚适合所有的女人，所有的男人，所有的人，因为它带给你快乐。当我准备好做某件事时，我不会说：‘哦，我 64 岁，我不应该穿这件衣服吗？’”

（资料来源：64 岁新签模特公司，社会学教授的她一直把“自我”穿在身上. 中国着装网，2018-05-28.）

【观点分享】

岁月在每个阶段都会给予女人美的馈赠。上天其实对我们每一个人都非常公平，它让我们免费得到了三件礼物，那就是生命、信仰和目标。美丽和体重无关，美丽和年龄无关，它只和我们内心有关。

——杨澜

人生最没有悬念的事情就是我们都会变老。人生最大的悬念则是我们会如何变老。女人相貌在岁月中悄然变化，更大的变化在于心态。

——杨澜

女人不要用魔镜来折磨自己，即使美色在镜子中消失，但有个人依然会不离不弃，那个人就是自己，爱自己，完成女性内在与外在的更新与提升，走向真实的我！

——杨澜

（资料来源：杨澜. 一问一世界 [M]. 南京：江苏人民出版社，2011.）

【智慧探索】

审美作为一种超越功利、超越利害的感性活动，不仅是人类超越有限自我、抵达精神无限性的有效途径之一，而且，审美作为一种人类放飞自我、寻求心灵诗意栖居的活动，更是人类精神生活的基本方式之一。女性审美有两种含义：一是指女性作为审美主体，对客观事物的审美；二是指女性作为审美客体，以男性为主体的社会对女性的审美，即性别审美。在性别审美活动中，女性是一个特殊的现象，具有双重性，女性既是审美的客体，同时也是审美的主体。女性审美意识是一个动态的、变化发展的过程，审美意识作为一种文化活动，必然受到社会经济、文化态势的影响。从古至今，中国女性审美价值标准的变迁历经了一条漫长之路。

第一节　传统女性美

中国传统文化是以儒家文化为精髓的一种男权文化。国家和家庭的经济权力基本掌握在男性手中。男性较高的社会权力地位使其逐步掌握了社会上的话语权，传统女性审美标准基本上以儒家文化为准则，以男性价值观为主导，非常注重女性“三从”“妇顺”的道德美，欣赏女性沉鱼落雁的容貌美，怜爱女性柔弱的形态美等。

一、女性道德美

由于受儒家伦理型文化的长期影响，我国传统社会两性观上以男阳女阴作为理论基础，在性别关系中形成了男尊女卑、男强女弱的社会观念和体系。如《礼记·郊特牲》云：“男帅女，女从男，夫妇之义由此始也。”董仲舒则在《春秋繁露·顺命》中言“天子受命于天，诸侯受命于天子，子受命于父，臣受命于君，妻受命于夫”，“妻不奉夫之命，则绝”。在这种理念基础下，中国传统文化非常注重女性道德美，并成为一种客体理念深深被女性内化与认同。女性道德美具体表现为古代女性要以“三从”为准、以“妇顺”为旨，能成为一个居家持正的贤妻良母。

首先，中国古代女性的道德美体现在“三从”上。“三从”即指女性在家从父，出嫁从夫，夫死从子。这就意味着女性在个体成长中,伴随女儿、妻子和母亲三大社会角色,要做好人女、人母和人妻。为此她们从小就要学习人妇的礼仪、技能,为将来主内做准备。

其次,中国古代女性的道德美体现在"妇顺"上。"顺"是中国古代女性道德伦理美的重要特征。"妇顺"反映在人际关系之中就是要顺于舅姑,和于室人,在此基础上才是夫妇和顺。"妇顺"反映在做事上就是要做好"妇功""女红"之类的持家之事,尽到主妇的职责。

总体来看,女性追求"三从""妇顺"的道德美,有助于将她们培养成能理家持正的贤妻良母,维护家庭的安定与和谐,这在当时社会条件下是具有积极意义的。然而,由于女性的言行举止和活动空间几乎被束缚在家门之内,这就压抑了女性才智的开发与发挥,导致女性一生的从属命运。

二、女性容貌美

谈到传统文化对女性美色的观照,很容易使人想到古代诗文中描写女性美色时最常用到的一个成语:沉鱼落雁。对美色的喜好与欣赏始终是女性审美的中心。

"沉鱼落雁"解析

沉鱼落雁最早出自《庄子·齐物论》:"毛嫱、丽姬,人之所美也;鱼见之深入,鸟见之高飞,麋鹿见之决骤,四者孰知天下之正色哉?"毛嫱是越国的王妃,丽姬是晋国的王妃。她们都是绝色美女,人们若能看上她们一眼,就感到莫大的荣幸。但是庄子认为,这种"美"只是人类的感受,而动物见了她们却只是感到惊怕,水中的鱼儿赶忙游到深处,天上的鸟儿马上飞到高高的空中,地上的麋鹿跑向远方而不敢回头。庄子本来是要说明审"美"是人类独有的现象,而鱼鸟是不辨美色的,但后人却借用庄子的说法,发挥庄子式的想象力,有意地曲解庄子的意思,说鱼鸟也懂得美,看到毛嫱、丽姬这样的绝代佳人,鱼儿羞愧地沉入水底,大雁从高空惊落,由此来形容"美人"特别的魅力。

(资料来源:赵维江.熟悉的陌生人:传统文化中的女性审美[M].石家庄:河北人民出版社,2001.)

关于美色,清代初年李渔在《闲情偶记》的《声容部》有专门谈到。暨南大学教授赵维江将李渔认为的女性美标准概括为九条:一是肌肤白净,二是目细眉长,三是手嫩指尖,四是小脚瘦软,五是臂腕丰厚,六是娇姿媚态,七是体香容艳,八是发饰自然,九是衣衫雅洁。事实上这九条标准包括女性容貌、肌肤、肢体、装饰、涵养等。在中国古典文学作品中,容貌美大致有这样一些内容,肌肤如脂、乌发柳眉、眼睛清澈、鼻子高挺、樱桃小嘴等。关于肤色,每当诗人与词人写到女性容貌美时一般都有对肌肤白皙的赞许。如李白的"镜湖水如月,耶溪女似雪",柳永的"如削肌肤红玉莹,举措有、许多端正",邱峻的"世间珍果更无加,玉雪肌肤罩绛纱"。关于唇口,中国古代男性十分崇尚樱桃小口式的美女。苏轼曾在一首题为《佳人》的《蝶恋花》的词中,有"一颗樱桃樊素口"的描述。这里的樊素是白居易家中的一名歌女,长有一张像樱桃一样小巧红润的嘴唇,倾国倾城。樱桃本身不仅红润,而且形体小巧玲珑。因为小,而引起人们的怜惜之心;因为精致,而使人生出喜爱之情。正是因为樱桃有着这样一种小的审美效应,所以人们便十分喜欢用它来比喻美人的芳唇①。

总之,传统文化中对美特别是容貌美的描述欣赏,虽然在一定层面上已呈现出脱离生理属

① 赵维江:《熟悉的陌生人:传统文化中的女性审美》[M],石家庄,河北人民出版社,2001。

性转向较深刻的文化与规范的约束层面,但性别暗示这种思维方式从未销声匿迹。古代女性容貌美多由异性情感来判定,美人出自男性爱慕者之目。然而男性喜好美色与渴求美色甚至贪恋美色的同时,因为担心不能自制,他们转变成“恐色”,进而要求“戒色”。

关于褒姒的怪诞传说

夏后氏末期,有两条神龙现形,神龙说:“我们是褒人的二君。”说完便离去。夏后氏将龙吐出的涎沫收集起来,藏在了一个柜子里,千百年过去了无人敢打开柜子,直到周厉王时,柜子被打开了,里面的龙涎变成了一只大蜥蜴。

有一个女孩看到这只蜥蜴后就非常奇怪地怀上了身孕,并生下了一个女婴。这个女孩因为害怕便将女婴丢弃在了路边。一个姓褒的人看到后,捡起了女婴将她抚养成人,女孩出落得非常漂亮。后来,褒人得罪了幽王,就将女孩献给幽王以求赎罪。这个美女就是褒姒。

褒姒生性不爱笑,幽王为了博得这个冷美人欢颜一笑,就随便地点燃了烽火。诸侯见到烽烟,以为有敌情,都赶来救援,没想到是幽王在和褒姒戏耍,褒姒见状觉得很有趣,终于大笑起来。后来,幽王一再故技重演,诸侯们便不再相信周幽王了。待到敌人真的打来时,幽王燃起烽火求救,诸侯无一人发兵。

(资料来源:赵维江.熟悉的陌生人:传统文化中的女性审美[M].石家庄:河北人民出版社,2001.)

以上关于褒姒的传说,是一个类似“潘多拉的盒子”和“狼来了”的故事,宣扬的是在古代颇有市场的“女祸论”。它将一个绝代佳人说成是由妖怪所变,并大肆渲染女色的危害。由此可以看出,传统文化女性观对女性是既“爱色”又“戒色”。

三、女性形态美

在传统社会中,女性不仅受儒家文化的影响,而且受道家文化的制约。而道家文化在本质上是一种阴性文化,它推崇玄虚、静柔、无为,在这两种文化因素的双重合力下,最终造就了中国古代阴柔的女性美。阴柔的女性美深深地影响了整个传统社会对女性形态的塑造,女性的小脚与消瘦是女性形态美中重要内容,因为这些特质恰好可以彰显女性的柔弱。

(一)偏爱柔弱消瘦的体型

在五千年的历史变迁中,不同时期的审美观虽略有不同,但整体而言,标准却趋于统一,即偏爱柔弱消瘦的体型。为此华东师范大学王清曾指出,早在几千年前,古代女性就已经开始了减肥运动。古人减肥大多与统治阶级的审美眼光、帝王的偏好有关。《墨子·兼爱中》就曾记载:“昔者,楚灵王好士细腰。”宫中美女为投其所好,以致出现了“宫中多饿死”的惨剧。其后的汉代,倾国倾城的赵飞燕,“长而纤便轻细,举止翩然”,甚至可以在他人掌中起舞。作为封建社会最鼎盛时期的唐代,国力强盛,高度开放,百姓丰衣足食,女性多是雍容华贵的丰腴体型,珠圆玉润的杨贵妃更是集三千宠爱于一身。然而尽管如此,也有人指出,唐代并非完全以胖为美,至少纤瘦的体型同样也是美的标准。宋元明清仍旧恢复了对纤弱清秀、瘦骨嶙峋的追求。“燕燕轻盈,莺莺娇软”,“娴静时如娇花照水,行动处似弱柳扶风”等这些语句无不印证着古人偏爱柔弱消瘦的审美观。在封建社会,男性掌握着话语权,女性作为“被看的对象”在体型上无意识按照男性审美标准要求自己,改变自己。

（二）盛行“三寸金莲”之风

在传统的审美观念中，似乎对女性之足有着一种特别的关注和畸形的审美标准，这就是对女性小脚——“三寸金莲”的不同寻常的嗜好。“三寸金莲”又称缠足，是中国古代社会一种特有的文化现象，它是指“把女子的双脚用布帛缠裹起来，慢慢地坳折足部骨骼，使其成为一种特殊的形状，是一种摧残肢体正常发育的行为”。它曾经长期广泛地存在于中国古代社会当中，自诞生之日起就不断发展，先后经历了五代以前零散记载的萌芽期，并随着历史的发展在五代以后特别是宋代逐渐确立成为女性生活的基本规范准则和主流审美观念，随着明清时期专制主义中央集权的空前加强，以及儒家思想对社会控制的不断深入，女性缠足也在明清时期进入鼎盛期。最终随着自然经济的瓦解、西方自由平等思想的传入在清中期以后逐渐走向衰亡。

关于缠足的起源

从五代十国算起到1949年中华人民共和国成立彻底废止，这种戕害女性的陋俗延续了几千年的历史。裹小脚的起源，正史中并没有明确的记载。但据一些史学家考证缠足之俗始于酷爱歌舞的南唐后主李煜，其后宫有个宫女叫窅娘，身姿曼妙，精于舞艺。李后主差人用黄金铸造六尺金莲台，并用布帛将窅娘的脚裹成新月状，让她于莲台上舞蹈。于是“金莲”便成了小脚的代名词。北宋初年，少数宫女缠足。而进入南宋以后，缠足开始从宫廷流向民间，这种以摧残女性身体而满足某些男性变态心理的偶然现象，逐渐侵蚀了整个社会的文化观念，使许多女性难以挣脱束缚，而沉浸其中不能自拔。明代坊院中不少妓女就以小脚作为媚惑男人的本钱，而且小脚成为当时所有城市女人竞相效仿的对象。满族入主中原后曾一度禁止满族女子缠足，然而却意想不到地遭到满族女性的反对，引起她们极大的不满。裹小脚之风愈演愈烈，达到了登峰造极的地步。小脚“势力”此时已逐步扩大到山西、天津、北京、山东、陕西、甘肃等多个地方，整个社会缠足之风盛行，女性们均以小脚为荣，以“莲蓬”（大脚）为耻。

（资料来源：马国栋. 从“三寸金莲”到“女性整容”——谈女性人类学研究的意义 [J]. 兰州学刊，2010（3）.）

1. 缠足产生的原因

最初的缠足只是舞蹈表演所借助的一种表现手段，是一种情感表达的语言。而后这种“小脚崇拜”成为古代一种普遍的文化现象，给古代女性带来极大的肉体和精神的痛苦。缠足的原因有以下几个方面。

第一，与古代伦理纲常有关。伦理纲常是中国古代女性社会生活中不得不遵循的重要法则，它既是女子在日常社会生活中的规范，同时也是维护中国古代传统社会尊卑贵贱的等级制度。这种伦理纲常体现在女性身上最明显的特征，就是所谓的“男女有别”和“男尊女卑”。正是这种伦理纲常的外在禁锢，成为女性缠足的外在压力。

第二，与女子自身的内在要求有关。女子主动选择缠足，一方面与女德发展内在需要有关。女德作为中国古代女子提高自身修养的内在标准，也是古代大多数女性主动选择迎合的标准。缠足恰恰符合了传统女德中卑弱的价值取向，因此缠足在上层社会中非但没有遭到抵制，甚至成为一种善行而大加提倡，更成为界定古代女子贤良淑德的重要标准之一，这就导致一些女性心甘情愿地选择缠足，并以“三寸金莲”为荣。另一方面与女子婚姻关系内在需要有关。在缠足盛行的年代,古代男子往往以女子脚的大小作为选择未来妻子的重要标准。因此为了谋求美满的婚姻和未来的归宿,缠足也就成了女人主动的选择。

第三,与审美观念的客观制约有关。在中国古代的传统文化中,阴阳五行的思想占据了独特的位置。这种阴阳观念表现在社会上就是对女性审美观念的确定。具体说就是以女性阴柔为美,将女性的柔弱视作古代社会最为普遍的审美观念。正是在这样的审美观念指导之下,中国古代女子开始以此标准来塑造自身的形体美。于是在缠足时代,社会上以小脚为美的价值标准,把女子的"三寸金莲"赞美得十分具体,甚至为此制定了瘦、小、尖、弯、香、软、正的七字标准。在这样的背景下,缠足也就成了女子通向这种美的一个重要途径。加之文人群体对缠足的大力提倡,客观上对女性缠足起到了重要的推动作用。

2. 缠足对中国古代女性的影响

中国古代女性缠足首要影响就是导致了女子家庭生活中的艰辛。生产力的低下、生产规模的狭小都让中国古代的女子必须跟男子一样承担艰辛的社会劳动。这种生产生活的需要不仅没有因为女性缠足现象的出现而降低对女性劳动的需要,反而女子需要托着残弱的身体去劳动,客观上加重了女性的艰辛。其次,中国古代女性缠足客观上导致了女性从属地位。古代女性由于主导经济地位的缺失,缠足带来的行走不变,导致了女性社会角色的丧失,渐渐变成了男子的附庸。再次,中国古代女性缠足造成女性心理的封闭性。中国古代的女性缠足后行走上的不便直接导致了活动的受限,除了极少数统治阶层的强势女性外,几乎鲜有能到社会上从事公务的女子,就更遑论参与国家政事。古代女性不得不依附于家中,整日以家务为业,以伺候丈夫、公婆为己任。这严重影响了女性心理的塑造,封闭与保守的心态就成了古代女性的必然选择。这种封闭性与保守性,一方面保障了中国古代传统社会的稳定,使得广大的女性牢牢地依附于传统社会,另一方面也导致了中国古代女权意识的长期缺失,甚至直到近代,女性依然成为传统社会的附庸。

第二节　现当代女性美

从20世纪初的旗袍到20世纪70年代的"红卫兵装",再到20世纪80年代喇叭裤、蝙蝠衫以及后来的时尚装束,它们都体现了较强的时代特征,也彰显了女性审美价值观的变化。女性是审美主体,也是审美客体。女性审美标准的变化是在特定社会历史文化背景下所产生的一种文化现象。

一、觉醒与释放的时代(1911—1949年)

受西方新观念的传入以及追求男女平等、女子独立新思想的影响,一大批被封建思想禁锢的中国女子开始反对封建礼教,女性意识开始觉醒。身处闺阁的女性开始"剪发、读书、参政",在不畏艰难地塑造着新型的家庭角色和丰富的社会角色的同时,也将对女性外在美的推崇转向为对健康美的追求。

(一)崇尚女性健康美

五四运动后,受到西方冲击后的中国,如何救亡图存在很长一段时间内成为仁人志士所探索的问题,他们希望能培育出健康的国民。他们认为女性身体的强弱,女性文明的程度,似乎成为一个国家现代与否、文明与否的重要衡量标准。孱弱的女性身体是无法繁衍健康的国民的。国家需要的是健美的和能诞育健康国民的母亲,女性健康美成为时代的主流选择。出于妇女解放及诞育健康国民的需要,对女性的身体解放也被纳入时代任务当中,于是有了近代的"天足运动"及"天乳运动"。另外随着当时摄影及影音技术的发展,越来越多的人对美的感知更具体生动,加之西方国家健康美丽的女性形象的影响,更激发女性对健康美的向往。女性健康美在当时的性别审美中占据了一席之地,甚至是大势所趋①。

天足运动

天足运动始于清末,天足即放足,是针对妇女的缠足而言的。所以"天"指"解放"的意思。天足运动的开始,象征着中国女性自我意识的萌发。它不只是一种千年陋俗的革除过程,同时也是近代知识分子思想解放的发展历程。天足运动过后,被缠裹了上千年的小脚终于得到解放,"三寸金莲"已经成为一个历史名词。

(资料来源:天足运动.百度百科)

天乳运动

1920年,女子低胸露乳,穿着裸露,譬如袒臂、露胫者,都有可能面临牢狱之灾;1927年,仅仅7年,国民政府改口倡导"天乳",对羞答答束着胸的女子要进行罚款,要求必须放乳。于是"义乳"(乳罩在中国的前称)横行天下,名媛影星争戴"义乳",大胆穿泳装,中国女性从此时开始摈弃肚兜,选用义乳。从小马甲的流行,到天乳运动的束放之争,乳罩进入中国,泳装横空出世,乳罩广告堂而皇之地发布,西风东渐给民国时期的服饰时尚变迁带来巨变,而对内衣影响最大的莫过于观念的更新。

(资料来源:天乳运动.百度百科)

(二)追求女性健康美

顺应民族复兴的时代需求,对女性外在的审美标准由前近代的文弱转型为健康。在如何获得健康美的这个问题上。国家希望建设勤俭朴素的国民新生活,因而要求健康美是自然而不加修饰的。主导消费市场的工商业者出于售卖商品的目的,刻意营造需求,宣扬的是通过消费手段对身体滋补或弥补缺陷以获得的女性健美的身体,进而获得幸福②。

健康美容术

1930年,一名为赵雪芳的女士为《妇女杂志》撰写了一篇题为《健康美容术》的文章。赵雪芳认为在现代社会中,人人都会追求美丽,就连男性也不在话下。有的人涂脂抹粉去修饰自己,却造成了面部皮肤问题,有损面色甚至长出雀斑。于是她在这篇文章中为读者们分享了她是如何不花钱去买胭脂、白粉而养成洁白红艳的容颜的秘方;尽管人的骨骼外形难以改变,但是有办法通过个人自身的努力获得"红润的面颊,优美的风度以及活泼的精神"。这是因为脸上的表皮细胞依靠血液来供给营养。如果一个人血液新鲜,循环畅通,那么面色就会洁白有光泽,两颊就会如婴孩一般红润,嘴唇也会鲜红。如果血液供给良好,就会有鲜艳的容颜,这完全是由内部的身体决定的,而不是仅依靠擦粉和胭脂就可达到的。赵雪芳呼吁广大年轻女性不要只借助于白粉胭脂的修饰,应该运动起来。适量的运动不仅能让人拥有美丽的容颜,还会拥

① 汤嘉:《美人制造:民国女性身体之美的塑造》[D],上海,华东师范大学,2016。
② 汤嘉:《美人制造:民国女性身体之美的塑造》[D],上海,华东师范大学,2016。

有优美的身材和活泼的精神。

（资料来源：汤嘉. 美人制造：民国女性身体之美的塑造 [D]. 上海：华东师范大学，2016.）

以上这篇文章来自当时的《妇女杂志》，该杂志主要从国民利益出发，偏向于介绍如何养成利国利民的贤妻良母。该文章介绍的让女性变得更美丽的方法是通过体育锻炼增强体质，让身体由内而外地变得健康美丽，并用现代医学中血液循环及细胞的理论知识来进行阐述。这种健康美的获得方式既遵循科学，成本又很低，有助于将健康美的理念大众化。总之，作为审美客体的女性面临着政治话语与消费话语的双重压力，但与此同时她们也参与自身审美的塑造过程。

二、顺从与异化的时代（1950—1976 年）

从中华人民共和国成立到改革开放之前这一时期，我国女性的审美价值标准可以用朴实、精干以及男性化的刚强来概括[①]。女劳模李秀英、吕玉兰、郝建秀、吴莲英、尉凤英，第一代知青邢燕子、侯隽、大寨铁姑娘郭凤莲、《龙江颂》里的女主人公江水英等都是这一时期的典型美丽代表。此时女性美体现为梳双辫、留短发，身着蓝色工装、素面朝天、充满青春的激昂和奋进的斗志。

中华人民共和国成立初期，伴随着“男女都一样”“妇女能顶半边天”观念的影响，女性美的内涵转移到对劳动、党和国家的热爱以及对社会价值的创造上。特别是到了 20 世纪 50 年代以后，由于物质极度贫乏，人民生活十分单调，整个社会群体需要的是努力生产、努力工作，女性美中的社会性更被充分强调。

“文革”时期，女性从服饰到行为都倾向于“男性化”，“不爱红妆爱武装” 成了那一时期的时尚；样板戏中革命性的女主角成了这一时代女性形象的范本；“红卫兵装”成为紧跟潮流的标志，标准配置为旧式军装、旧式军帽、武装皮带、解放鞋、红袖章、军挎包，挎包盖上绣有鲜红的“为人民服务”字样。

总体来看，从中华人民共和国成立到改革开放之前这一历史时期，中国女性对于时尚与美的认识基本属于淡忘的状态，劳动与奉献几乎是唯一的审美价值标准。女性只从属于所扮演的各种“社会角色”，失去了性别色彩的丰富性。

三、开放与张扬的时代（1977 年至今）

20 世纪 80 年代初的改革开放，使中国的经济与文化进入了一个崭新的发展时期。随着文革极左桎梏的挣脱、物质的日益丰富以及西方现代观念的输入，人们的思想获得了前所未有的解放。受审美观念的时尚化趋向影响，女性开始重新发现了自身的性别美，并认识到美很重要。因为女性美就意味着女性更容易进入主流社会，获得更多的机会，从而获取人生的成功与幸福。由此女性美在最大程度上得到了展现和被追随。

（一）单一的审美标准

在大众媒体话语权的影响下，当前的美女标准呈现单一化趋势。如关于东西方美女的标准：有研究显示西方女性眼嘴距离占脸长 36%，双眼距离占脸宽 46% 的黄金比例是公认的最迷人脸蛋，而最符合此标准的就是美国女星杰西卡·阿尔芭；有研究显示眼嘴距离占脸长的 33%，双眼距离占脸宽的 42% 是东方女性面部黄金比例，而女星关颖是符合此比例的标准东方

① 曲凯音：《百年中国女性审美价值标准变迁的文化评析》[J]，载《山西师大学报（社会科学版）》，2012（3）。

美女。无独有偶，2010 年一张“中国标准美人图”流传于网络。该图以时下流行的明星脸为标准，按照脸、眼、眉、鼻、唇等人体部位诠释中国美女的标准。所谓标准美女是：章子怡的“瓜子”形小脸，再加上张柏芝的粗眉毛，刘亦菲的挺鼻子和张曼玉的性感小嘴。

需要指出的是，当今一些女性在现代商业文化的打造下，虽然对时尚品位的把握更加到位，但有时把自我局限在审美的单一化情景，双眼皮、高鼻梁、瓜子脸、苗条、性感成为许多女性认同的一套美女标准。事实上，在这个一元美丽标准的影响下，一些女人隐去了本真的自我，通过化妆、整容、减肥等来迎合所谓的美丽标准，从而更看重对外在美的追求，由此带来对美丽标准的错误认识。首先她们没有把握美的整体观。美的内容很多，包括外在美与内在美，它是一个人气质、智慧、品位的综合体现。其次，她们把美看作静态不变的。美是动态的，它随着时间、空间的不同而不断变化。古代与现代不同，现代与将来不同，人与人不同，切不可用一个固定标准来套用对美的认识。再次，她们对美抱有一种刻板的态度。每个人的脸部构造不一样，头骨大小也不一样，一些女性用“美女标准”要求自己显然是不符合人体实际的。

人类化妆的历史

人类化妆的历史十分久远，最早的化妆品记载来自埃及，时间大约是公元前 3750 年。那时的化妆品以香油香精为主，发展到后来才有了更为丰富的化妆手段，比如埃及艳后眉角眼线的描绘，形成古埃及人最具标志性的化妆风格。

我国化妆品的使用最早出现在商朝末期，使用“燕支”化妆品，由燕地产的一种名叫“红蓝”的衣朵，放在石钵中反复杵槌，淘去黄叶后而成鲜红染料，用以修饰脸面。起初化妆比较清淡，故商朝时期被称作“素妆时代”。

到了汉唐时期，女人的妆越来越浓，以至于晚唐诗人杜牧在《阿房宫赋》发出这样的感慨：“明星荧荧，开妆镜也；绿云扰扰，梳晓环也；渭流涨腻，弃脂水也。”李白在诗中还有“园环椎髻”的描述，这种髻椎面赭的妆面在当时很流行，以突显女人雍容华贵、千娇百媚的风姿。

到了宋元时期，女人的妆比之唐代变得素雅、端庄起来，尤其到了明清时期，在妆面上更加简约与清淡。

近代女人化妆受到西方影响，尤其是美国好莱坞影星的化妆造型，直接影响了中国影星和国人的审美喜好，从此化妆手法五花八门。

（资料来源：胡廷溢，赖妍彤. 性感的理性思考 [J]. 中国性科学，2012(7).）

（二）整容的美与痛

随着时代的发展，整容已经成为当前的一种流行时尚。一些女性为追求靓丽的容貌和完美的身段热衷于运用高科技的激光、手术刀、化学试剂来实现自己的“自我解构”和“再塑造”。整容也称为医学美容，是指通过正规专业培训的医生在特定的场所，运用先进的仪器、设备、材料对人体进行生理结构的改造，使之符合某种“美”的要求。

现代一些女性尤其是青年女性对整容投入了极大的热情。她们奔波于各大美容机构做多样化的整容手术，如美眼、翘鼻、丰胸、吸脂塑形、面部轮廓、皮肤美容、私密整形等。她们希望通过整容达到个人资本的提升，由此带来地位和财富的改变。因为她们坚信美丽会带来更大的自信，会更强地冲击男性视觉，会赢得更多优秀有资源的男性的追求，会获取更多的人际关系资源，会拥有更好的职场发展平台。然而女性整容，在追求变美的过程中一方面要付出代价,或许要承担巨大的整容手术费、忍受来自整容的疼痛;另一方面要承受巨大的风险,如承受整容失败、整容后遗症带给身体的伤残,甚至是死亡。

王某整容致死

"超级女声"选秀歌手王某于 2010 年 11 月 15 日在武汉某整形医院接受面部磨骨手术(颧骨、下颌角),在手术过程中由于血液不慎沁入气管,导致王某突然出现呼吸、血压和心跳异常现象。而后,王某经过 2 天 1 夜的抢救终因呼吸、心跳衰竭而死亡。王某整容事件令人深思,追求美并没错,可追求美的方式是有选择的。整容具有风险性,在美与生命之间,人们应该会有取舍。一个 24 岁妙龄女孩的生命就这样戛然而止,留给我们的不仅是惋惜,更多的是反思。

(资料来源:杨曦. 从女性主义的视角看现代女性整容 [J]. 长春教育学院学报,2015(6).)

从当前盛行的整容现象,可以透视女性的生存状态。一方面她们独立自强但又缺乏自信。在社会的变迁中,在审美标准的审视下,一些女性已迷失了自我,已经在自觉不自觉中主动将自己的身体呈现在他人的品评之下,甘愿成为被人欣赏的"变形"演员。正如刘成纪所说:"整容即人造美女现象的出现一方面昭示了人的异化的根本层面——身体的异化,当身体也可以按照人的自由意志去生产,人就彻底沦为技术时代的奴隶;但另一方面也昭示了美学层面的合法性,它的合法性源于现代社会的人权观念。"

(三)减肥的乐与苦

当今女性生活在一个不能坦然且自豪地接受自己的身材、体态的社会中,因为女性的形体塑造已经完全成为一种社会文化赋予的使命。在多数社会场景之下,女性的形体被假定为与能力密切相关。肥胖的身体被视为一种缺陷,被认为是自我放纵的、懒惰的、没有吸引力的、不性感的、不聪明的、甚至是没有异性缘的。于是越来越多女性为了追求进一步的体形美,通过节食、吃减肥药、针灸、抽脂等各种途径和手段试图减肥。女性在这一过程中陷入了一个美丽的陷阱,承受了巨大的身体上的痛苦和精神上的煎熬,付出了无数的时间金钱。

女性减肥风潮的兴起一方面与纤细健康的人更容易获得社会的认可有关,另一方面与大众传媒有关。大众传媒作为减肥文化的传播者,在减肥文化的兴起与流行中发挥着重要作用。1863 年,英国人威廉·班廷出版了世界上第一本与减肥有关的书《一封写给公众的关于肥胖的信》,减肥第一次经由媒介这一平台进入公众视野。19 世纪中期,美国娱乐性读物《哈泼周刊》出现了嘲讽胖人的卡通画。1918 年,介绍如何通过正确饮食来减肥的书籍《食谱和健康》成为当年的畅销书。1933 年,世界级医学杂志《柳叶刀》写道:"如今,节食成了谈论减肥的一种流行语,人们不再说'去掉多余肥肉'。""减肥"成为专用词汇。20 世纪中期,"比基尼"出现,以其为主题的海报、电影、电视都在强化着"瘦即时尚"的理念。在这一观念的推动下,减肥栏目被"时尚专栏"纳入麾下,追求时尚的女性开始重新审视肥胖问题。1956 年,世界上第一个电视减肥节目开播, 20 世纪 80 年代报纸上频繁出现"肥胖流行病"一词,人类正式进入到"肥胖恐惧时代"。此后,与"减肥"有关的字眼在媒体上频繁出现。而今打开电脑,点开图片,从主持人、演艺明星、时装模特到网红女郎,几乎无一不是苗条纤瘦,身材高挑。媒体借助于文字、图片、影像等多元而又形象化的信息符号,传递着对美女理想形象的期望。

服装设计师与减肥潮

19世纪初被誉为"时尚革命家"的服装设计师保罗·波烈设计了胸罩以代替紧身胸衣,他宣称"从颈到膝都被束缚的女性躯体,必须要得到解脱",但讽刺的是,这个发明尽管解除了女性胸部以下身体部分的禁锢,却使得"瘦"从贵族的奢侈追求变成为一种全民的风潮,普通女性面对时尚杂志美女明星的完美身材自惭形秽,在男权审美的大背景下,保罗的发明非但没有解放女性,反而让她们陷入疯狂。巴黎设计师路易斯·里德发明的"比基尼"更将胖女人推向了社会审美的边缘,这种完全暴露女性腰腹部的服装使得借助紧身衣之类工具的收腰方式显得苍白无力,女性开始追求彻底的、不依靠任何外力的细腰方法。

(资料来源:张晓琳.自由与规训:国外健身美容杂志中关于女性节食、运动与减肥的矛盾叙述 [J].吉林体育学院学报,2015(4).)

当今盛行的减肥风潮给女性带来了重要的影响。第一,统一了"瘦即是美"的标准。美的标准有很多:丰腴之美、力量之美、气质之美……不同类型的美女都有着她独特的魅力。然而,历史上每个社会都有关于美的标准,但从没有像现在这样,各种传媒一拥而上用塑造成的"标准形象"告诫大众"美女应该是什么样子",甚至三围、身高、体重都有着具体数据作为衡量指标。

第二,强化了外表美。在大众媒体的传播下,苗条的身材成为带有意义功能的符号能指,它意味着魅力,意味着爱情,意味着命运的改变、成功的获得,意味着一切美好的东西,更传递着"瘦即成功"的价值观念,传递着女性需要打造完美的外在形象的思想。而事实上女性谈吐文雅,举止端庄,心地善良,乐观向上,自信有爱一样重要,女性如果只关注外表美的塑造,忽视内在美的培养,最终很可能逐渐迷失自我,走向精神的空虚。

第三,女性减肥从表面上看是个体的身体实践,是女性自我选择的结果,但背后蕴含着社会的标准与规范。为了迎合社会的审美标准和实现自我发展,有些女性甚至不惜一切代价为了拥有骨感身材,忍饥挨饿,患上神经性厌食症,甚至付出生命。总之,站在女性的立场,我们要坚决反对女性身体的客体化和病理化,减少对身体有害的减肥。同时也请切记,减肥本身无罪,但一定不要被减肥绑架。

(四)性感的度与美

性感在西方传统美学中一直是被排斥在"美"的范围之外的,但宽容并肯定身体美学的今天,"性感与美"却结下了不解之缘。电视节目中用性感来称赞某个人的美已司空见惯。在现代审美标准中,"性感"已成为极为流行的评判标准之一。关于性感,不同的人有不同的定义:有人认为性感就是身体的黄金比例,梦露被人称为"国际性感之星",她的胸围是89 cm,腰围是56 cm,臀围是89 cm,这样的黄金比例曾经一度被一些女性追捧;有人认为性感就是女性展现曼妙身姿的低胸衫、迷你裙、露脐装,是纤丽的四肢,温柔娴雅的举止,脂粉的芳香;有人认为性感就是粗俗,就是女性通过肢体语言对男性的"放电"等,特别是各种"网红"脸谱向大众展示肉身潮流时,性感就意味着低俗与不健康。《中国性科学百科全书》对性感的定义是:"性审美过程中,产生于性审美主体和客体(一般互为异性)的相互作用中,能激发性驱动力,使人产生性联想的一种感受。"正是以上关于性感一词的不同解释,彰显了大众特别是现代女性对性感的理性认识不够,从而使得一些女性对性感认识产生偏差。

首先，一些女性认为性感是穿出来的，服装越透越露越显性感。的确，现代女性的性感美是通过人体穿着服装而呈现出来的，如西方女性的低胸、露背晚礼服，东方紧身、塑形的旗袍，还有如今流行的包臀牛仔裤、露脐装、超短裙、比基尼等。它们主要从“露”和“藏”两点来展示女性的性感之美。

性感的“露”和“藏”

性感的表现可从“露”和“藏”两点来研究。西方女性的服装主要是从“露”来呈现性感之美，通过对性感部位的裸露，给予直观的视觉刺激，展现出性感之美。而中国的旗袍却主张“藏”，运用高领、紧身等元素把人体包裹严密，两侧的开衩随风摆动，腿显而不露，加上紧身的效果完美地展现了女性身体的曲线美，给人一种若隐若现的朦胧美，含蓄而又神秘，显得更加性感。

（资料来源：张晓黎，陈艾. 立足于性感美学的现代服装艺术研究 [J]. 四川戏剧，2016（4）.）

然而过多的“露”往往适得其反，容易引起视觉疲劳，从而削弱遮蔽与显露部分所形成的视觉冲击，降低人们的吸引力。另外每个人自身体态的优缺点都不同，不加考究地随意裸露，不但不能带来美感，而且会显得轻浮与庸俗。

其次，一些女性认为性感是青年人的专利。但性感实质上是一个人的容貌、身材、服饰等外在美和气质、文化修养、智慧、风度等内在美的融合体。它能给人带来精神上的美感和情感上的愉悦。因此，性感可以超越年龄，只要你能保持乐观，热爱生活，积极向上，也一样可以创造性感的形象。如索马里模特 Iman，以 55 岁高龄获得“时尚偶像”的称号。她爱读书，能流利地说三种语言，还创制了一个美容的品牌。她有迷人的体态、细长的脖子、光洁的前额，她用自己的智慧演绎了一段不老的性感传奇。

第三节　女性健康审美理念的建构

女性是美的最执着、最热烈的追求者，也是对美的最直接、最完美的体现者。生活在 21 世纪的女性，被各种各样的美所包围，美女、高跟鞋、迷你裙、香水、时装、化妆、珠宝等为她们托起一个美丽的梦。因此女性在追求美的同时，建构积极健康的审美理念非常重要。

一、理性审视当前女性审美标准

当前女性审美标准主要将女性放置于美的外表下。尽管在现代社会，女性关于自身容貌、形体、化妆、着装等外表美的关注，有助于促进女性职业发展、丰富女性个性、拓展女性社会交往、提升精神品位，但也会带来一定的负面效应。

第一，强化了女性的“第二性”。在长期的大众消费文化、商业文化浸染下，当代一些女性已经将单一的、过度关注外表的审美标准内化，并以此作为自身形象塑造和呈现的准则。因此，一些女性把注意力放在美容、塑形、化妆等私人领域上，却忽略女性坚强、独立、上进等内在特性；一些女性为了满足装扮自我的物质欲望而出卖尊严、自由、身体、爱情和婚姻，最终令其在家庭生活和社会生活中失去独立性和自主性，导致女性被商品化、被物化，强化了女性的“第二性”。

第二，刺激女性消费欲望导致婚恋拜金主义。自五四运动以后，女性逐渐从父权制的压迫和束缚中解放出来,而如今,刚刚从父权制中挣脱出的女性又被各式各样五彩缤纷装饰自己的商品所包围。商品都是需要用金钱购买的交换物,对于收入相对微薄的一些女性,为满足自我的欲望,在婚恋生活中持有拜金主义,以金钱作为衡量或选择配偶的首要甚至唯一标准,女性开始异化。这不仅破坏性别和谐、社会和谐,还强化了社会对女性整体的负面评价,认为她们虚荣、肤浅,从而影响女性的全面发展。

二、树立健康的形体观

现代女性在审美活动中过度追求"以瘦为美"的形体观,对瘦的追求往往是不遗余力。她们试图通过各种手段,如服用减肥药物、节食,做吸脂手术等来改变形体,因此,一些女性在求瘦的同时,往往忽视自身健康。为此,现代女性应树立正确的形体美学观,大胆地展示自己蓬勃向上、充满朝气与健康的身体,而不是仅仅以消瘦等某个形体特征为美。为此,女性应该做到以下几点。

第一,谨慎通过药物与节食减肥。脂肪是人体必需的一种营养成分,是人体生理机能正常运转和维持基本的生命活动的基础,人体的脂肪拥有量不得低于某个限度。而现代一些女性为了快速减脂瘦身,采用药物、节食方式来减肥。媒体曾经报道过一个 21 岁的花季女孩患上了胃癌,其元凶竟是重复减肥。为了疾速减肥,她一度每天只吃香蕉,甚至光喝白水。虽然是瘦了下来,但总处于饥饿状况的她,不由得就会暴食一顿,从而陷入了节食—暴食的恶性循环,最后导致身体健康被破坏。

第二,坚持科学锻炼。对都市女性而言,为了形体美的塑造,运动健身已成为她们生活中非常重要的一部分,然而她们却缺乏科学的锻炼。一方面是急功近利地选择运动项目。一些女性在选择运动项目时抱着急功近利的态度,认为练哪儿就瘦哪儿,没有遵循循序渐进的科学原则。另一方面是误认为锻炼长出的肌肉影响体态。提到健身锻炼,部分现代女性会认为锻炼造成的体型健壮,会失去女性纤弱的特征。造成这种误解的原因与女性对肌肉机能了解的缺乏有关。人的日常生活、工作和学习活动都需要肌肉的参与,人的各种器官也时时刻刻需要肌肉的支撑和维护。很多女性正因为忽视对肌肉的锻炼,导致肌肉的作用与功能减弱,因而使自己的肺活量、速度、力量、耐力、灵敏度、柔韧性和协调感等素质一并下降。当纤弱成为一种流行的女性审美标准的时候,那些体形结实、强健有力的女性便避免不了地被边缘化了。

三、平衡外在美与内在美的发展

女性美应当是一种内外结合的美,内在美与外在美是一种相互依存、相互补充的关系。如果摒弃内在美而一味追求外表美,这种美是不完整的,也是很脆弱的。女性在塑造和展示外在的形体美的同时,往往对内在美的养成有一定的消极影响。因为如果女性过于追求外在美,醉心于收集时尚信息、忙碌于逛街选购搭配,在自身内涵素养提升方面的投入自然就会相应减少,为此女性既要重视内在修养、素质的全面提升,也要展现美好的外在形象。外在美是一种由内在修养渗透而出的精神面貌与气质。因此,女性要加强内在修养可以从以下两个方面入手。一是提高学历层次、培养多种兴趣和爱好,如摄影、旅游、看书,欣赏音乐、书画、电影等。"书是人类进步的阶梯",读书可以养德。音乐是生命的本能,人的情绪会被起伏的旋律所感染,因此,音乐可以令人升华。总之健康的兴趣和爱好可以丰富人生和拓展人生。二是努力追求改变。改变是为了通向美好幸福的生活。有研究指出,成功女性的 10 种心理品质是有梦想、专心、会处事、为自己行动负责、勇于做决定、勇于认错、自立自强、具备专门知识与才能、开朗乐观、有热情。为此,现代女性应摈弃消极心态,保持乐观,追求独立,跟上知识更新的步伐,努力实现自身观念的转变,让自己变成一个营养全面的女性。

四、做喜欢的自己

超级演说家杨佳旻演讲:《态度决定你的高度》

今天我很荣幸能站在“超级演说家”的舞台上,说实话这也是我离梦想最近的一天。“佳旻,你知道吗,很少有人希望和你比赛,因为你不用比就比别人多了整整一票,他们同情于你。”这是我最好的一位朋友对我的评价。而我现在想说的是我这二十五年的成长等同于从一只丑陋的蚕蛹破茧后变成一只蝴蝶的过程,这过程虽然艰辛与痛苦,但它却足以证明了我存在的价值。

我是一个很爱幻想的女孩,我一直幻想着我有高高的身材、留着长长的辫子、穿着漂亮的裙子,和那个喜欢的他一起漫步于校园。可是每次照镜子的时候,现实一次又一次地打碎我的梦想,朋友们看到我总是会这样说:“佳旻,你别干了,别干了,你的身高不行,这样你也不方便。”我知道他们为我好,可是你知道吗,我真的不需要这般的怜悯与同情,奈何这一切都源于我这悲哀的身高,我不喜欢照镜子,我不喜欢出现在人多的地方,甚至我不喜欢照片里的那个我。

2009年我考进了大学,这本身是一件值得高兴和庆贺的事情,可是每次从校园的走廊经过,我总能感觉到在我背后的窃窃私语与指指点点。我开始封闭自己,每天两点一线,从校园走到宿舍,从宿舍走到校园。直到学校举办六十周年校庆的时候,老师竟然派我做代表上台发言,当时我很害怕,那毕竟是我的第一次演讲。可是当我独自一个人站在那个舞台面对着那一千双陌生眼睛的时候,我告诉自己,那个舞台是我的,我一定可以做到,结果那次我终于得到了来自学校师生的掌声与鼓励,从此演讲成为我自信的源泉。

我重塑自信,我选择走向社会。一次偶然的机会我成了一名英语老师,可是连黑板都够不到的我,很害怕回头,害怕去目视着那一双双陌生眼睛,害怕我的学生不喜欢我,可是当我说完最后一句话的时候,当我结束了那短暂的两个星期教学以后,全班四十个同学,我收到了三十四封感谢信,其中有一封这样写道:“杰米,谢谢你能成为我们的老师,因为你的存在,你让我们相信,我们其实能把英语学得更好,你是一本能超出任何课本的教科书。”

我的故事说完了,我这二十五年的确经历了很多,但是我好像只做了一件事情,就是本以为用悲剧结尾的小说,我用自己的信念与力量去改变了它。虽然故事中主人公的身高还是只有一米三,但是喜欢她的人不再只有她的父母亲,而是更多更多;关心她的人不再只有她的父母亲,而是她的同学、她的老师甚至自己,因为我深信尼克·胡哲先生的一句话:“人生最大的意义是什么,就是全心全意地投入进去,去做一件事;而人生最大的目的是什么,就是做你自己。”我想告诉那些和我一样的人一句话,就是如果这世界真的给你一百个理由去哭泣的时候,你就应该给世界一千个理由去微笑!

(资料来源:超级演说家杨佳旻.米胖百科,2014-06-17.)

超级演说家杨佳旻在演讲中引用了尼克·胡哲先生的一句话,“人生最大的意义是什么,就是全心全意地投入进去,去做一件事;而人生最大的目的是什么,就是做你自己。”的确,做自己,特别是做喜欢的自己非常重要。杨佳旻正是接受自己的不完美,通过不断努力,才改写了自己的命运和结局,人生才能破茧成蝶。杨澜曾经说过:“人能有多少成就、多少幸福,很大程度上取决于自我发现以及寻找相适应环境的早晚。”

首先,做自己要认识自己。认识自己是一件漫长的、足以持续终生的事情。认识自己的这个过程既是一场探索,它需要你带着一种积极的思维和接纳自我的态度追求真实;又是一种学习,即便是最为自知的人,对自己的觉察也不可能到达全部,因为人在变化,也在成长。女性的自我认识包括两个层面:其一,作为个体的女性内部对自我的认识;其二,作为群体的女性,通过外在世界的反应对自我形成的认识。女性应树立远大的志向和目标、培养优秀的品质、在求知中不断完善自我和提升自我。

其次,做自己要独立。走自己的路,是每个女性应追求的独立;让她们走她们的路,又是每个女性应追求的清醒。中国舞蹈艺术家杨丽萍是一位个性独特的女性。她拥有极强的艺术感悟力和独到的艺术思维方式,舞蹈就是她此生的使命与归宿。20 世纪 70 年代时,她跳孔雀舞就是极力模仿孔雀的姿态;到了 80 年代,她的孔雀舞可以表达更多的内在情感;而如今,她已经可以不炫耀舞技、不拘泥于是雌孔雀还是雄孔雀,而化身成为孔雀的精灵。她的成功正是源于她对舞蹈的巨大热爱和对自己近乎苛刻的要求。她对爱情有自己的见解。她认定真正的爱不以占有为目的,也不是因为孤单才拴一个人做伴。她从自然界寻找答案,就如同母兽会在幼仔成熟后把它撵走,爱一个人便要给他自由。况且爱有很多种,爱一朵花、爱一片云、爱一棵树等,她认为自己每天都很幸福,连痛苦都可以是一种恩泽。

最后,做自己要超越。大多成功者在生活和事业的熔炉中练就了坚韧不拔的毅力,她们敢于拼搏,敢于超越。有人曾说,“苦难本是一条狗,生活中,它不经意就向我们扑来。如果我们畏惧、躲避,它就凶残地追着我们不放;如果我们直起身子,挥舞着拳头向它大声呵斥,它就只有夹着尾巴灰溜溜地逃走。只要你拥有对生命的热爱,苦难就永远而且只能是一条夹着尾巴的狗……”因此面对人生低谷,不要悲伤、不能气馁、不要灰心、不能消沉,而是要奋勇争先,勇往直前。正如邓亚萍所说:“我只要能赢你的,就绝不会输给你。无论是什么样的比赛,大的、小的,只要上场,我百分百付出。我就是要给对手造成一种压力,那就是邓亚萍是不可战胜的……我不比别人聪明,但我能管住自己,我一旦设定了目标,绝不轻易放弃。也许这就是我成功的一个经验吧……如果亚运会、世乒赛和奥运会的冠军是我乒乓球的三大满贯,那么清华获取学士学位,诺丁汉大学硕士毕业和取得剑桥博士学位,这就是我要完成的另一项大满贯。”邓亚萍用独特的气质、高尚的情感、刚强的意志、坚韧的个性展现了女性人生的不断超越,谱写了一曲有关人生的无限精彩的歌。

【思考训练】

1. 什么是女性审美?
2. 谈谈你对传统女性审美标准的理解。
3. 五四运动后为什么会兴起女性追求健康美的风潮?
4. 如何看待当代女性减肥现象?
5. 如何审视当前女性审美标准?

【拓展阅读】

杨佳:拐过弯迎来生命辉煌

一个人可以看不见道路,但绝不能停止前进的脚步。

见到杨佳之前,给记者印象最深的是她在电话里悦耳的笑。除了笑,还有抱歉:"对不起!采访的时间我实在确定不下来,每天的工作都安排得满满的。"

杨佳的确是忙。她的正式身份是中国科学院大学教授,此外,她的肩上还层叠着一个个社会重担:全国政协委员、联合国残疾人权利委员会副主席、九三学社中央常委、全国妇联执委、中国科学院青年联合会常委、中国盲协副主席、北京市残联理事……肩负如此多的重担,她过着比蜜蜂还要忙碌的生活。

约了许久,杨佳终于在周末挤出了时间。一见面,她那悦耳的笑声就真实地响起在记者耳边,与之相伴的是她脸上甜美的笑容。她戴着一副精致的眼镜,衣着得体,举止优雅。看着她镜片后面那友好的"目光",记者不由自主伸出手去。她依然盈盈地笑着,并没注意到记者伸出的手。那一刻,记者突然反应过来:哦,这是杨佳。难怪她的许多学生在听了一学期的课后,竟然不知讲台上那位熟练使用教具、写一手漂亮的板书、有着充满关切眼神的老师是一个什么也看不见的人。

虽然杨佳的眼前不再有色彩,但她却把人生演绎得绚丽多彩。

转折

从小到大,杨佳在周围人眼里,就两个字——"奇才"。杨佳生活的路是从故乡长沙开始的,岳麓山是定格在窗前的风景。她就读的湖南师大附中,是人才辈出的百年名校。杨佳是这所中学那届实验班的学习委员和外语课代表,并在长沙市中学生数学、外语竞赛中名列前茅。

1978 年,全国刚刚恢复高考,老师建议正上高一的杨佳也去一试,不料,这一试居然提前把她送进了大学的门——郑州大学英语系。

在大学里, 15 岁的杨佳成了大哥哥大姐姐们学习的追赶对象。可怎么赶,也无法望其项背。学校也十分看重"奇才"学生,让她提前半年毕业留校任教。

3 年的教书生涯一帆风顺,但杨佳的内心深处还深埋着一个梦。徐迟的《哥德巴赫猜想》对她影响至深。1985 年,杨佳以优异的成绩考取中科院研究生院,终于圆了自己 7 年之久的梦想。

1987 年,杨佳再一次留校教书,24 岁的她成了研究生院最年轻的讲师。

"要想学生好学,必须先生好学。唯有学而不厌的先生才能教出学而不厌的学生。"杨佳对著名教育家陶行知的这句话感悟颇深,她也因此身体力行,每天花费大量的时间去看书和备课。

因为用眼过度,所以两三年后当杨佳感到自己视力有所退步时,并没多想,以为是近视加深罢了。然而,眼睛怪怪的感觉还是渐渐多了起来,也重了起来。1994 年夏末,老父亲陪着杨佳一起去了北京的同仁医院。一系列检查之后,医生把老父亲叫到一边,悄悄告诉他:你女儿这种病很厉害,发展趋势就是失明。

在眼睛逐步失明的一年多时间里,杨佳一边治病,一边坚持教书。她不愿请假,怕误了学生的课,总是把看病时间安排在假期或休息日,几乎没耽误过一节课。

不可逆转的病情发展终于使杨佳知道了真相。她知道自己患的是一种罕见的眼病，也知道迎接她的将是另一个世界——一个没有光明的世界。

这一年，杨佳 29 岁。

重生

看不了书，杨佳开始听书。从此，她家里出现了各式各样的录音机，又出现了成箱的录音带。原声带是听各种有声读物的，空白带是收录电台的英语广播的。磁带一天天多了起来，一箱一箱的，从门口到过道，再从过道至卧室至阳台，长城似的蜿蜒着。

中断了半年的教学之后，杨佳的笑声再次响起在讲台上。为了适应新的生活，她每天早起收听当天的英语新闻，晚上睡得更晚。很快，她寻找到更好的交流方式，即运用语音系统软件上网收发邮件、批改学生的电子文本作业。同时，她还要转换阅读的方式，学会用指尖去触摸点状的盲文。

重新掌握生活主动权的杨佳开始了她新的征程。编著《研究生英语阅读》，帮助研究生渡过英语阅读的难关，那是她失明前就想写的一本书。为了写书，她每天早上四五点钟就起床，晚上一直工作到 12 点以后。父母心疼她，却没有阻止。他们知道，女儿生活里除了事业再没有别的了。

失明一年后，30 岁的杨佳被评上副教授，出版的《研究生英语写作》深受好评，被一些大学定为博士生写作教材；另一部著作《研究生英语阅读》被导师李佩先生称之为"一部非常好的令人起敬的著作"。

"29 岁之前，我是在超越别人；29 岁之后，是在超越自我。"杨佳如此总结自己。

绚烂

磨难没有压垮杨佳，反而使她的人生脊梁挺得更坚实了。"残疾人和健全人一样，没有什么可以限制你，只要你想做，就一定能做到，关键是一定要有追求。"杨佳对记者说。

2000 年，杨佳以优异的成绩通过考试，进入美国著名学府哈佛大学肯尼迪政府学院攻读公共管理硕士（MPA）学位。

杨佳攻读的这个专业当时在国内还没有，而肯尼迪政府学院的 MPA 专业在全美乃至全世界都是排名第一的。"常常想起小时候背的'春江水暖鸭先知'这首诗，我觉得，一个人做任何事都应该有一种'先知'的能力。"

在哈佛攻读学位，对正常人来说都非易事，更何况一位失明者！杨佳最大的遗憾就是时间不够用，她恨不得一天 24 小时都在学习。白天，她要在课堂里听课，用计算机记笔记；课后，又要把老师指定的几本书进行扫描，靠计算机读、听；晚上，她几乎每天都要学习到深夜两点以后才能休息。

取得肯尼迪政府学院的 MPA 学位，需要 8 个学分，而一门功课往往只有 0.5 学分。杨佳不仅在短短的一年时间里拿到了 10 个学分，而且各门成绩都是优秀。

一年之后的毕业典礼上，当主持人念到杨佳的名字时，在场的几千名师生全体起立，为哈佛历史上第一位盲人 MPA 热烈鼓掌。

时隔十年，杨佳再次回到这里，迎接她的是更加热烈的掌声——她成为哈佛大学肯尼迪学院校友成就奖 2011 年度唯一的得主。在过去的 14 年间，仅有 18 人获得此项奖励，获奖的 18

人中 15 位是美国政府官员。

从哈佛学成后的杨佳在研究生院开设了《经济全球化》和《沟通艺术》两门新课，创院里空中课堂点击量最高纪录。而这两门课在哈佛大学都是顶尖级教授所开设的课程。在研究生院建院三十周年之际，杨佳获得“杰出贡献教师”的殊荣，和她一起获得这项荣誉的大多是德高望重的院士。

除了教课，杨佳把大把精力投入到残疾人事业。连续 4 年，她担任联合国残疾人权利委员会副主席，此外，她还投身于各种社会活动，不久前她还荣获了“2013 北京榜样”这一称号。

（资料来源：朱子峡. 杨佳：拐过弯迎来生命辉煌 [N]. 中国科学报，2014-02-28（11）.）

第八章　女性与社会工作

【热点链接】

关爱女性，社工在行动

2017 年 8 月至今，由安徽省合肥市社会组织发展基金会发起的第三届公益创投项目已执行过半，通过组建专家评审小组，对给予资金支持的 20 个公益创投项目展开中期评估，由合肥市庐阳区恒信社会工作服务中心实施的“心系女性 为爱增能”社区困难女性增能社会工作帮扶项目在此次评估中脱颖而出，荣获中期评估优秀项目。

该项目以三孝口街道辖区内的离异单亲妈妈、丧偶独自承担家庭重担的女性、重病失业等致贫以及家庭关系紧张的困难女性为服务对象，运用专业的社会工作方法，结合服务对象的实际需求开展服务。

项目实施初期，恒信社会工作服务中心的社工通过张贴项目宣传海报，发放服务对象招募令与入户探访相结合的方式招募服务对象，并在一次次入户探访中发现服务对象，同时与其建立服务关系。

恒信社会工作服务中心社工通过开展“女性维权知识讲座”“三八女性健康讲座”“女性观影”“新春 K 歌会”“大蜀山文化陵园之公益爱心义卖”等多样的社区活动丰富困难女性的生活，在此过程中，社工始终以需求为导向设计实施活动，受到了服务对象的欢迎。

同时受助女性实现了从受助者到助人者的转变。如在恒信社会工作服务中心与合肥市大蜀山文化陵园于清明节联合开展的公益爱心义卖活动中，义卖的产品都是女性在“巧手妈妈”手工编制小组、“向阳花开”就业指导小组活动中制作的手工制品，义卖的资金全部捐献给合肥芥菜子公益用于救助白血病儿童。通过参与活动，服务对象不仅让自己生活精彩，也在为助力社会建设贡献自己的一份力量。

截至目前，该项目有效链接了合肥城泊公司、大蜀山文化陵园、安徽永承律师事务所、姚姥姥手工坊以及高校志愿服务团队等多家单位，共同助力项目开展，取得了阶段性的成果，帮助一些女性实现再就业，帮助多位女性走出生活困境，转变生活态度，常态化地参与项目活动。另外，已有 5 人成功由受助者转化为助人者，她们组建“幸福来敲门”为老志愿服务队，并已开展多次社区高龄老人困难家庭慰问活动。更有巧手妈妈手工编制班的爱心大姐用手工艺品义卖后所得善款购置衣物，捐献给了岳西县的困难儿童，让他们感受到了来自远方的温情。“心系女性 为爱增能”项目的实施不仅帮助弱势女性走出生活困境，找寻生活自信，也是社会组织参与社区治理，建设和谐社区中发挥重要作用的实例。

（资料来源：关爱女性，社工在行动. 合肥热线网，2018-08-05.）

【观点分享】

将社会工作引入女性服务已经成为各级妇联组织的共识，但受妇联组织的定位及其所拥有的权力影响，在推动女性社会工作发展方面举步维艰。面对这样一种状况，如何有效而合法地解决这个问题，如何将妇联与社会工作“两张皮”贴合在一起，是妇联组织系统亟待解决的问题，更是政府需要认真对待和解决的问题。因此推动女性社会工作发展，最重要的路径就是政府立法，明确妇联组织参与女性社会工作发展的角色、地位与权力。从现有的实践基础与经验来看：

第一，明确妇联组织是女性社会工作的领导者、指导者，这样才能实现女性源头维权的目标；

第二，政府要为妇联组织推动和参与女性社会工作发展提供必要的保障，真正实现“女性之家”有人、有钱、有阵地服务女性的目标；

第三，各级妇联组织也要不断提升自己参与社会治理、发展女性社会工作的能力，真正把妇联组织建成女性的“温暖之家”。

李克强总理在政府工作报告中明确强调群团组织要依法参与社会治理，发展专业社会工作，为女性社会工作的发展带来了新的机遇。相信妇联组织在社会工作未来的发展中将会发挥更大更重要的作用，女性社会工作将会在更大程度上促进两性和谐发展①。

——矫杨

2016年，我国启动实施“全面两孩”政策。女性作为生育的主体，劳动就业、婚姻家庭等自身权益势必会在生育过程中受到诸多影响。在这一背景下，创新女性工作，将社会工作方法嵌入其中，能够进一步推动女性工作专业化，保障女性权益，促进女性发展。

女性社会工作涉及女性的身心健康、儿童教育、社会认同、贫困与失业、社会不平等等多个领域。社会经济的发展，社会结构的转型以及和谐社会的宏伟目标的构建，都呼唤着女性社会工作的到来。在发达国家，女性社会工作者对女性的权益保护和女性的发展发挥着重要的作用②。

——谢建社

【智慧探索】

长久以来，女性的问题常常被隐藏在家庭、老年、亲子等社会工作实务领域中，社会工作者更愿意将女性放置于与之相关的其他领域来探究，例如作为家庭中的妻子、母亲等角色，甚少将女性作为独立的个体，考虑其自身的需求。但这种传统的社会工作实务模式已经随着女性主义研究与理论的崛起受到越来越多的挑战。新的社会工作视角和实务领域——女性社会工作正在逐渐发展。

第一节　女性社会工作

一、女性与社会工作概述

（一）女性与社会工作的发展缘起

在将女性主义视角引入社会工作实务的尝试出现以前，并没有女性社会工作或女性主义

---

① 矫杨：《社会治理背景下女性社会工作发展的困境与建议》[N]，载《中国社会报》，2015-12-18。

② 谢建社：《社会工作嵌入女性工作之思考》[J]，载《甘肃社会科学》，2009(4)。

社会工作这个术语。有关女性的社会工作的发展缘起可追溯到西方社会工作起源期。早期西方社会工作按照服务领域划分为儿童、老年人、残疾人士等；按照服务层面分为学校、医院、家庭和工作场所等。但这些分类都没有将女性作为一个独立的个体或群体提出来，而是假设女性的问题可以用一种普适性的社会工作方法去解决，女性的特殊困难和需要被忽视。直至20世纪60年代，随着女性主义运动的兴起和女性学学科的发展，女性主义者提出社会造就了性别差异和性别不平等的批判性概念，促使社会工作专业中的学者开始认真探讨女性的需要、女性的社会位置、女性的能动力及权利关系等相关问题。20世纪80年代，西方社会工作提出了"女性主义社会工作"（feminist social work）的概念，它是指以女性主义思想为指导开展的社会工作。它将女性的经验当作分析的起点，其焦点在于联结女性在社会的位置与个人困境、回应女性特殊的需要、创造服务对象与社会工作之间的平等关系。女性主义社会工作的应运而生，改进、发展和修正了主流文化对女性利益忽视的状况，有力地推动了社会工作专业更多地关注女性群体利益，更好地解决女性社会问题。由于西方社会工作实务深受女性主义运动的影响，因此欧美及我国港台地区的女性社会工作常常被称为女性主义社会工作。

除港台地区外的我国其他地区针对女性的社会工作一直以来坚持马克思主义女性观为指导，并与女性解放运动紧密相连。因此，我国在社会工作实践中更倾向于将有关女性的社会工作称为"女性社会工作"。值得注意的是，中国有关女性工作的开展起步较早。早在中华人民共和国成立之初就成立了由政府领导的群众组织"中国女性联合会"，将女性整体看作工作对象并致力于为女性提供服务。应当说，意识到女性这个群体的存在，意识到女性生存与发展对国家的意义，就是一个进步。

（二）我国女性社会工作的发展脉络

中华人民共和国成立初期至20世纪80年代，我国大部分地区还没有专门为女性及其家庭提供服务的单位和机构，因此，在这一时段内，很多有关女性及家庭问题的处理都由民政、工会街道、妇联等行政单位直接代为管理。这一时期，各级妇联组织在女性婚姻家庭问题上开展了大量的工作。

20世纪80年代中后期，内地已经陆续出现一些专门服务于女性及其家庭的民间组织。这些民间组织也承担了很多社会工作性质的工作。直至1994年10月，我国第一条"家庭暴力投诉热线"在中国社会工作协会京伦家庭中心成立，中国女性维权与法律帮助网也同时成立。另一个成立较早的民间社会组织是北京红枫女性心理咨询服务中心在1998年5月成立的以单亲家庭为主要服务对象的方舟家庭中心，他们通过对单亲母亲开展小组工作，给这些弱势女性群体以心理、道义以及法律上的支持，帮助广大女性树立自信心，逐渐实现自立。但这一阶段的女性社会工作仍然以少量的民间组织所提供的服务为主。由于其起步早，数量少，服务所辐射范围较小，因此在专业性上不够强，社会上的影响力也是有限的。

进入21世纪后，我国女性社会工作得到进一步发展。这一时期，更多更有影响力、专业性更强的女性社会工作组织不断出现，从更大的层面和更广的范围开始推进女性社会工作。2004年，中华女子学院与加拿大曼尼托巴大学合作开展了"中国基层妇联社会工作专业能力建设"项目，通过对基层妇联干部开展社会工作的相关培训，加强女性干部的专业素养，并以项目的形式将社会工作方法引入妇联工作，推动妇联工作逐步走向专业化。2005 年 3 月，全国妇联成立了法律帮助中心，并公布了 12338 的全国女性维权公益服务热线和 16838198 的玫琳凯反家暴热线。2006 年，深圳市委召开了女性工作会议，并出台了《中共深圳市委关于进一步加强和改进妇女工作的决定》，明确提出要“切实加强对女性工作的领导，要按照构建和谐社会的总体要求，采取‘政府主导，妇联培育，社团运作，社会参与’的方式，探索用社会工作模式解决女性儿童和家庭中存在的突出问题”。2007 年深圳市妇联利用深圳市作为全国社会工作试点城市的契机，率先引入社会工作理念和方法，策划组织开展了“阳光系列服务项目”，该项目运用社会工作的专业手法解决女性儿童和家庭中存在的突出问题，逐步走出了女性工作项目化、专业化、社会化的新路子，开创了女性社会工作的新局面。自此，我国内地女性社会工作的实务探索正式开始。

2010 年至今，我国女性社会工作仍处于蓬勃发展及不断探索期。各地女性社会工作组织犹如雨后春笋般出现，服务领域不断扩大，服务专业性也不断加强，专业服务队伍日益壮大。就专业性而言，服务人员的整体专业素养在这一时期得到了极大提升。自 2011 年 11 月 8 日，中央组织部、中央政法委、民政部等 18 个部门和组织联合下发《关于加强社会工作专业人才队伍建设的意见》后，各地妇联在工作中逐渐形成了“妇干 + 社工 + 义工 / 志愿者”的配备模式，把专业力量引入基层女性工作队伍。这一行动极大地提高了基层女性工作人员的专业能力和水平。同时，随着专业社会工作组织的出现，也将民间服务组织的专业性和能力提高到了一个新的高度。例如 2013 年 4 月在广东省民政厅注册成立的广东木棉社会工作服务中心，其主要服务对象为基层女性，主要通过培训、倡导、咨询、研究等综合性的手法，致力于为有需要的女性群体提供专业服务，该机构同时开展了女性社会工作学习坊等相关培训。就服务领域而言，从将女性放置于家庭、婚姻等情景里为其提供综合性服务，到针对女性个体发展，关注女性权益的专项服务；从关注女性的生计就业问题到关注女性心理及养育问题等。女性社会工作的服务领域得到了进一步的扩展和衍生。

（三）女性社会工作的定义

女性社会工作作为一个专业的领域，是在社会工作专业成熟的基础上发展起来的，它的发展从某种程度上来讲，是对社会工作专业的丰富和完善。西方学者对女性社会工作的界定不一。大多数学者认为女性社会工作是以女权主义为指导思想开展的社会工作或受性别主义观点影响开展的社会工作。如代表人物多米内丽（Lena Dominelli）指出：“女性主义社会工作是这样一种社会工作实务形式：从女性的经验出发来进行分析，专注于女性地位与其个人困苦间的联结，回应她的独特需要，创设社会工作者与案主间的平等关系，并探讨结构上的不平等，以整合的方式满足女性特定的需要，并介入她们生活中的诸多复杂性，包括大量的压力和对女性各种形式的压迫。”有的学者进一步提出了女性社会工作的涵盖范围。如奥茉（Orme）认为，女性主义社会工作应该关注女性的特殊境遇，站在以女性为中心的立场上，倾听女性不同的声音，在对女性自身有更加深刻和全面的认知基础上强调关注的多样性。

我国学者将女性社会工作从狭义与广义两方面理解。狭义的女性社会工作以帮助具有特殊困难女性为主，是指运用社会力量，对因生理、心理、自然、社会等因素造成的肢体残缺、功能缺损、患病无靠、流离失所的一般女性提供专业服务，目的是使她们的创伤得到医治、困难得以缓解、功能得到恢复，能像正常人或接近正常人那样生活；广义的女性社会工作面向所有女性，是指动员社会力量，创造有利条件，消除性别歧视，吸引女性参与政治、经济、社会、文化和家庭等各方面生活，在社会实践中提高自身素质，增长才干，逐步实现自身解放，达到真正的男女平等。

借鉴不同学者的观点，我们认为女性社会工作是以全体女性为工作对象，在女性主义指导下，运用社会工作专业方法，促进女性发展，改善其生活困境，辅助其解决问题的专业服务。

二、女性社会工作的发展脉络及内容

（一）女性社会工作的发展脉络

女性社会工作，以欧美女性社会工作的发展为例，其过程大致可分为：女性服务时期，女性主义的女性服务时期，男性运动时期。

首先，女性服务时期指的是不以女性主义理论为指导的时期。这一时期的服务将性别分工为既定事实，并不讨论其对两性的不同意义，较多关注女性作为家庭的照顾者的角色，或者是视女性为社区资源，开展的服务包括持家技巧、沟通技巧、义工训练、发掘潜能等。

其次，女性主义的女性服务时期是指随着 20 世纪 60 年代女性主义运动的兴起，越来越多的女性主义者揭示当时社会在福利服务方面复制父权运作模式，加强了女性从属的角色，阻碍了女性（和男性）自由选择她们自己期望的生活方式，有意无意地促成了女性当前的困境，所以提出了“女性为本”的工作理念。在此背景下，女性主义理论逐渐成为不同背景的女性服务的核心概念。这些服务包括被虐女性服务、性暴力受害者的女性服务、女性劳工的服务、对性工作者的支援、对受性别歧视女性的支援等。

第三，男性运动时期是欧美近期的发展产物。男性运动的理念缘起，来自于一些女性主义者意识到要改变男女不平等的事实，并不能单靠改变女性，还必须改变男性。所以一些女性主义者尝试开展改变男性的工作。如为虐待妻子的丈夫提供治疗干预，将女性主义的视角运用于性侵犯者、婚姻治疗中。倡导男性社会工作者应当运用女性主义的洞察改进服务技巧。

相比西方女性社会工作而言，我国女性社会工作受历史发展的影响，呈现一种行政型半专业的特征。中华人民共和国成立以来，中国女性在争取与男子享有平等的权利及地位上已取得了很大成就，并形成了以马克思主义女性观为指导、依托行政体制的女性社会工作。我国的女性社会工作在注重女性的全面发展之时，更注重爱国主义、集体主义教育，着力于教育、引导、指导。

随着我国社会工作实务领域的不断发展，女性社会工作作为其实务领域的一部分也得到较大发展。女性社会工作的兴起引领了很多新型服务的创设。这些新型服务更加注重关注女性自身需求，也鼓励女性积极参与社会改革，参与制定相关法律以保障女性权益。

（二）女性社会工作的主要内容

我国的女性社会工作与西方女性社会工作迥然不同。具体而言，西方女性社会工作在工作方法上，更强调坚守“助人自助”的社工理念，注重团体或小型活动；在工作内容上，更关注女性个体的发展，注重挖掘个体的潜能发展，满足其特殊需要。在机构设置上，我国设立了专门的女性工作组织。这些专门的女性工作机构主要有：各级女性联合会（简称妇联）系统、各级工会女工委员会、各种女性工作委员会以及女性组织等。其中,各级女性联合会系统是开展中国女性社会工作的中坚力量,也是国内最大的女性组织。具体地说,这一系统由全国妇联,各省、市、自治区妇联,各市、区、县妇联,街道、乡妇联和居委会、村委会的妇代会组成,形成了覆盖面最广泛的女性工作组织网络和强大的行政资源动员能力,从而在保证中国女性工作实施的同时,也有力地推动了国内女性工作的发展。而我国女性社会工作的特点在于充分发挥妇联、工会、民政等机构的组织优势,比较注意大型、全国性、地区性活动。一般来说,妇联系统的女性社会工作一是维护女性权益,提高女性的参政水平,帮助失业女性再就业,以及为在婚姻家庭方面遇到困难的女性排忧解难;二是提高女性的整体素质,向女性宣传党的方针政策,培养女性“自尊、自信、自立、自强”的“四自”精神,组织全国性活动,比如“五好”家庭评选等;三是组织社区服务,比如托儿与托老服务中心,依托老人、儿童活动中心而提供的社区服务等。

总体而言,我国女性社会工作的服务内容主要包括两个方面。一是为促进全体女性的发展,满足大众需求所提供的普适性服务。普适性服务是指以全体女性为工作对象,推动社会政策的改善,消除女性在就学、就业等方面的社会性障碍。鼓励和推动女性积极参与政治事务,提高女性的社会地位。提供女性发展相关辅助服务,关注女性健康,促进女性发展。例如,女性婚恋辅导、女性健康指导、女性沟通技巧训练等。二是为具有特殊需求的女性群体提供以满足特殊需求的个性化服务。例如为失业女工提供就业指导,寻求就业技能培训机会;为单亲母亲提供情感支持和经济辅助;为家庭暴力中被虐女性提供临时庇护所,缓解其身体的疼痛,提供心理援助等。此外,我国女性社会工作的内容还包括促进和发动女性群体参加社会生产,坚持经济独立,争取男女平等,并充分体现和发扬女性的才华,实现女性自身的价值;强化对女性的教育,培育“自尊、自信、自立、自强”的“四自”精神,学习实用技术,提高女性的文化科技素质等;提高女性的法律意识,开展维护女性合法权益等服务活动。

最后,随着女性社会工作的专业化不断发展,我国女性社会工作在积极学习西方女性社会工作的专业技巧和方法的同时,也在逐渐探索一条适合本土情境的、具有专业特色的女性社会工作道路。

(三)女性社会工作的目标和原则

1. 女性社会工作的目标

女性社会工作的重点旨在增进女性的自我认同,重新评定女性的自我价值,鼓励女性为自我发展而争取与男性平等的机会和资源。因此,提升觉醒意识和赋权使能成为女性社会工作的两大目标。为满足女性发展的特殊需求,女性社会工作还有一些特殊的服务目标,即赋义、赋权和赋能。

所谓赋义,是指女性社会工作者在面对女性问题时,不能只从表象看问题,而应该深入批判问题背面隐藏的错误理念,这些理念包括价值观和性别认同等重要观念,因为正是这些理念导致女性的偏差行为和不利处境,只有分析问题背面的错误理念才能找到问题的根源,也才能实施有效干预。

所谓赋权,就是从社会性别制度中女性权利的被剥夺来分析女性问题的产生,从改变社会权利结构的角度解决问题,而不是将女性问题还原为女性个体自身。女性主义赋权的过程,就是帮助女性获得权利的感觉以及给其生活带来结果的能力的过程。具体而言,首先社会工作者需要接纳案主对问题的看法,肯定案主行为的意图及新的认知、情绪、意愿及行为的发生,以让案主感到被尊重、平等对待及可以自我决定等。其次,社会工作者需要从优势视角出发,从案主的优点(而不是弱点)开始,评估案主现有的优势,以恢复案主的自信,降低其自责感。然后,帮助案主整合与发掘资源,并提供案主获取资源的机会。帮助案主分析权利关系,促使案主意识到两性权利的不平等导致了其问题的产生,从而达到提升案主觉醒意识的目的。最后,社会工作者要帮助案主相信改变的能力在于自己,由此协助案主产生自我概念、自尊、尊严感和能力感。例如开办离婚女性自强团体,帮助离婚女性自强自立,走出婚姻失败的阴影,重新开始新的生活,也是赋权的过程。

所谓赋能,就是要改变女性自身能力被抑制的状况,通过外在努力,让女性增强能力,获取资源,让女性更自信、自爱、自立、自强。

2. 女性社会工作的服务原则

女性社会工作的服务原则是建立在遵从社会工作的价值观和基本原则的基础上。同时,针对特定的服务对象——女性群体而设立的自己特有的价值立场和原则。女性社会工作的服务原则如下。

1)承认女性的多样性。

2)承认女性是独立的个体,重视女性和女性经验。

3)尊重女性的力量,信任、接纳女性,与案主建立平等的关系。

4)把女性看作是有活力的行动者,她们有能力在生活的所有方面为自己做决定,鼓励女性学习和掌握自己的生活。

5)将女性问题界定为社会问题,而非女性自身的问题。

6)为女性提供一些空间,让她们具备表达自身的需要和解决问题的办法。

7)"个人的即是政治的",即女性个人的问题其实质是社会问题。因此分析女性的问题不能仅停留在具体问题和个体上,而要与女性整体的社会处境联系起来,并清醒意识到"个人的即是政治的"原则适用于从宏观到微观的各个层面,社会工作干预也要包含从个体到宏观的内容。

8)运用工作技巧,推动女性团结,寻找个人问题的集体解决办法,强调团体的经验和互相支持的作用,培养女性意识,促进社会变革。

第二节 女性社会工作的方法

女性社会工作方法的知识基础既包括社会工作理论与实践知识,也包括女性主义理论与实践知识。具体而言,从社会工作的三大基本方法来看,女性社会工作的方法也可以分为女性个案工作、女性团体工作和女性社区工作。

一、女性个案工作

(一)女性个案工作的定义

女性个案工作是社会工作者运用个案社会工作的方法与技巧,采用面对面的方式为女性及家庭提供的个别化服务。其目的在于协助女性个人和家庭减降压力、解决问题,达到个人和社会的良好的福利状态的专业服务。在个案工作中,社会工作者视女性为一个独立的个体,不依附于任何的家庭或社会角色,仅聚焦女性本人,帮助她阐明自己的情境、她对自己的看法、她的生活中发生了什么以及她的感觉和可能的选择。

在社会生活中,女性往往被描述为“背后的人”。女性较多承担照顾子女和家庭的责任,女性的家庭或社会角色凸显,个体需求往往隐藏在其照顾者身份背后。同时,女性的照顾工作却常常被社会低估,得不到男性和社会政策的支持。这些因素都可能造成严重的女性问题。因此,在女性个案工作时,社会工作者需要时刻提醒自己要注意修正不平等的两性关系。不仅要承认儿童的人权,遵守“儿童最佳利益”的原则,而且要使女性拥有选择自己所追求的生活方式的决定权,并促使政府为这些权利的实现提供社会条件和资源。

(二)阅读案例

1. 案例呈现

阿馨,女,初中毕业后就从老家来到深圳打工,在亲戚的帮助下她进入了深圳的一家电子厂打工。在工厂里,阿馨从事着简单的体力劳动。尽管工厂里单调枯燥的生活让阿馨百感无聊,但她仍然不愿意回到老家去。阿馨的老家位于我国西部四川省的一个小乡村。她的父母均是农民,家里的两个哥哥也都在深圳和东莞的工厂里打工。在打工的日子里,阿馨平日休息时间里喜欢约上几个好姐妹出去逛街或是参加老乡会。在一个偶然的机会,她通过自己的好姐妹玲儿认识到一个帅气的小伙子阿军。阿军也在深圳打工,他所在工厂离阿馨的工厂很近。后来,阿馨和阿军相恋了。一段时间后,阿馨发现自己怀孕了。阿馨跟阿军沟通回家结婚的事情时,阿军却表现出极大的不情愿。阿军认为自己还没有做好结婚的准备,况且自己还年轻,还没有闯荡出头,不甘心跟阿馨回老家去过一辈子。阿军坚决让阿馨做手术放弃孩子,阿馨内心非常痛苦。此后,阿军已经开始慢慢疏离阿馨,经常不理睬阿馨,直至最后阿军从他工作的地方辞职,消失在万千人群中。阿馨感到巨大的无助和绝望。

(资料来源:女性社会工作经典案例.重庆心桥社会工作发展中心实务案例选编,内部资料,2014.)

2. 案例分析

对于未婚怀孕的女性而言,她们的成长和发展状况面临众多困境与考验,处境相当艰难。她们可能会出现焦虑、抑郁等心理问题;同时还可能面临缺少专业的医疗救助和法律援助的问题;此外,她们可能还需要面对缺少经济支持的困境。因此,作为弱势群体的未婚怀孕女性急需通过外来的力量如社会工作者的介入,以帮助其改善生活困境,解决生活问题。

社会工作的专业价值观主张尊重和接纳他人,保持不批判态度。在实务工作中,秉持专业价值观的社会工作者能够理解案主的生活经历,接纳价值观念,并作出积极的、真诚的回应,对案主所遭遇的痛苦应该作出同感的回应。同时,社会工作专业伦理要求工作者坚持保密原则,尊重案主的隐私权,在尊重生命的原则上不得透露案主的所有信息。这些原则有利于保护案主的隐私,有助于工作者与案主建立起相互信任的关系。社会工作者在此基础上提供的服务,更容易让未婚怀孕女性接受,也更容易使他们重新建立起生活的信心,实现个体发展。

3. 个案工作过程

在本案例中，社会工作者首先需要与阿馨建立良好的工作关系。良好的工作关系能够有利于案主更好地接纳社会工作者，也有利于社会工作服务方案的实施。在建立关系的过程中，社会工作者应该秉持尊重、接纳的心态，坚守社工伦理等，积极与案主建立良好的专业关系。

其次，社会工作者需要积极收集与案主及其生活系统相关的资料，并对其所面临的问题进行评估。在本案例中，阿馨所面临的困扰主要是：一方面，男友消失后内心产生孤独、无助之感；另一方面是自己怀孕的事实以及所带来的情绪困扰。对于大多数未婚怀孕女性而言，她们需要的服务大致有三类。一是为女性提供的心理辅导，减轻自身心理压力。受传统价值观念的影响，未婚怀孕会对女性本人及其家属都带来具体的压力。此时，社会工作者需要以平等、接纳的心态，与其一起面对问题，通过深入的沟通，加强情绪疏导，协助其减轻心理负担、消除心理隐患，以理智的心态对待怀孕，辅助其适应新的角色，为日后重建家庭和两性关系、恢复健康生活打下良好心理基础。二是辅导女性挖掘自身潜能，提高其实现自身价值的能力，并为其提供技能辅导，增强自身综合素质。社会工作者需要为女性提供职业辅导、技能辅导，并帮助其转变观念，正确认识自我，激发潜能，树立起自立自强意识和竞争意识，协助其计划未来及重投社会，实现自我价值，达到“助人自助”的最终目的。三是为女性提供医疗支持，以确保其生理健康。为其提供法律援助，保障女性合法权益。为女性争取或提供直接的经济支持，以减轻其生活压力。

在以上三种服务中，社会工作者跟案主一起分析其可能存在的优势和潜能，是推动案主改变的基础。案主的生活系统相关资料均可视为案主潜在的资源，对案主本身所具有的优势和潜能的挖掘能够激发案主的自信心，让其能够更乐观地面对问题。阿馨自身的主要资源在于她在工厂里跟老乡会有较好的互动和联系，她还有几个要好的年龄相仿的好姐妹，以及离得较近的哥哥。自己有少量的积蓄，打工这几年阿馨掌握了电子厂的一些基本操作，具有一定的工作技能。此外，社会工作者还跟阿馨一起寻找和挖掘了其自身以外生活系统的资源，例如阿馨所在工厂工会组织，市内妇联组织以及社会工作机构等。

在这个过程中，社会工作者还需要跟案主一起讨论案主需要面临和解决的问题。社会工作者要坚信我们的案主作为一个独立的个体，她们有能力在生活的所有方面为自己做决定。社会工作者需要鼓励女性学会掌握自己的生活，辅助她们学习解决问题和掌握生活的能力，提供可能的培训机会。在本案例中，看起来，阿馨需要面临的问题有很多。在如此情况下，社会工作者需要协助案主一起将所有问题根据事件的紧迫性和重要性进行排序。在这些问题中，阿馨最担心的还是自己怀孕的事情，她今年才 20 岁，没有男友，自己虽然有少量存款，但自己内心根本没有做好养育孩子的准备，在万般无奈之下，阿馨决定选择放弃腹中的婴儿。不过，这对于阿馨来说是一个非常艰难的抉择，她多次询问社工的意见，甚至想让社工替她做决定。但在这个过程中，社工需要谨慎处理案主对社工的依赖感。在案主感觉到无助的时候，她们可能会倾向于依赖为她们提供帮助的社工，希望社工替她们做决定，帮她们解决问题。但在这时，社工需要时刻提醒自己，社会工作“助人自助”和“案主自决”的理念，社工需要始终相信我们的案主是有能力自我确定并有潜能解决其所遭困境的，案主只是面临困境暂时不能很好解决或是缺乏解决的技巧和能力，社工需要挖掘案主的潜能，并提供适时的能力、技巧培养和学习机会。对于自己怀孕的事情，阿馨并不想找老乡帮忙，她认为老乡是一个熟人圈子，如果被其他人知道自己的事情可能会影响自己以后在家乡的生活。她也不想找哥哥们商量，哥哥们基本不能提供有效的方法。因此，阿馨一直积极与社工沟通，在社工帮助阿馨分析了生育小孩和放弃小孩的利弊影响之后，阿馨艰难决定放弃，但其实阿馨内心感觉到非常痛苦。之后，社工介绍阿馨参加一个专门针对未婚先孕的女性自助团体，在这个团体中阿馨见到了很多跟她具有相同背景、相似经历和年龄的成员。团体内成员之间不仅分享各自的知识、生活经验，还为阿馨术后康复筹谋划策，这使阿馨获得了精神支持和鼓励，增强了自助意识和能力，积极投入生活。

二、女性团体工作

（一）女性团体工作定义

社会工作实务中的团体工作在解决个人问题、完成群体成长与社会目标方面发挥着重要作用。女性团体工作是指女性社会工作者秉持女性社会工作的理念，利用团体工作方法与技术，通过小组互动、经验分享、小组凝聚力等达到小组中女性个人问题的解决、女性个人和小组的成长与社会目标的完成的一种专业服务。团体工作的目的是通过女性在团体中娱乐、交往、学习、觉醒意识的提升及治疗等，增加女性的生活情趣，扩展其参与社会活动的机会，治疗其失调的人际关系，以此促使女性承担其公民的责任及形成女性的互助体系。一般来说，女性团体工作可以分为发展性、支持性、预防性三大类型。发展性团体通过团体互动、团体凝聚力等团体方式，为女性提供职业培训、能力提升、兴趣爱好培养、志愿者队伍建设等服务，以挖掘其潜能，提升其个体能力，促进个体成长发展。在支持性团体内，社会工作者协助女性讨论自己生命中的重要事件，表达经历这些事件时的情绪感受，使成员彼此提供信息、建议、鼓励和感情上的支持，其目标在于帮助女性提升处理有压力的生活事件的能力，丰富个人处理问题的生活经验和加强相互学习的力量。

（二）阅读案例

1. 案例呈现

中华女子学院曾经与北京某个街道妇联合作，在辖区内开办了一个单亲女性自强小组，用专业的小组工作方式协助女性解决自己面临的情绪、心理和经济问题。

（1）团体背景

随着离婚率的上升和男女寿命差距增大，越来越多的家庭成为单亲家庭，而大部分单亲家庭是由女性为家长的。国内外有很多研究都涉及离婚的单身母亲的困难和问题。经济困难是单身母亲遇到的最大的问题。此外，她们还遇到了子女教育、住房、家务、再婚和身心健康等诸多问题。造成单身母亲过重经济负担的直接原因有两个，一是她们收入少，二是法律规定由父亲给母亲抚养孩子的费用太低或父亲不能按时给付抚养费。另外，单身母亲的心理负担也十分沉重，所有的离婚母亲都很焦虑，她们担心自己的孩子会因为离婚而受到伤害，同时，她们自己也身受社会对母亲角色的期望的重压。在压力之下，她们一方面愧疚会带给孩子伤害，一方面又没办法好好照顾孩子，甚至造成儿童虐待。

可以看出，离婚的单身母亲在经济上、生活上、心理上和人际交往上都遇到了一定程度的困难，需要得到社会的支持和帮助，这就为社会工作者提供了一个开展服务的用武之地。

(2)团体理念

该团体将赋权的概念和视角运用到团体过程中,注意将西方的社会工作价值观与中国的文化传统结合起来,探索一个适合中国社会文化特点的工作手法。主要有以下几个基本观念。

一是赋权。赋权是一个助人自助的过程。通过组前访谈,我们发现,虽然她们面临很多困难,但是在每位女性身上,都具备这样或那样的特点,如坚忍不拔、富有牺牲精神、能吃苦、愿意关心别人、会精打细算、计划性强等。然而,在很多时候她们都没有注意到自己这些优点,而是特别强调自己的弱点和命运的不幸。因此,我们认为,调动女性自身的潜能,让她们发现自己的力量来解决自己面临的困难,是非常重要的。从个人层面来看,可以帮助她们增强自信心,减少自卑感。从人际互动的层面来看,成员间的相同经验,容易培养一种集体归属感,成员们可以建立一个社会支持网络。从个人和社会的关系来看,通过对社会政策的分析和理解,成员可以将个人问题与社会上的权利、资源分配不均联系起来,采取共同的行动以改变现状等。

对专业人员来讲,和一群与自己生活经验不同的姐妹相处,从她们的经验中,能够深入了解生活的真正意义,从她们身上可以学到很多书本上无法学到的知识。

二是宽恕和放得下。结合中国化的特点,我们提出了宽恕和放得下的概念。小组工作是一种从西方引进的工作方法,要将这种方法放在中国文化背景中,要想使其在中国扎根生存下来,就必须使其本土化。在小组设计中,我们试图将中国文化传统放进小组中,使其容易为中国人所接受。为此,我们在小组中,加进了中国传统文化有关宽恕的内容,传统医学中有关身心健康的内容,得失转换和平衡的观念,以及“拿得起,放得下”的概念。希望通过这种方式,能够鼓励女性从婚姻失败的阴影中尽快走出来,学会放弃和宽恕,重新设计自己未来的新生活。

三是爱自己与积极思维。我们试图将西方文化中关注个人感受的内容引入小组中。在组前访谈时,我们发现,女性在婚姻中把自己的全部精力放在丈夫和孩子身上,她们很少关注自己的感受和需要。离婚后,她们愤愤不平,感到不甘心,将自己沉浸在对丈夫的愤恨中。因此,在小组中,我们加进了“爱自己”的内容,希望女性学会关注自己个人的感受和需要,加深对自己的认识和了解,从而进一步发现自己的潜能,改变自我否定和自责的看法。同时,我们十分重视倡导积极的思维方式,与成员一起学习在不如意的生活中怎样积极地看待周围的一切,培养乐观向上的生活态度。

(资料来源:刘梦,陈丽云. 小组工作手册[M]. 北京:中国人民大学出版社,2004.)

2. 团体工作内容及过程展示

结合以上案例,此次单亲女性自强小组共设计了 5 节课,课程的内容分别为:崎岖中的成长——人生的挑战;爱的释放——释放与宽恕;爱惜自己、自我升华;推己及人及与孩子一起成长。课程的设计注重从身、心、灵和社会层面的介入去协助单亲女性重建自尊,做到自立、自强和自爱,从而开始新的生活。课程的内容中贯穿了“身体”的运动、呼吸练习、按摩活动,“心”情及情绪的表达和管理,“灵”性反省及生命的重塑,“社会”关系和互助精神的培养与训练等。

小组活动的目的：一是在小组过程中，女性能够对自身处境重新认识，实现自我提升，释放潜在的能力。通过小组活动，单亲女性可以学会肯定自己对家庭和社会的付出，发现并欣赏自己的优点。二是鼓励单亲女性说出自己的心声，并从与其他姐妹的分享中吸取经验，例如，如何改善与子女的关系，如何处理负面的情绪等。三是在小组中，建立单亲女性间的互助关系和提高维护自己权益的意识，培养向社会提出自己的要求的勇气。

经过5次活动，组员们普遍反映变化很大。她们开始将自己的注意力从过去转向未来，学会了利用积极的情绪来应对负面的情绪，学会了宽恕别人，宽恕自己，放下包袱，计划未来。小组结束时，组员们起草了一份单亲女性住房问题要求书，希望政府给离婚的带子女一起生活的单亲家庭（特别是女性）在计算分房工龄时，将前夫（妻）的工龄包括进来，以减少他们的经济负担。这份要求书通过政府部门，递交给了有关职能部门，希望他们在立法和修改法规时，考虑单亲家庭的特殊需要。

三、女性社区工作

（一）女性社区工作的定义

社区工作是指女性社会工作者以地理社区或功能社区为单元，在充分了解和确定社区女性的需要及相关问题的基础上，通过发动和组织社区女性参与集体行动，充分利用社区内外资源，构建女性社区社会支持网络，有计划、有步骤地解决在社区范围内与女性有关的问题；同时，积极培养社区的女性领袖，让女性在社区参与中培养自助、互助、自决的精神和民主参与的能力，从而推动整个社区的女性全面发展。

倡导是女性社区工作的重要技巧之一。倡导指的是社会工作者为了确保社会公义，站在一个或多个服务对象或某些团体和社区的立场上，直接从事代表、捍卫、介入、支持或提建议等活动的过程。倡导的前提是环境阻碍服务对象自决或引起了社会不公，并需要变革。搜集信息是倡导的核心。在倡导一项政策前，一定要充分了解情境、政策、公众观感、服务对象与环境的互动，以及其他有关问题，要了解服务对象的背景和呈现的问题，要了解对象所在社区的问题与人口特征，有了这些资料才可以进行预估和制定社区策略。

女性社区工作的主要内容有如下几个方面。第一，为社区女性提供教育、就业等发展性服务。加强社区女性教育，提高女性综合素质，促进社区女性整体发展。采取多种形式兴办以女性为主体的社区服务实体，开展多层次、多渠道的职业技术技能培训，提高下岗、失业女性再就业的能力，引导和帮助下岗女工在社区服务领域中实现再就业。第二，为社区女性提供维权等支持性服务。为社区女性和家庭进行普法宣传、法律帮助等多项服务，增强社区女性遵纪守法、维护自身合法权益的意识，提高她们的法律素质。为权益受到损害的女性提供法律援助及心理疏导服务，做好教育引导、释疑解惑、理顺情绪的工作。第三，繁荣社区文化，加强社区和家庭文化建设。运用女性之家、女性学校、女性活动中心及女性自助读书会等社区各类文化教育活动阵地，开展丰富多彩的教育、科普、文体、娱乐等活动，满足社区女性日益增长的精神文化需求，营造文明健康、积极向上的社区氛围。

（二）阅读案例

1. 案例呈现

香港理工大学古学斌教授与香港一家NGO在贵州的一个苗族地区开展的社会工作是一

个较好的社区服务案例。

农村妇女社会工作发展探索

该项目的工作重点是资助女童教育，但在这个过程中，他们积极邀请当地妇女参加社区行动，他们与当地妇女一起做了社区需求评估，邀请社区里被公认为最没有能力的妇女去挖掘最被忽视的社区资源，鼓励她们积极参与社区需求评估。

经过评估后，有些妇女认为识字、算术等与她们的日常生活关系密切，许多妇女在市场上做买卖经常被骗。于是，根据社区妇女提出的需求，社会工作者在该地区办起了扫盲夜校班。夜校班由项目资助读完初中的妇女当老师，教授内容最初是根据政府提供的生字词识读为主。后来，在实践中，社会工作者发现这些生僻的字词根本不能真正帮助到当地妇女解决生活的难题，而且远离当地妇女的日常生活，很难引起她们学习的热情。于是，社会工作者开始与当地妇女一起重新编写课本，新的课本删除了一些不实用的内容，增加了许多插图，尽量用图片说明文字的意思，而且图片大多来自于她们耳熟能详的日常生活。同时，社会工作者与当地夜校授课教师改变了传统的教学方法，通过小组讨论、戏剧表演等多重新颖的形式，结合当地生活情境选择适合当地妇女的教学方法。

之后，当地妇女提出仅仅学习简单的算术和文字太单一，提出了应该多学习一些农业实用技术知识。于是，社会工作者与当地妇女一同寻找到当地技术能手，把他们讲述的种田知识录音整理出来，编成田间管理知识读本，然后由夜校向妇女讲授。另外，当地苗族妇女也很关心家居安全和法律援助的问题。例如村里经常发生丈夫酒后虐打妻子的事件，但家庭暴力发生之后，大多数妇女却不知道怎么维护自己的权益和保护自己。于是，社会工作者与当地夜校老师一起将《中华人民共和国婚姻法》中有关妇女权益保护的内容摘抄出来并与当地妇女一起分享。

在整个过程中，当地妇女始终积极参与项目的运作，她们成为项目参与的主体，社会工作者与她们形成合作团体，一起策划，共同行动。同时，整个项目始终将妇女的需求放置于首位，积极调动社区内外资源，有计划、有步骤地推动社区内妇女的全面发展。

（资料来源：张和清. 农村社会工作 [M]. 北京：高等教育出版社，2008.）

2. 建立社区支持网络

一般来说，构建女性社区社会支持网络的类型主要有以下三种类型。一是以女性志愿者为本的支持网络，指围绕服务对象的需要，组织若干名志愿者与服务对象建立联系，以便提供及时的帮助。如在社区中为独居的老年女性建立的邻里支持网络等。二是以女性自助互助为本的支持网络，指帮助有类似问题或有需要的服务对象建立互助小组，使她们能以帮助别人的方式互相支持。如下岗女工支持小组、单亲母亲支持小组、受虐女性支持小组等。三是以协助个人或家庭预防为本的社区紧急网络，指以协助个人或家庭预防突发事件或危机为主的支持网。在社区中建立包括派出所、法庭、街道妇联、司法所、社区医院、居委会、社区志愿者和邻居等在内的、既各司其职又能相互联动的紧急支持网络，为有需要的女性与居民提供帮助，如反家暴社区紧急支持网络。

【思考训练】

1. 女性社会工作的主要内容有哪些？

2. 女性社会工作的特点是什么?

3. 女性社区工作的主要内容有哪些?

4. 针对受虐妇女问题,你认为社会工作可以如何介入呢?

【拓展阅读】

受暴妇女的社区综合干预模式研究

深圳市罗湖区家庭暴力防护中心是有效保护女性儿童合法权益、防止家庭暴力、促进家庭和谐的联合机构,由多个部门联合成立,主要负责日常工作的单位是罗湖区妇联。其中多个部门包含:区委政法委——主要承担协调各成员单位相互配合及给予经费支持,区人大法工委——承担督促各部门的落实情况的职责,区教育局——负责协助做好家暴事件中未成年人的安抚处理工作,区公安分局——做好及时干预、制止家暴行为,区民政局——调解登记、化解矛盾,区司法局——开展法律宣传、调解家庭暴力案件,区卫生局——协助做好法医鉴定工作,区法院——受理案件依法判决,区检察院——主导司法监督,区妇联——负责案件记录、跟进及处理。

罗湖区家暴防护中心成立于2004年,成立区级中心后,一并在罗湖辖区内的10个街道设立分中心,83个社区站设立报案点。在社区中聘请热心人士为家庭暴力监督员,形成“区—街道—社区”三级防护网。中心同时还具备开具“伤情鉴定委托书”的资格。家暴防护中心地理位置上因毗邻香港,受到来自香港社工为跨境家庭提供的港人社工服务站的影响,在2008年成为罗湖区社工服务试点单位,成立家庭暴力防护社工小组,为罗湖区妇女及儿童提供家暴防护服务。中心开展社会工作服务至今已有9年。

社工小组主要负责承担中心社工服务项目,联动中心各部门开展个案服务或社区服务。社工开展三个层次的服务,其受到家暴防护中心的工作要求,建设一个中转承接服务的平台,各个部门将发现的受暴女性转介到中心社工,让社工跟进,开展专业个案服务;同时社工为个案链接其他部门的资源;中心又通过社工开展项目服务,深化服务内容,满足社区需求及各个部门联动合作的需求,如为社区及街道开展培训,完善服务体系等。社会工作开展的三个层次的服务既是家暴防护中心为受暴妇女提供专业服务的基础,又是联动社区及多部门的开展家暴干预服务的行动内容。项目实施的主要内容包括以下部分。

1. 社会倡导教育层次

在社会倡导教育的干预层次,社工主要是面向全体居民开展讲座类型的活动,而对一线服务的社工、妇干开展技能培训。2016年,社工在罗湖区全区开展了10场社区反家暴论坛活动,活动主要播放家暴微电影,电影叙述的是受暴妇女向外求助,并申请人身安全保护令的故事,充分展现现实生活中的受暴妇女求助将遇到的社会部门及其能享受的社会服务。同时在观影后,组织居民参与讨论分享,围绕“唠叨是妇女受暴的理由么”“遇到家庭暴力应该怎么办”“一名受到家暴的妇女想要终止家暴,但是不想离婚,应该怎么办”等问题,让居民积极发表自己对家庭暴力的看法,并讨论解决办法。

2. 社会支持层次

在社会支持的层次上,最重要的服务内容是妇女互助小组活动的开设。社工根据服务年度计划,从家暴防护中心全年300宗的咨询服务中了解妇女的需求及问题,定期开展妇女互助小组的活动,小组活动分为两类:妇女心灵成长类、妇女技能提升类。两类不同的小组主题以保证受暴妇女重建自身多元的社会资源,探索妇女的自我需要。

3. 危机干预层次

危机干预层次的服务基于社工的个案服务,针对不同的个案服务需求,逐渐发展出来三个主要的服务内容:受暴妇女心理健康的沙盘游戏治疗,是采用心理治疗的方式帮助受暴妇女疗愈心理创伤,增强自我能力;避风港项目服务则是为了让受到暴力对待暂时无家可归的妇女得到临时的经济支持,在外临时安置,同时给予伤情鉴定的经费帮助,固定家暴证据;在婚姻调解方面,则是链接全国妇联正在主推的婚姻家庭调解,社工参与调解,帮助想要重建家庭的妇女调解家庭矛盾。

(资料来源:曾峥. 受暴妇女的社区综合干预模式研究 [D]. 深圳:深圳大学,2017.)

第九章　女性与文化产业

【热点链接】

根据亦舒同名小说改编的电视剧《我的前半生》火了，这不仅仅是因为表演精彩、制作精良，更重要的是它背后投射的东西。亦舒本人钟爱小说《伤逝》，而化用了其主角之名的小说《我的前半生》显然是在向作者鲁迅致敬。1923 年鲁迅清醒地看到《玩偶之家》作为现代女性独立宣言暗含的重重问题，提出了“女性出走后会怎样”的质问，如果不能经济独立，娜拉出走以后也不过两种结局：一是回来，一是饿死。继而他创作了小说《伤逝》，讲述了子君和涓生冲破传统家庭阻碍、从自由恋爱到婚姻破裂的故事。子君的悲惨命运让鲁迅极富先见性地指出：妇女要解放，需用“剧烈的战斗”去争取经济权。

50 余年后，亦舒改写了这个悲剧。但从鲁迅到亦舒，一个不变的精神内核是：万事万物皆不可靠，只有靠自己争取回来的，才是牢不可破的。而今亦舒同名小说改编电视剧《我的前半生》对于女性自强的解读与表现，更是导致了巨大的争议。你的观点又是什么呢？

（资料来源：韩思琪.《我的前半生》引起热议，在于缝合了女性焦虑的各种话题 [N]. 文汇报，2017-07-25（11）.）

【观点分享】

《我的前半生》引起热议，在于缝合了女性焦虑的各种话题

子君的好运是亦舒在作品《我的前半生》中赋予的，亦舒为她开了隐形的“金手指”，让子君在打发时间的兴趣班中无意找到了自己的天赋，成为合伙人，最终有了自己的事业。但到了电视剧《我的前半生》中，这种好运的来源被置换为“霸道总裁”。贺涵是电视剧新增加的角色，人物设定是人生导师加包办疑难问题，子君在低潮中遇到的所有难题都靠贺涵语录来解决，于是，我们看到这个女性逆袭的励志文本，又变成了找到一个合适的男人一切问题都能迎刃而解的老套路。

电视剧版子君 被男人成就的“独立”

在电视剧的人物宣传海报上，马伊琍笃定的眼神边上写着八个大字，“不念过去，不畏将来”，可以看出剧方想走女性自立自强的路线。“女不强大天不容”似乎已经成为当下影视作品的热门标签，但女强与玛丽苏的边界却是模糊的，甚至很多影视剧只是男性特权包裹下的伪女权，所谓的“大女主”其实都是耽于情爱、被逼为强、依靠男性来成功的玛丽苏。

在电视剧《我的前半生》中，这个“成就女主角”的任务是由新增角色贺涵完成的。他先是一手调教了女友唐晶，让她变成咨询行业中的“贺涵第二”，与唐晶分手之后又在子君的感情和职场的蜕变中充当了教父式的角色，每句台词都在教做人。这种皮格马利翁的“养成式”设定，将子君原本应有的自立自强涂上了“被驯化”的底色。

许多原著党的愤怒也在于此。但在他们的粉丝滤镜下没能看到的是，即便是在亦舒的原作中,子君也是个始终“脱不掉金丝雀本色”的小女人,她想要的只是一点安全感。在前夫、挚友和现任间辗转,涓生走掉后还有唐晶,唐晶走掉后遇到翟君,“背后总得有座靠山”。必须有寄托,有人欣赏,她才能不寂寞。

主妇逆袭:一种想象的解决途径

编剧在接受采访时表示,以上种种改动都是故事本土化的选择,但这种选择的背后其实是切入城市生活的不同路径。亦舒属于香港,她笔下的女郎永远穿着开司米、真丝衬衫、卡其裤的“三件套”,精致的细节、武装到香水气味的装扮法则,搭建起的是物化的世界。而电视剧《我的前半生》的编剧秦雯是地地道道的上海姑娘,通过分享一个上海版本的故事,将“家庭剧”的观众缝合到故事当中。

况且,对于剧方来说,原著粉本就不是他们的目标受众群体。如果说原作是一个关于如何找回勇气重新开始生活的故事,亦舒想告诉我们的是,不论境遇如何,尽量姿态优雅。而讲述失婚的中年妇女如何重新立足于社会的电视剧《我的前半生》,是一个关于“重启困境”的故事,更是一个“哀乐中年”的故事。

主妇的逆袭是电视剧《我的前半生》的骨架,信奉“家庭就是全部”的全职太太突遭婚变,单亲妈妈如何从头开始奋斗?剧本的改编将原本的都市女性涂改成绝望的中年主妇,剧方想要抓住的是观众的痛点——中年危机的焦虑。

一方面,在当代社会生存压力巨大,犯错的成本极高,每个人唯恐行差踏错。尤其对于被认为“可以不努力”“大不了就嫁人”的女性来说,如果一直把人生寄托在别人身上,一旦生活发生震荡便很难翻身。如同波伏瓦所说:“男人的极大幸运在于不论在成年还是小时候,他必须踏上一条极为艰苦的道路,不过这是一条最可靠的道路;女人的不幸则在于被几乎不可抗拒的诱惑包围着,她不被要求奋发向上,只被鼓励滑下去到达极乐。当她发觉自己被海市蜃楼愚弄时通常为时过晚,她的力量在失败的冒险中已被耗尽。”

另一方面,在很多人的观念中,主妇的家庭劳动没有受到应有的尊重,却变成“应该做的”。

城市职业女性更是处在家庭与职业的拉扯中,不仅有繁忙的社会工作,还有繁重的家庭劳动。

以上种种或许正是电视剧《我的前半生》火爆背后的心理动因。好的作品不一定非要截取现实的最大公约数,但大众流行的背后却是整个社会心理的投射。在这一点上,《我的前半生》提供了一种想象性的解决方式,抚慰的是众多“居于室”的女性观众们。

(资料来源:韩思琪.《我的前半生》引起热议,在于缝合了女性焦虑的各种话题[N].文汇报,2017-7-25(11).)

【智慧探索】

第一节 女性与文化产业概述

文化产业似乎从开始就注定了与女性之间有割不断的联系。女性为文化产业的发展不断贡献力量,文化产业无论是为社会公众提供实物形态的文化娱乐产品,如书籍、报刊的出版、制作、发行等，还是为社会公众提供可参与和选择的文化娱乐服务，如广播电视服务、电影服务等，都在津津乐道地关注、诠释着女性。事实上，女性与文化产业之间如此紧密不可替代地联系在一起，以至于她们形象本身都成为文化产业中使用的重要符号，无论是褒扬还是贬斥，她们的噱头、市场以及声誉等让文化产业的触角逐渐深入到女性这一人群。

一、女性与文化产业品牌

当今，文化产业实力逐渐成为世界经济社会全面进步的主要推动力，甚至作为一个国家的“软实力”而成为国家综合实力的重要组成部分。塑造具有核心竞争力的文化产业品牌，保证其专有性、排他性和可识别性，唤起消费者文化联想和情感愉悦已成为文化产业可持续发展的关键所在。而其中以知名女性成功定位文化品牌的例子不胜枚举，比如国内著名资深电视节目主持人杨澜，以其名字命名的《杨澜访谈录》《杨澜视线》等电视栏目深受广大电视观众的喜爱。而看过《杨澜访谈录》的人，看到她与世界各地政界、商界、娱乐界等众多名流进行深度访谈，感受她采访从容不迫、绵里藏针的气场时，心中不免荡漾起四个字“杨澜真棒”，同时杨澜的亲和、稳重、理性的个性魅力也深入人心，她的栏目也被赋予杨澜的个性化，再加上资本市场运作，有关杨澜的系列品牌效应不断扩大。另外，香奈儿作为一个有 80 多年历史的世界著名品牌，其得名缘于香奈儿公司创始人 Gabrielle Chanel 香奈儿女士。香奈儿女士是一位时尚传奇人物，她以先锋的理念改变了 20 世纪女性的衣着，创造了伟大的时尚帝国。无论是她设计的带有强烈男性元素的运动服饰、两件式的斜纹软呢套装、打破旧有价值观的人造珠宝，抑或是带有浓郁女性主义色彩的山茶花图腾，都彰显了她善于突破传统，设计实用华丽的独特风格。香奈儿女士已与香奈儿的品牌定位和要传达的品牌核心价值紧密联系在一起，再加上良好的广告传播效果和终端销售，香奈儿系列产品也找到了属于自己的目标消费群，最终使她找到了一条以品牌为中心，有特色且适于自己发展的道路。同样通过知名女性成功定位的文化产品还有范思哲、羽西等。这些品牌通过与知名女性结合的方式，利用知名女性自身价值的影响力、公信力和美誉度深度挖掘品牌，再加上系列营销策略，使之成为一批具有国际竞争力的文化产业强势品牌。而这一方面赋予品牌更丰富的寓意和联想，另一方面也展现了女性在事业中的理想追求，刻录了女性在奋进中自强不息的韧性。

二、女性与报刊

在全球化、多元化的市场经济大环境下，市场进入了细分化的时代。而女性在当今社会已然成为一个不容忽视的群体，她们大多接受过良好的教育，拥有自己的职业，在经济上独立，同时在家庭和社会上扮演着重要的角色，性别意识也逐渐增强，一个呼之欲出的现实——“她”时代正渐渐来临，而文化产业为适应现实社会的需要，从对女性关注角度出发，将市场定位指向女性，开始为女性提供更多、更丰富的文化产品，诸如女性报纸、女性刊物等，通过突出内容产品的差异性而提高内容产品的不可替代性，以占有更大的市场份额。

（一）女性期刊

女性期刊是以女性读者为主要对象、以女性生活为主要题材的期刊。从 20 世纪 80 年代起步至今，在中国期刊经历跳跃式发展进程中，女性期刊一直担当主力，通过不断修正办刊宗旨方向，逐步占据着期刊市场的半壁江山，形成了一种独特而又强大的女性文化存在形式。目前,我国女性期刊按售价可划分为三个层次:普及型、中档和高档。普及型女性期刊的典型代表主要有《知音》《家庭》等,其特点是图片较少,基本不采用彩色印刷,以讲述生活故事为主,内容通俗易懂,主要依靠发行获利。中档女性期刊的典型代表为《女友》《职业女性》《都市丽人》等,这类期刊基本为彩印,比较注重期刊的文化含量,内容充实并注重品位,发行收入与广告收入并重。高档女性期刊的典型代表为《瑞丽》《时尚》《世界时装之苑》等,这类期刊的特点是图片较多,图文比例约为 1∶1,以时尚潮流资讯为主,印刷十分精美,广告多而且档次较高,主要靠广告收入获利①。来自中国新闻采编网的一组排名显示,2009 年 10 月奢侈品广告投放量前 10 位的杂志依次是《世界时装之苑》《时尚·伊人》《时尚芭莎》《服饰与美容》《瑞丽伊人风尚》《悦己》《瑞丽服饰美容》《财富(中文版)》《时尚先生》,可以看出女性期刊,特别是高档女性期刊垄断着高端奢侈品广告投放,而这恰恰是因为这些高档女性期刊拥有较强的品牌号召力及整体实力,拥有一定的市场份额及相当一批受众人群,吸引了奢侈品广告商的跟进,保证了经济效益的增长。而对于中低女性期刊来说,由于有些期刊在铺货力度、覆盖率方面和实销方面表现出了领先优势,再加上抓住了女性"消费主力军"这一重要角色,使得它们在市场中占有较高的份额。如《2009 年一季度成都女性期刊零售市场概述》一文指出,在 2008 年末及 2009 年第一季度,在成都,一批中低档女性刊物,如《悦己》《女刊·白嫩版》《漫生活》在 9 份中低档期刊中共占据 80% 的市场份额。

《知音》简介

《知音》是创刊于 1985 年 1 月的情感类杂志,杂志售价 5 元,以悲惨曲折的爱情故事,以及名人逸事等内容与精英文化形成对垒,多年稳居国内期刊发行量第一、世界第五的位置。

1985 年 1 月,《知音》诞生于白云黄鹤之乡——江城武汉。经过长期艰苦创业和发展,知音除拥有品牌杂志《知音》以外,还有下属 6 种子刊、1 家子报、5 个子公司、1 个网站和 1 所学院。《知音》坚持把创造鲜明的个性特色作为发展自己的战略,率先在中国期刊界推出了具有哲学理念的"人情美、人性美"的办刊原则,强调刊物要"深入生活、深入心灵",引起了广大读者的共鸣,创刊号即发行了 40 万份,当年最高月发行量突破 100 万份,创造了中国期刊史上的奇迹。

(资料来源:知音(知音杂志社出版杂志). 百度百科.)

(二)女性报纸

女性报纸是以女性为目标读者的报纸媒体,从女性角度出发,始终围绕女性做文章②,以满足女性群体的新闻阅读需求为归宿,以关注女性、关注女性关注的事物为新闻采集的原则。在国内报业市场,女性报纸如《中国妇女报》《新女报》《今日女报》《现代女报》等利用女性报媒的特色,以顺应"她时代"为浪潮,激流勇进,占据着一个不可或缺的细分市场,成为媒介确立竞争优势的基本出发点。

1. 女性报纸发展

早在 20 世纪 80 年代,改革开放为我国报业带来了新的活力和生机,新创办的报纸如雨后春笋般地涌现,报纸种类之丰,发行量之多,是我国报业史上所少有的,创刊于 1984 年 10 月的

① 陈桃珍:《女性期刊成功原因探析——以〈知音〉和〈瑞丽〉为例》[J],载《湖南大众传媒职业技术学院学报》,2009(1)。

② 王浩:《分众市场操作策略——〈新女报〉的实践与思考》[J],载《中国记者》,2006(8)。

《中国妇女报》和 1982 年的《今日女报》(原名《湖南妇女报》,1956 年创刊,2 年后休刊,1982 年复刊)就是在这报业的春天里出土的。《中国妇女报》坚持以女性读者为本位,一直主张将性别意识纳入主流,如今已成为一家具有鲜明个性特征的全国性主流报纸。《今日女报》将“特色办报、特色经营”作为生存之道,它将关注女性生存与发展为己任,近年提出“凤眼看世界,见证她时代”的办报思路,在经营策略上充分体现强烈的女性特色,因此《今日女报》发行量、广告收入、经营总收入均位居全国女性报纸前列。

《中国妇女报》简介

《中国妇女报》创刊于 1984 年 10 月,邓小平同志亲笔题写报头,由全国妇联主办,是一张具有思想性、社会性和综合性的唯一的一份全国性的女性大报。其宗旨是向社会宣传妇女,向妇女宣传社会,促进妇女进步、发展与解放,积极维护妇女儿童的合法权益,热情为她们服务,鼓励广大妇女在国家建设和社会发展中发挥半边天作用。同时关注现实生活中各种与妇女有关的新闻事件和社会问题,并积极通过舆论作用促进问题的解决。2018 年 3 月,获“2017 年百强报纸”荣誉。

(资料来源:中国妇女报. 百度百科.)

伴随着中国经济的迅速增长,社会财富的激增,社会结构发生的显著变化,消费趋向的多元化,报业市场需要更加细分化的信息来满足受众需求。女性报纸也顺势像雨后春笋一样,越来越多,如有创刊于 2001 年 9 月的《都市女报》(济南)、创刊于 2001 年 12 月的《新女报》(重庆)、创刊于 2004 年 9 月的《当代女报》(西安)、创刊于 2004 年 12 月的《时尚女报》(吉林)等。这些“女报”在创刊伊始即定下了走“女性化、地域化、时尚化”的特色之路,不但满足女性情感基本需求,而且关注女性生活所需要的实用性新鲜资讯。同时为持续地吸引读者的注意力,实现自身不断发展,“女报”紧跟市场变化的步伐,适时调整办报策略,在与社会发展的互动中彰显生机与活力。如深受渝城读者欢迎的《新女报》,在报业同质化竞争严重的今天,由于始终坚持“差异产生市场、特色决定生存”的办报理念,创新性地实施“小采编大经营”及“概念经营”的策略,同时敢于改版升级,从而屡创佳绩,不仅在重庆生活服务类周报中零售量位居第一,和其他三大直辖市的生活服务类周报相比,单摊平均销量也位居第一①。

2. 女性报纸商业价值

有人说,进入 21 世纪,新闻媒体既要发挥传媒的“宣传功能”,又要充分发挥传媒的“产业功能”。传媒产业已日益成为我国国民经济体系中的一个重要产业部门。“女报”要想在激烈的报业竞争中取胜,一方面要提升自己的品牌价值,使之具有商品价值;另一方面,要提高“女报”广告客户的品牌价值,使之商业价值实现最大化。如《今日女报》就实施了以纸质《今日女报》生产为中心环节,进行系列传媒产品生产的战略。在 2002 年 3 月,《今日女报》创办了湖南省第一张全彩铜版纸地产周刊——《新家周刊》,鲜明地提出了“买房置业,女人说了好才是真的好”的特色思路,为女性报纸介入房地产产业提供了现实榜样。2003 年春天,《今日女报》抛出了“她时代”的战利品,《经营美丽》《思想赢家》两本书隆重面市。《经营美丽》集中报道了影响湖南美容美发行业的 18 位风云人物;《思想赢家》则记录了湖南房

① 王浩:《分众市场操作策略——〈新女报〉的实践与思考》[J],载《中国记者》,2006(8)。

地产产业一批富有激情、敢于开拓、善于思索的业界精英，此书被誉为湖南房地产最鲜活的MBA教材。这两本书除了在业内形成良好的社会影响外，还为《今日女报》带来了100多万广告收入①。如此看来，品牌就是媒体可持续发展的重要资源和无形资产，强化"女报"的品牌意识和系列传媒生产战略是报纸市场化经营的必然结果，也是"女报"走向完善，走向成熟的标志。

三、女性与影视

（一）女性电影

电影作为集体创作的综合性艺术，是群体智慧的结晶，很难出现纯粹由女性清一色创作的情形。因此，对于"女性电影"的界定存在不同观点，我们赞同将女性电影分为"女性创作电影""女性题材电影"和"女性主义电影"三类。

1. 女性创作电影

我国从电影诞生之日起直至改革开放前，电影领域大都是男性导演一统天下。虽然也曾出现过王苹、董克娜等中华人民共和国成立初期杰出的女性导演，但毕竟凤毛麟角，对优秀女性的热情讴歌比较简单平面。20世纪80年代至90年代，尽管女性电影在中国电影市场中占的份额十分有限，但在电影艺术这个充满魅力和挑战的领域里，涌现出了令人瞩目的女性导演阵容：黄蜀芹、张暖忻、陆小雅、王好为、胡玫、刘苗苗、李少红等。对她们而言，这是一个充溢着新鲜、悸动、探寻和成功的时段。她们直面先进的思想与滞后的经济这一矛盾下我国妇女解放的所有希望、困惑乃至痛苦，试图解构以男权为中心的传统文化观念体系，探索女性的自我意识，寻找女性的生命视野②。

90年代，伴随着经济体制的改革，中国电影逐步走向市场化，尚处在边缘位置的女性电影也遭受到了意想不到的重创。首先就表现在女性导演的人数锐减，其原因一方面是由于年龄因素，不少女性导演自然退出导演圈。在市场化这个巨大的磁场里，像黄蜀芹、史蜀君、胡玫这些女导演，在身份方面自愿不自愿地转化为影视两栖导演。另一方面就是女导演受制于主流文化和市场化的指挥棒，加入到了主旋律片和商业片的拍摄行列，女性意识渐趋微弱，甚至有回溯传统的趋势③。

进入21世纪，一批学院派女导演如旭日东升，生机勃勃地跳入电影导演的行列，不仅壮大了电影导演的队伍，而且由于她们的性别身份，也的确给电影创作带来了新视角、新题材和新手法。中国女性导演的电影创作在经过一阵调整后，在新世纪仿佛又让人看到希望，接连不断地出现女性导演创作的影片，如李少红的《恋爱中的宝贝》，徐静蕾的《我和爸爸》《一个陌生女人的来信》，许鞍华的《玉观音》等④。

2. 女性题材电影

"女性题材电影"是以女性生活为描述对象，反映女性成长历史、心路历程，揭示女性现实生存状态和女性主体意识觉醒、萌生的电影。我国最早的两部同摄于1950年的影片《白

① 杜介眉：《她时代做足女性文章——解读〈今日女报〉贴近受众的特色办报思路》[J]，载《中国报业》，2006(8)。

② 张敏：《从新时期女性电影解读女性意识》[J]，载《江西社会科学》，2003(11)。

③ 李琳：《80年代以来女性电影》[J]，载《文艺争鸣》，2006(4)。

④ 李琳：《80年代以来女性电影》[J]，载《文艺争鸣》，2006(4)。

毛女》(水华、王滨导演)、《中华女儿》(凌子风导演)是典型的女性题材电影,影片成就两种类型女性形象,并成为中国当代电影中关于女性叙事(1949—1979年)的基本叙事原型,即在旧社会她们注定历经苦难,被侮辱、被迫害,直到获得一个男性共产党人的救赎,成为一个被解放的妇女、一个新女性,享有自由与权利。然而,获得是为了再度奉献,她将成为一个巨大群体中性化的一员,以一个消融在群体中的个体而成长,凸现为一个男性化的"女"英雄①。

20世纪80年代,谢晋、凌子风、黄健中、张艺谋等的片子中塑造了一系列熠熠闪光的女性形象。影片虽然展现了对女性的同情和理解,但是如果从女性主义视角来看,这些女性题材影片无一不是被父权话语操纵。她们或是"一些情感和道德的代码,是男人们精神上的守护神",如谢晋电影中的女主人公们,或是"一些本能和欲望的符号,是男人们肉体上的承观者",如张艺谋电影中的女主人公们,而女性主体的自我意识则成为一种历史性的缺失②。因此女性题材电影从某种程度来说处于失语地位,很难实现对父权文化的解构。

3. 女性主义电影

"女性主义电影"产生于20世纪60年代的西方妇女运动,是一种表达女性主义话语的电影样式。具体是指由女性导演拍摄的,娴熟地运用女性特有的创作、表达方式声讨男性中心文化对女性的压抑,以崭新的人文观点和全新的美学理念,鲜明地颠覆父权中心文化的女性主义创作方式来拍摄的电影③。事实上,从20世纪80年代中后期开始,伴随着女性在文化视域中的再度浮现和一种新的反抗或抗议性女性文化雏形的出现,女性主义电影作为一种创作思潮自觉产生。从开始至现在,中国女性主义电影不约而同地表达了女性生存的边缘化处境以及女性试图摆脱边缘生存状态的苦苦挣扎,并且直指女性边缘化生存的社会根源④。如黄蜀芹的《青春万岁》《人·鬼·情》《画魂》,李少红的《血色清晨》《四十不惑》《红粉》,徐静蕾的《我和爸爸》《一个陌生女人的来信》,许鞍华的《客途秋恨》《女人四十》,等等。

(二)女性励志剧

女性励志剧是伴随改革开放的推进而诞生的电视剧类型,其初始的创作动机仅仅是为记录那场伟大的变革给身处其中的每一个个体带来的影响与改变。只不过由于创作者叙事视角的选择,使它们最终成为有女性主义渗透的电视剧文本,因此,早期女性励志剧来源于创作者反映社会变迁的创作自觉性,而非一种女性主义的刻意张扬。这也使女性励志剧自诞生之日起就将女性个人的命运置于时代的洪流中,将女性的成长和社会的转型与时代的变迁牢牢绑定。其共同的叙事模式是女主人公通过自身的不懈努力,克服自身的缺陷和种种社会困难,最终实现自己的理想,获得成功,特别是事业上的成功⑤。如《篱笆、女人和狗》《外来妹》《公关小姐》《女人不是月亮》等。

进入90年代中期,此时在电视银屏走俏的所谓"新女性"大多是由男性叙事层面出发建

① 高力:《遮蔽与张扬:新中国女性电影的主题变奏》[J],《西南民族大学学报》,2007(5)。
② 张敏:《从新时期女性电影解读女性意识》[J],《江西社会科学》,2003(11)。
③ 潘娣:《浅析中国当代女性电影的审美特征》[J],《美与时代》,2007(4)。
④ 刘海玲:《"花与花联合起来":进入21世纪的女性电影》[J],《电影艺术》,2004(6)。
⑤ 马艳:《多元文化语境中的女性励志剧研究》[J],《新疆艺术学院学报》,2009(1)。

构出来的，无论是“住别墅的女人”还是“洋行里的中国小姐”都不过是披着新女性外衣的旧式妇女和满足男性观看欲望的欲望客体，是从男性视角对女性进行的再塑造。女性励志的作品屈指可数，女性励志剧的创作进入沉寂期①。

进入新千年后，特别是韩剧《大长今》的热映，再次掀起了女性励志剧的创作高潮，如《当家的女人》《女人不哭》《女人一辈子》，但不容忽视的问题是，这些打着“女性励志”旗帜的诸多剧集，其质量是良莠不齐，有的不仅称不上是女性励志剧，甚至还是伪女性主义的作品。

（三）家庭伦理剧

随着时代的发展，社会生活多姿多彩，纷繁多变的社会矛盾摩擦出错综复杂的情感，揭示社会生活、反映情感变化的电视剧以缤纷的色彩多方面多角度地展示和呈现生活，于是，家庭伦理剧应运而生。家庭伦理剧，主要以家庭伦理道德为中心内容，伦理道德几乎是人人都会遇到的课题，是一种以反映社会伦理、道德问题为主要内容的通俗剧，它构成了通俗剧创作的主要形态。换句话说，以反映社会道德、伦理为内容的电视剧，主要采用的是通俗剧的形式。因此，由它们构成的故事最容易引起大众的关注和认同。

20 世纪 90 年代后期至今表现家庭伦理内容的剧目有逐渐增多的趋势，这是现实生活中婚姻危机加剧对电视剧创作的一个必然要求。这类作品主要有《牵手》《空镜子》《结婚十年》《浪漫的事》《中国式离婚》，以及近两年的热播剧《婚姻保卫战》《蜗居》《回家的诱惑》等。这些作品对造成婚姻危机的原因进行了广泛的探讨，婚外恋、更年期、子女问题、下岗问题、文化隔膜、信任危机、性生活都进入了镜头的焦距范围。这些问题带有时间变化的背景，属于社会热点问题，它们被搬上荧屏后吸引了众多受众的视线。这些作品的价值取向有如下几点。

一是贬斥第三者插足，呼唤婚姻的稳定。该类电视剧对第三者插足这一问题普遍地采取了一种贬斥的态度，这一方面取决于社会基本伦理规范的要求，另一方面也是在警醒基本伦理道德缺席的第三者女性。在《牵手》中，王纯的插足让夏晓雪的天空一片漆黑，当夏晓雪深夜去找离家的丈夫后，醒来的儿子丁丁不见了身边的母亲，去街上找她，不幸的事发生了，丁丁被坏人拐走。夏晓雪回家不见了儿子，她的精神整个都崩溃了。看到这儿有谁能不为这一幕震撼、不为王纯的插足给这个家庭带来的灾难痛心？王纯正是亲眼看到自己种下的恶果而受到了良心的谴责，从而结束了自己的插足行为。

二是多视角探讨婚姻危机的深层原因。经济转型期的婚姻危机的原因很多已不限于夫妻个人间的恩恩怨怨，它同时也体现为社会变革在家庭中的投影以及在商品经济中人性发生的剧烈变化。在《结婚十年》中，成长搭上王菁，一方面反映了商界中的“小秘”现象，另一方面也表现出成长发达后忘乎所以的人性弱点，同时掺杂着韩梦生育和下岗后由心理压力引起的夫妻问题。在这些作品中，主创者在使用主流话语的同时，不给人物佩戴简单化的道德标签，而是让各色人物尽情表现，让他们的话语充分地碰撞和交流，最后以事实和结局引起受众的反思。

三是突出婚姻危机中的文化张力。婚姻是文化的具体表现，而文化的核心就是价值观。当前的婚姻危机往往体现为价值观的冲突，反映在婚姻中，个体与传统的群体、家庭的

① 马艳：《多元文化语境中的女性励志剧研究》[J]，《新疆艺术学院学报》，2009（1）。

价值观产生了激烈的对立和冲突。在《咱爸咱妈》中,乔家伟为筹集父亲的治疗费把家中的钢琴卖了,这使得他的女儿被迫中断了钢琴学习,妻子罗西为此跟他急了,这是他们婚姻破裂的一根重要导火线。在现实生活中,做母亲的如果遇到这样的事作出像罗西一样的反应的恐怕不是一个人,因为独生子女的教育在母亲心中的位置是大家可以想见的。在《牵手》中,夏晓雪活着的价值就是丈夫、孩子,工作上处于混日子的状态。丈夫钟锐在她身上找不到职业妇女所特有的活力和美感。妻子自身价值的缺失也构成了他们婚姻危机的一个原因。在婚姻关系中当个体价值与家庭利益发生冲突时该作出何种选择,这是一个复杂的文化命题。

总体来看,表现当代婚姻关系的家庭伦理剧大多深入到复杂的社会现实和人的价值观的演变中来营造文化的空间,少有说教味道,但从大多数作品的故事结局看,其终极的价值指向还是家庭的回归、和睦,这不仅符合人的情绪归属的需要,也与建设社会主义精神文明和保持社会稳定的主流意识形态合拍,这使得关注或面临婚姻危机的受众在心理和情感上得到了极大的启示和慰藉①。

第二节 文化产业中体现的女性形象

纵观文化产业中的影视、期刊,女性形象已成为一道绚丽的风景线,但是所塑造的女性形象大多被圈定在男性的视野之中。他们以其复杂和隐蔽的方式维护着男权文化和男权观念,并且在社会文化中扮演着维护既有性别统治秩序、掩盖两性世界实际上的不平等、麻痹和弱化女性的性别文化批判力,以使现存的男性中心的文化更为坚固合理。

一、追求爱情的执着——以琼瑶影视剧中的女性人物为例

琼瑶,在她的50余部小说里,以纤巧清丽的文字,风流儒雅的格调,为读者谱写了一篇篇哀艳、缠绵、狂热、悲怆的爱情心曲;以她作品改编拍摄的电影或电视剧,也演绎了一段段缠绵悱恻、轰轰烈烈、生生死死的爱情故事,曾给无数观众的心增加了一份温暖的抚慰和共鸣。琼瑶作品里塑造了几百个栩栩如生的女性人物形象。这些女性美丽、纯情得不食人间烟火,大多兼有古典与浪漫的个性特征,其喜怒哀乐好像永远纠缠于爱情之中,生活圈似乎永远跳不出家庭这个狭窄的范围。

(一)温柔美人——男性不可抗拒的女性

从琼瑶作品中的女性形象来看,琼瑶深谙儒家思想的审美内核,她塑造的女性大多是符合传统审美标准的"含蓄、沉静、专一"的柔弱娇人,有一种不食人间烟火的雅洁气息。比如《几度夕阳红》中的李梦竹,《梅花烙》中的白银霜,《六个梦·哑妻》中的方依依,《还珠格格》中的夏紫薇,等等,她们美貌如斯,拥有着中国古典美女的外貌,浑身上下带着恬静与温柔的气质让人心折。

优雅、美丽、柔弱、伤感、被动、依从、封闭的女性是中国封建时代男性士大夫们普遍欣赏的一种女性形象。琼瑶作为一名女性把自己作品的女主角形象按照已积淀成的以男权主义为中心的道德模式加以塑造和表现,为大众呈现出一个男性文化所钟情的女人的世界。为

① 刘杰:《家庭伦理剧对当代女性婚恋文化的影响》[D],太原,山西大学,2012。

什么男性钟情美丽而又柔弱的女子呢？ 第一，在男性文化传统中，女性一直作为审美欣赏的对象，“美人”形象实际上是一个一直在审美活动中反复出现的问题。然而这类“美人”形象同现实中的女性是很不相同的，体现出的往往是一定文化体制中男性的趣味和理想性[①]。无论是琼瑶小说中女主角，还是琼瑶剧中林青霞、刘雪华、陈德容、蒋勤勤等饰演的女子，都有一派“我见犹怜”美丽外表。女性外表“美”可以说是人的直觉情感的认同，也着实反映了男权文化对女性形象的千古不变的追求，更反映了女性作为男性或以男性为主体的文化的依附而存在的现状。

第二，男人往往更喜欢楚楚可怜、性情温柔的弱女子，其原因一方面有中国传统文学的影响，古典文学中“荑手纤纤，宫腰搦搦”“娴静时如姣花照水，行动处似弱柳扶风”中便蕴含了男子对女子弱态美的赞赏。另一方面与传统男尊女卑性别角色的定位有关。在男性与女性的二元对立中，女性被视为他者和第二性，女性往往只能作为男性的陪衬，用她们的娇柔、弱小去衬出男性的刚健、强大。如果一个女人过于强大、自主，男性则会感到很难驾驭，甚至感到一种潜在的危险，这就是男性潜意识里需要女性柔弱的深沉的内在动机。

（二）爱情至上——女性价值观的核心目标

琼瑶作品中的男女主人公都有着为爱情献身的虔诚与执着，都有着追求“缠缠绵绵，你是风儿我是沙”的浪漫。琼瑶娓娓述说的一个又一个充满爱的柔情故事给观众尤其是女性观众营造了一种宣泄感情的梦幻氛围，爱情至上似乎也成为琼瑶作品中女性价值观的核心目标。

1.“灰姑娘”的童话

灰姑娘穿上了小老鼠给的水晶鞋，立刻变得美如天仙。豪华的四轮马车把她送到了王子的舞会上，王子与她翩翩起舞，一见倾心。在琼瑶作品中大多存在着这个类似的情节，有的只不过是琼瑶将“灰姑娘”的故事作了重新编织[②]。作品中的“灰姑娘”年轻、美好、纯洁，尽管有的处在社会的底层，有的被贫穷困扰，有的情感遭遇冷落，但她们被邂逅的“白马王子”深深地爱着。如《一帘幽梦》中自称是“变不成天鹅”的“丑小鸭”汪紫菱被费云帆深深爱着，费云帆风流倜傥、莫测高深，有神话般的财富，更重要的是对紫菱有着无微不至的体贴和无限的倾心，紫菱最终由“丑小鸭”变成“白天鹅”。在《几度夕阳红》《心有千千结》《秋歌》《月朦胧鸟朦胧》《却上心头》《还珠格格》里都有类似情节。这种“灰姑娘”故事模式的多次利用，尽管反映出作品主题表现纯情男女的爱是母题，但也给人们一个虚妄的理想，一个梦想的安慰，似乎只有男人才能解救女人的命运，女性唯一正当的人生途径，就是通过男人找到自我[③]。

2. 爱情的力量

在琼瑶作品中，爱情是一种激发人奋进的力量，但对男权社会中的女人来说，被爱情所激发的常常是牺牲自我多于确立和肯定自我，在爱情中发现的是作为妻子作为情人的自我，而非真正自立自强的自我。于是，女性唯一正当的人生途径，就是通过男人找到自我。

---

① 刘小华：《论琼瑶小说中的大众文化品格》[J]，载《淮阴师范学院学报》，1999(4)。

② 刘小华：《论琼瑶小说中的大众文化品格》[J]，载《淮阴师范学院学报》，1999(4)。

③ 邓桦：《戴着枷锁的天使——琼瑶小说中的女性形象》[J]，载《新西部(下半月)》，2009(1)。

《几度夕阳红》的李梦竹,《一颗红豆》中的念苹和杜慕裳,《烟雨濛濛》中的陆依萍的母亲,《菟丝花》中的江绣琳等,虽然她们曾经都是男性眼中理想的女性和梦寐以求的"天使",但是她们都难以挣脱男权社会的束缚,似乎回到家庭,接受男性保护和宠爱成为她们生活的核心。但从女性意识角度来看,这些美丽的"天使"身上戴着的枷锁实在太重了[①],她们缺乏自主意识,更谈不上竞争意识、进取意识和创新意识,因此从某个程度来说,琼瑶式言情影视剧给女性造就了"我是男性附庸"的樊篱。

二、逃不出的宿命意识——以《茉莉花开》的女性形象为例

侯咏的《茉莉花开》是一部讲述女性的电影,影片改编自苏童小说《妇女生活》。

正如罗伯特·潘·沃伦所说:"把一部小说改编成电影时,小说只是素材而已,而影片则是一部新的创作,是毁是誉,都与小说作者毫无关系。"苏童小说《妇女生活》的叙事脉络是"娴的故事——芝的故事——箫的故事",而侯咏虽然依旧选择和原作一致的叙事结构,但导演将《茉莉花开》定位为寓言式电影,以一家三代女性(茉、莉、花)的爱情与婚姻发展变化为蓝本,用独特的视角向世人展现了20世纪中国的历史变迁和女人的命运,让观众尤其是女性观众在联系与比较中有所思有所得。

《茉莉花开》是一部有关女人与宿命的电影。影片监制田壮壮在剧本修改意见中说:女人始终是在寻回女性自己自身的,因为男人不承当繁衍的任务,所以男人不牵扯到轮回,只有女人才有轮回。轮回,即宿命意识[②]。

从读《良友》穿旗袍的30年代,到扎羊角辫热爱工人阶级的50年代,再到穿着的确良裤子以有海外关系为傲的80年代,三代女人——茉、莉、花有同样甜美的笑容与执着的感情,她们在爱恨情欲中辗转,用不同的方式保卫自己的爱情,然而宿命终成羁绊,失去总是必然。三代女性遇上了财势男人、憨厚男人、才情男人,都没有得到幸福[③]。她们只能在自己身体的冲动与疼痛中辗转一生,尽管母亲不幸的婚姻与生活,使得女儿往往会千方百计地逃离母亲般的命运,但生活似乎是一张很大的网,无论怎样逃,似乎还是逃不出宿命。

茉是影片中唯一一个经历了三个不同时代的女人,从十八岁的清纯、天真到未婚先孕的隐忍、冷漠,再到老年时代的善良、和蔼,茉的个性反差比较大,这自然与她所处的时代、城市的历史变迁以及所有过的人生经历有莫大的关联。同时,她性格的变更也象征着那个动荡年代的灰色特质[④]。茉是30年代上海梦幻工厂的产物,那时她热爱华衣美服,喜欢幻想,有着涉世不深的天真,怀抱成为大明星的梦想,孟老板便成为她实现这一梦想的起点,也成为她一切美好生活的终点。当孟老板要求她打胎的时候,她本来还有退路,可是她拒绝了;当孟老板留下有孕在身的她离开时,她也可以放弃这个孩子,可是她依然拒绝了。她的命运在经历一夜成名、怀孕、被弃的人生突转后,"男人一夜、女人一生"的宿命选择了茉,并且为这个宿命,茉坚守着自己的一生。这样的悲剧结局也似乎反映了那个特殊的年代,追求名利和梦幻的女人所不可逃脱的人生宿命。

---

① 邓桦:《戴着枷锁的天使——琼瑶小说中的女性形象》[J],载《新西部(下半月)》,2009(1)。

② 叶菲:《一切得失因寓言——谈茉莉花开的女性形象塑造》[J],载《电影评介》,2006(14)。

③ 张娟:《女人如何拯救自身——评〈茉莉花开〉》[J],载《剧影月报》,2006(3)。

④ 何祖健,李娜:《〈茉莉花开〉的文化解读》[J],载《电影评价》,2007(1)。

莉是一个有强烈的控制欲与神经质的女性，她并不是传统"红颜薄命"式的苦命女子。她的悲剧具有一定的特殊性和复杂性，不仅仅是时代背景下的产物，同时也是她"自导自演"的结果。童年时代噩梦般的记忆（母亲对她的冷淡、母亲与娘舅的乱伦、外婆的自杀）对她的成长形成了巨大的负面效应；加之与婆家的艰难相处、不能生育的痛楚造成了她心灵的创伤和精神的分裂，她神经过敏、歇斯底里、猜忌多疑，害怕母亲与丈夫乱伦，怀疑丈夫邹杰和养女有染，诬陷自己的丈夫，最终把邹杰逼上了绝路。爱情成为套牢她一生的枷锁。

花的个性是这三个角色中最为积极向上的，在她身上可以看到中国妇女的众多传统美德：勤劳、勇敢、自立、坚强等。但是命运也让她演绎了"秦香莲与陈世美"的辛酸故事。她对男友小杜的爱真切深沉，自己省吃俭用供他读大学上研究生，不顾奶奶的反对与他结婚。在对方背信弃义的情况下，她还是固执地把孩子生下来，准备做一个单亲妈妈。是爱的信仰让她义无反顾地选择做单亲妈妈。但不管在什么样的年代和什么样的社会，这样的选择都会给一个女人的一生带来无穷的痛苦和不尽的障碍，然而她却坚强地迈出了这样的一步，她可以离开伤害她的男人，也可以满怀感激地迎接女儿的降生。正是因为花的坚强，才终止了三代悲剧命运的轮回，如果说茉是这一悲剧循环的起点，那么花则是它的终结①。

三个女人的故事其实只是一个外壳，茉、莉、花三位女性分别代表女人一生当中的三个时期，即青春期、青年时期和成熟期。虽然她们都有自己的爱情传奇，甚至遇到一个不负责任的男人，但对这三个女人而言，却是用一生的代价来面对这个"意外"，她们的宿命不在外界，而在自身，在对待"意外"的选择和态度。如果她们的生命中遇见的不是这三个男人，而是另外的人生，另外的境遇，可能也会导致同样的结局。

三、跟随时尚的放纵——以时尚杂志透析女性形象

随着社会的发展，女性形象和地位的提高，阅读专门针对女性的时尚杂志（《悦己》《瑞丽》等）已成为女性一种重要休闲方式。女性时尚杂志印刷精美、内容丰富，不但成为现代女性追求高层次的生活指南，如为读者提供诸如化妆美容、饮食及健康、怎样处理人际关系、如何缓解工作压力、加薪升职的技巧等生活信息，也承担了提供娱乐的功能，在满足女性精神生活需求方面的同时，使女性在轻松时尚的女性时尚杂志中体验阅读乐趣。然而细品这些时尚杂志内容，其实在不同程度上在引导女性读者沉浸在杂志精心设计的消费主义和性别刻板的陷阱之中。

（一）引导女性消费

女性时尚杂志所展现的现代女性，几乎都拥有豪华的住宅、高档的服装、健康的生活方式、成功的事业、敢于拼搏的个性以及美满幸福的家庭等，一方面它给读者制造了一个浪漫、完美的场景，使读者被时尚杂志展现出来的丰富多彩的生活所吸引；另一方面它能让读者暂时性地逃避现实，沉浸在自己的想象空间中，不经意地沉溺在杂志所精心设计的消费主义引导之中。女性时尚杂志以强烈的视觉冲击，制造着关于美丽外表、美丽情感与美丽生活的梦幻，表达着女性的愿望与期待，并使其物欲与表现欲无限膨胀，让女性在这个梦幻里得到生命的快乐与满足。《悦己》对其读者的定位描述为："拥有较高的教育背景、快节奏的都市生活和稳定的职业收入，有对平实愉悦生活的渴望和追求，追求生活品质，有自我心，有自信

① 何祖健，李娜：《〈茉莉花开〉的文化解读》[J]，载《电影评价》，2007（1）。

心,有驾驭生活的能力。"[1] 从这段定位描述中可以看到杂志上体现的是一种现代化高品质生活。而现代化高品质生活离不开消费商品。再深层次地挖掘,可以感受到女性身体已经变成了一种被看被消费的商品,杂志中女性形象的表面化、程式化、时尚化的印象进一步强化了女性的消费欲望。

(二)刻板印象

女性时尚杂志按照传统模式,即男性中心主义思想的模式,为男女两性在外形、举止、个性、品位等方面精心设计了理想化的形象和社会化的标准。即把男性引向竞争、强权与战争,而将女性引向人事、心理及家庭,使女性整日被美貌、感情和家庭的事务缠绕。它赋予女性诱惑的特别权力,以"美的规范"指导女性的追求使其朝着交际能力的发展,而不是朝着机构控制能力的发展,从而强化男女两性的传统社会角色定位。女性时尚杂志演绎世俗社会对女人的评价——"女人的物质性是天生的""女人永远是时尚的追随者""做女人,就应该好好地享受生活"。这是时尚杂志在隐蔽地传达"女性印象"。

第三节　倡导健康和谐的女性文化产业

文化产业特别是影视传媒有传播迅速、覆盖面广、渗透力强等特点,决定它会潜移默化地影响人们的思想观念和行为,改变人们原有生存状态。但文化产业在发展过程中由于自身的不完善和外界诸多因素的影响,存在着传播陈规定型和贬损女性形象,以谋求商业和消费主义的利益等问题。如何推进文化产业发展,增强文化产业的性别意识,营造有利于女性发展的文化环境,已成为一个重大课题。

一、确立文化产业的人本价值观

追求商业利益是文化产业寻求发展的内在动力,在尚处于社会转型时期的中国,在以"利"为本的观念指导下,文化产业中的某些领域往往只注重人的物质欲望,着力塑造一个消费至上的享乐主义世界,只考虑如何诱发人们的消费欲望和购物情结。因此文化产业要承担多种责任,不但要重视商业利益,更要重视其人文责任和文化内涵,树立好"人本价值观",即文化产业应以人为主体,核心是一切为了人,关切人的生存状态,满足人的整体需要,宗旨是有利于人的全面发展。"人本价值观"应是提升文化产业中女性形象所遵循的重要理念。虽然不能要求文化产业所有领域在经济目的之外都做到有意识地引导女性消费者正确地认识自己,并且在两性并存的社会结构中正确地定义自己的角色,定位自己和男性的关系[2]。但是伴随着"人本价值观"的不断深入人心,淡化商业色彩,加强人文精神,重视人的各种情感,包括友情、爱情、亲情、乡情等,使其贴近人性、合乎人性和求真、向善、趋美的价值应该是文化产业未来发展的一大趋势。

另外,确立文化产业的以人为本观念,建立起对文化产业承载的消极信息进行批判、思考的共识尤显紧迫和重要。在这样一个消费社会中,社会对于性别的不良看法以及女性在社会文化中的价值,却正在被文化产业中一些领域一而再再而三地重复着、强化着,他们擅用女性

① 熊建华,彭光芒:《从〈悦己〉看现代女性时尚杂志的二重性功能》[J],载《今传媒》,2009(2)。

② 黄泽蓉:《商业广告中女性形象贬损探析》[D],载《湖南大学》,2008。

身体、偷运集体无意识的性别偏见，却又常常因其商业面目而逃出理性的审视[①]。因此透过理性审思，努力使文化产业在文化利益和商业利益之间寻求最佳支撑点，既兼顾商业价值，又兼顾社会价值是文化产业未来发展所追求的方向。

二、提升文化产业中的女性形象

文化产业中对女性形象的刻画，存在贬损女性形象等问题，而这受到商业社会中文化、经济、道德和法规等因素的影响，因此在相当长一段时期内不可避免。正视问题存在的必然性，尽可能地将其负面作用降到最低程度，努力提升文化产业中女性形象是文化产业发展的当务之急。

一方面，文化产业，特别是影视、报刊传媒应确立在性别平等方面的宣传愿景。一个媒体的宣传愿景不仅要求媒体对自身身份进行再确认，而且也是对自身现在和未来"应该做什么和如何做"这个问题进行拷问。大众传媒不是政府部门，不是任何社会福利机构，事实上很难为改变妇女生存状况冲锋陷阵，为提高妇女的社会地位做什么实际有效的工作。然而，其普及率和影响力所形成的舆论导向和压力机制有助于社会转变观念，完善政策，以及推动男女不平等问题的逐步解决[②]。因此，在推进"男女平等"的普适价值面前，大众传媒要明确在日常的宣传报道中加强对"男女平等"的宣传力度，从而促进男女两性和谐关系的形成。

另一方面，文化产业，特别是影视、报刊传媒的宣传报道要引入性别视角。"高度决定态度，视角改变观点"，同样的宣传报道，选择的视角不同，宣传的效果则会大相径庭，宣传价值也会高低悬殊。文化产业引入性别视角，主要是指文化产业发展紧扣女性的生存状况、社会地位、发展前景、发展途径、女性自身与外部世界的适应与协调等这些最基本、最关键的问题，以女性题材等形式传递性别平等理念，帮助女性成长。其目的是牢牢吸引受众的视线，从而以自身的公正赢得更多女性受众的信任。自从20世纪末世界妇女大会在北京成功召开以来，文化产业中的诸多领域为促进两性平等作出了有目共睹的贡献，除了以男女平等的现代性别观观照相关电视节目的制作，一些女性专栏、女性频道等女性媒介纷纷开设。所有这一切对于改变传统的性别观念、打破性别角色的陈规定型、促进妇女发展、增进男女两性沟通，起到了积极的作用。

三、加强对文化产业的引导管理

世界上任何国家、任何政府，不论代表哪一个阶级或社会集团的利益，都会对大众传媒进行监督和管理，要求大众传媒为社会主流文化和统治集团的意识形态服务[③]。然而，一些媒体在向公众传达女性形象时，存在着有失公允的性别信息，甚至为获得大众关注，在塑造女性形象时表现出低级庸俗、贬低女性形象的问题。作为媒体，应有责任和义务抑制这种现象的发生，在为社会培养健康的审美观念和性别观念上有所作为。同时作为政府，应发挥对文化产业监督管理的重要作用，督促文化产业加强自身管理。政府一方面要完善现有管理的政策法规，使文化产业相关业务处于有管理依据的状态，另一方面要加强对媒体的监测机制建设。政府应不定期开展对文化产业的相关评估，并利用有影响的媒体发布评估结果，对文

① 黄泽蓉：《商业广告中女性形象贬损探析》[D]，载《湖南大学》，2008。

② 黄蓉生，任一明：《现代女性学概论》[M]，重庆，西南师范大学出版社，2009。

③ 黄泽蓉：《商业广告中女性形象贬损探析》[D]，长沙，湖南大学，2008。

化产业中的性别歧视现象提出批评整改，尤其对于侵权和歪曲女性形象的不良宣传，应依法追究其法律责任。

【思考训练】

1. 女性期刊类型有哪些？

2. 家庭伦理剧作品有哪些价值取向？

3. 琼瑶影视剧中的女性人物有什么特征？

4. 时尚杂志是如何引导女性消费的？

【拓展阅读】

文化产业的女性力量

当前很少有人会特别地把女性身份与文化产业的发展联系起来，至少在从业者方面，“她”力量在文化产业发展方面确实存在着不小的影响。

实际上，与其他产业相比，从业者的角度并不是“她”力量对于文化产业影响最显著的领域，因为文化产业与社会生活息息相关的属性，决定了文化消费端才是其真正产生深刻影响的领域。而且，随着经济的发展、社会的进步，社会生活中的很多流变和趋势最终都会反映在文化产业的发展中，其间的很多流变和趋势都与女性有着或明或隐的关系，这些才是现代文化产业发展中“她”力量发挥作用的更大空间。

从业者：“她”力量的价值

高考一般能成为媒体关注的焦点话题，而首先拉开一年一度高考大幕的正是各大艺术类院校的艺考。实际上，与艺考有关的专业大都从属于文化艺术类，学生毕业后所从事的职业方向也大都与文化产业有关，而艺考中女性考生占据大半壁江山的现状，从“源头”上就为文化产业从业者中女性力量的占比进行了背书。

如果说传统意义上的艺考所涉及的专业只能占到现代文化产业所涵盖行业的一小部分的话，那么随着文化产业学位教育的发展，大量高等院校开设的相关专业也成为很多女生的选择。最近将要参加高考的女生小梅就曾托人向记者打听文化产业相关领域的就业情况，起因是她和家长在研究高考填报志愿时，发现近几年来很多高考咨询机构都将文化产业管理专业与护理等专业并列推荐为女生适合报考和学习的专业。

如果将上述现象视为“她”力量在文化产业中的增量，那么其所反映的也是女性力量在文化产业从业中存量的优势。事实上，很多学者都曾撰文提出，由于文化产业本身所具有的创意、个性、弹性等特质，因此，它正契合了女性从业者的特点。同时，由于这是一个新兴领域，就业的性别“门槛”几乎没有，也是很多女性从业者进入文化产业领域的重要原因。

消费者：“她时代”的文化消费

随着科技的不断进步，人类社会正在步入“她时代”是一个日趋明显的现象。在“她时代”，不仅意味着科技对劳动者的进一步解放，也即闲暇时间的增多，更意味着整个社会在审美等方面走向更加开放、多元和包容的新境界。在这种大背景下，女性不仅在家庭文化消费中有更多的话语权，而且针对女性开发的文化产品和服务也有增加的趋势，构成了“她时代”里文化消费中的“她”力量。

虽然没有专门的统计数据，但女性在文化消费特别是家庭文化消费中具有更多的话语权是一个不争的现实。比如，在中国家庭中，看什么演唱会和电影这样的消费决定一般都由女性作出或者推动，更不要提电视剧的主要收视群体大部分由女性构成，娱乐业最大的消费群体也大部分由女性构成，而且不论是男明星还是女明星的粉丝群体都是如此。此外，在涉及与孩子有关的家庭文化消费时，由于为孩子计划课外学业的大都是母亲，因此，相关的文化消费决定也大多由女性作出。

与此同时，在当下最火热的网络文化消费领域，女性文化消费者的增多和消费行为的增加也是“她”力量的展现。

女性文化消费话语权的提升和消费行为的增加，直接带来的结果就是出现了大量专门为女性开发的文化产品和服务。虽然在这里并不是刻意要强调文化产业中的“她”力量，但随着经济发展和社会进步，“她”力量日渐影响人们的审美需求并进而影响其文化需求和消费行为，彰显出多元、开放、包容的全新价值理念也是不争的事实。

这些，才是“她”力量对于文化产业未来发展的深远影响。

（资料来源：曲晓燕. 文化产业的女性力量 [N]. 中国文化报，2017-03-08（7）.）

第十章 女性与传媒

【热点链接】

从《喜乐街》看“女神”和“女汉子”的区别

2015年央视春晚小品《喜乐街》播出后，“女神”和“女汉子”成为不同女性形象的代名词。下面我们用性别视角一同来探讨《喜乐街》中给男女老少留下深刻印象的“女神”和“女汉子”。

《喜乐街》里的角色分别是贾玲扮演的“女汉子”A、瞿颖扮演的“女神”B、沙溢扮演的表哥C、李菁扮演的好友D和幕后导演尼格买提，节目围绕B、C、D对各方面一无所成的好朋友A的劝慰展开。

那么《喜乐街》中“女神”和“女汉子”究竟存在哪些区别呢？

具体来讲，代表着两种截然不同女性形象的“女神”和“女汉子”，主要差别体现在外貌体形差别、异性认可落差、生存待遇差异方面。

我们首先来看看《喜乐街》中的“女神”：外貌体形上，“女神”是“眼大嘴小鼻梁挺，腿长胳膊长S形”，符合现代人对美女的普遍定义。异性认可上，“女神”是“长得漂亮，一群男生前呼后拥，特别有面子”。我们可以这样理解，正是由于“女神”存在“长得漂亮”的外貌优势，才获得男性“前呼后拥”的对待，并因此产生“特别有面子”的自我认知。这其实是典型男性视角对女性的窥视和定义，似乎在传达女性只有依靠外貌才能获得异性的认可。生存待遇上，“女神”在朋友圈里发留言说我失恋了，有人安慰、有人同情、还有请命等。

再来看看《喜乐街》中的“女汉子”，外貌体形上，“女汉子”是“我有胳膊还有腿，还有鼻子还有嘴”，没有体现任何性别方面的特征。异性认可上，“女汉子”是“没心没肺，一群男生前呼后拥，找我掰腕子”。我们可以这样理解，这里的“女汉子”对于男性而言，并不具备性吸引力，其自我存在和获取认同的方式是通过和男性进行体力较量而得到证明的。生存待遇上，“女汉子”在朋友圈里发留言说我失恋了，“没人安慰、没人同情、一群点赞的”等。

那么，究竟该如何看待《喜乐街》中“女神”和“女汉子”的差别呢？

有评论指出，《喜乐街》小品中对“女神”和“女汉子”的呈现，是媒体在用贴标签的形式，从身材相貌的角度来定义女性价值。“女神”，原意是女性的神明或至尊，指神话中的女性神仙，后被引申为外貌、智慧以及素质等综合资质高的女性，现网络含义多用来指代自己心仪的女性、长得很漂亮的女性、与自身有距离的在某一方面近乎完美的女性。而《喜乐街》中的“女神”，无论走到哪里，无论干什么，都是焦点，然而她除了外貌优势，并没有强调其他方面的过人之处，却备受追捧。

“女汉子”这个词语并不是春晚节目首创，其实之前就已经流行于网络。“女汉子”最初源于2013年女主持人李艾发起的微博话题《论“女汉子”的自我修养》。在这个话题讨论中，李艾以“女汉子”自居,认为“女汉子”能自力更生,会换灯泡、修保险丝、通下水道、搬重物、洗衣做饭等,不是传统意义上的娇柔女性。这一话题引起很多网友的共鸣,使得“女汉子”一词在网络中广泛传播。“女汉子”是“女”+“汉子”,模糊了男女两性界限,打破了男女两性二元对立,符合当前性别多元化的时代潮流。

再来看看《喜乐街》中外貌平平、豪爽独立的“女汉子”则以焦虑的、亟须安慰的形象出现。她之所以需要朋友们的劝慰,是因为她年近三十,没有财产、没有对象、没有固定工作。最关键的是,她对未来完全没有规划,也不曾根据自身条件扬长避短,因此一直无法实现志向,只能靠朋友们的配合来勉为其难地获取一些安慰。

因此从《喜乐街》来看,大众传媒在传播媒介文本时,应保持一种性别敏感和性别自觉,警惕以合法化形态传播性别歧视,积极承担社会公义,推进男女两性和谐健康发展,从而实现整个社会的协调发展。

(资料来源:重庆高校精品在线开放课程女性成长必修之“从《喜乐街》看‘女神’和‘女汉子’的区别”微课观点.)

【观点分享】

从报纸到音乐电视,媒体塑造着我们对性别的理解,通过向我们展示有关女性、男性及其关系的形象,媒体暗示我们,作为男人和女人,我们个体的形象应该如何①。

——[美]茱莉亚·T.伍德

女人不是天生的,而是被变成的。男人的极大幸运在于,他,不论在成年还是在小时候,必须踏上一条极为艰苦的道路,不过这是一条最可靠的道路;女人的不幸则在于被几乎不可抗拒的诱惑包围着,她不被要求奋发向上,只被鼓励滑下去到达极乐。当她发觉自己被海市蜃楼愚弄时,已经为时太晚,她的力量在失败的冒险中已被耗尽。女性作为“第二性”是低于男权的存在,但并非天生如此,而是被集体意识的绑架,是被强加的一个妻子或是母亲的形象,女性在当时所扮演的角色是受男权社会意识投射下的形象,而不是真正的人性和天性②。

——[法]西蒙娜·德·波伏瓦

大多数国家的印刷和电子媒介没有以均衡的方式描绘妇女在不断变化的世界中不同的生活和对社会的贡献③。

——联合国《第四次妇女问题世界会议的报告》

【智慧探索】

当今时代是媒介的时代。从传统的报刊、电视、广播、杂志等媒介,到当下以互联网为载体的网络媒体、移动媒体等,媒介成为人生活的一部分,甚至成为人“身体的一部分”。2000年后出生的孩子被称为“网络原住民”,生来便与媒介尤其是网络媒介联系紧密。当今社会的社会环境、文化环境、价值观念等都处于大众媒介的笼罩之中,媒介作为社会文化传播的重要载体,对于性别的平等与发展有着重要的作用力和影响力。所以在本章中,我们将着重关注女性与传媒的关系,关注女性参与媒介传播活动的情况,在媒介传播中扮演的角色和所处的地位,并

① 高文:《大众传媒中女性主体意识的缺失与建构》[D],长春,东北师范大学,2009。

② [法]西蒙娜·德·波伏瓦:《〈第二性〉》[M],郑克鲁,译,上海,上海译文出版社,2011。

③ 卜卫:《超越“妇女与媒介”——〈北京行动纲领〉回顾、中国经验与“北京+20”评估》[J],载《妇女研究论丛》,2015(9)。

分析媒介内容中的女性形象,对未来媒介与女性的发展进行展望,寻找开拓女性与媒介发展的新方向。

第一节　媒介中的女性从业者

一、媒介相关概述

(一)媒介发展概述

一般认为,人类社会发展至今,一共经历了四次意义重大的传播革命。每一次传播革命,都对人类的生产生活产生了重要的影响,改变了人们的生活方式,引发了社会结构的变革,从而推动人类文明由低级向高级不断发展。

1. 文字的发明和使用——第一次传播革命

早在180万年到10万年前的旧石器时代,就出现了远古人类文明。但直到氏族社会时期,随着语言的出现,人类才开始真正有意义的传播。语言的产生,说明氏族社会人类已经基本具有了清晰的思维能力和表达能力,思想活动慢慢趋于成熟。语言也带动了氏族之间的社会交往和信息沟通交流,人类进入口头传播的阶段。

但随着社会生产力的发展,口头传播的局限性慢慢显现:其不能远距离传播,也不能被长时间地记录,信息在口头传递间容易失真等。于是在距今大约3 000年的殷商时期,甲骨文开始出现。从此人类进行了一个全新的文明时代,人类的信息传播第一次突破了时间和空间的限制,并保证了信息在传播过程中不会出现失真。文字的发明和使用,是人类传播史上的第一次传播革命。

2. 印刷术的发明——第二次传播革命

在印刷术出现之前,人类传播主要依靠手抄书籍。手抄书籍的弊端显而易见,需要花费大量的时间和人力。在唐朝中后期,我国普遍开始使用雕版印刷技术。宋朝仁宗时期毕昇发明了活字印刷。活字制版避免了雕版的不足,只要事先准备好足够的单个活字,就可随时拼版,大大加快了制版时间。活字版印完后,可以拆板,活字可重复使用。同时活字比雕版占用的空间小,更容易储存和保管。

印刷术的发明和推广,是中国灿烂文明为世界文明作出的巨大贡献。手抄时期只能在上流社会流通的竹简、木简、帛书等复杂的书写媒介开始慢慢走向社会大众,上层阶级对知识的垄断被打破。在欧洲,由于印刷术的发明,使得宗教教义得以广泛流传,从而直接导致了欧洲宗教改革和启蒙运动。报纸、杂志、书籍等传统大众媒介迅速普及,进一步加快了知识文化传播的速度,加大了其传播范围,加速了封建制度的没落和资本主义的诞生。

3. 电子传播技术的发展——第三次传播革命

电子传播媒介是以电波的形式传播声音、文字和图像,运用专门的电器设备来发送和接受信息。电子传播科技的发展是从电报开始的,这标志着人类传播开始了真正的长距离、点对点的信息传播。1920年10月27日,美国匹兹堡KDKA广播电台正式成立,这是世界上第一家具有合法经营权的广播电台,它标志着世界广播事业的诞生。此后又经历各类技术的发展,1936年,英国广播公司首次开办每天2小时的电视广播,电视正式出现。随后,通信卫星的出现以及其在信息传播行业的大规模使用、便携式电波接收设备的出现等,将人类的传播文明推向一个新的高潮。

电子传播媒介的出现,开启了长距离、即时、点对点的大众传播时代,对人类社会的政治、经济、军事等各个领域都产生了重要影响,并使得人类信息的传播速度空前迅疾,传播范围空前广泛,传播内容空前丰富,复制扩散和保存信息的能力空前增强。

4. 互联网的发明和使用——第四次传播革命

互联网,或音译因特网(Internet)、英特网,始于 1969 年美国的阿帕网,是网络与网络之间所串联成的庞大网络,这些网络以一组通用的协议相连,形成逻辑上的单一巨大国际网络。通常 internet 泛指互联网,而 Internet 则特指因特网。这种将计算机网络互相连接在一起的方法可称作"网络互联",在这基础上发展出的覆盖全世界的全球性互联网络称为互联网,即是互相连接在一起的网络结构。互联网并不等同万维网,万维网只是基于超文本相互链接而成的全球性系统,且是互联网所能提供的服务之一。

互联网的产生与发展标志人类进入了网络时代。互联网的发展带动了"新媒体"的出现。新媒体是一个相对的概念,是在报刊、广播、电视等传统媒体之后发展起来的新的媒体形态,涵盖了所有数字化的媒体形式,包括所有数字化的传统媒体、网络媒体、移动端媒体、数字电视、数字报刊等。新媒体亦是一个宽泛的概念,它利用数字技术、网络技术,通过互联网、宽带局域网、无线通信网、卫星等渠道,以及电脑、手机、数字电视机等终端,向用户提供信息和娱乐服务的传播形态。严格地说,新媒体应该称为数字化新媒体。互联网改变了传统媒介传者和受众之间的关系,传播权利开始改变,是人类传播史上的第四次传播革命。

(二)女性传媒从业者概述

2018 年 7 月 12 日,在中国互联网大会闭幕论坛上,中国互联网协会正式发布了《中国互联网发展报告 2018》。报告显示,截至 2017 年底,中国网民规模达 7.72 亿,其中手机网民规模达 7.53 亿,移动互联网的快速发展带动了网民规模的增长,手机已经成为最主要的移动上网设备。而网民性别结构进一步接近人口性别比例,截至 2017 年底,中国网民男女比例为 52.6∶47.4。由此可见,在对网络媒介的使用上,女性并没有像在某些领域那样被男性远远甩在身后。

女性媒介从业人员的发展则要缓慢得多。我国最早出现的由妇女主编、并以妇女为读者对象的报纸是 1898 年康同薇、李惠仙等人在上海创办的《女学报》。《女学报》辟有论说、新闻、征文、告白等四个栏目,内容分修身、教育等十六门,多为宣传变法维新、大力提倡女学、争取女权、要求男女平等、主张婚姻自主、要求妇女参政、反对封建迷信、反对陈规陋习等等。随后较为有名的是女革命家秋瑾 1907 年创办的《中国女报》,以妇女为主要受众,以争女权、争独立、争解放为宗旨。而其后近半个世纪的近代报刊中,男性占据了绝对的主导地位。

中华人民共和国成立以后,妇女得到了空前的解放,"男女都一样""妇女能顶半边天"的口号深入人心,越来越多的妇女走出家门,成为职业女性,并开始承担越来越多的社会责任。在媒介领域也是如此,传统媒介中女性的人数增加,女性在媒介传播中的作用也越来越重要。20 世纪 80 年代开始我国开始实行新闻体制改革,媒介市场进一步细分,以女性为主要受众,传播女性关注内容、宣扬女性意识为宗旨的女性媒介开始在媒介市场中占有一席之地。1982年《湖南妇女报》的复刊标志着新时期中国女性报纸的诞生。到2007年,我国电视、广播、报纸、期刊从业人员数量在75万人左右(不包括互联网和出版社等单位),其中女性人数占总人数40%以上。她们之中,大专以上学历占总数的95%以上,平均年龄不到30岁。如湖北日报传媒集团的《楚天金报》,一线女性采编人员达45名,占采编人员总数的41%;而同属该集团的《城市情报》杂志(一份情感时尚类月刊),女性采编人员占采编人员总数的比例更是高达85%[①]。中国的女性媒体人,已经为中国媒体撑起了"半边天"。今天的传媒生产中,无论是日常的新闻报道,还是在突发事件现场,都能看到越来越多的女记者们活跃的身影。据2013年11月有关部门发布的消息,中国境内持有新闻记者证的采编人员共有25万余人,男女比例基本持平,为56∶44。《中国新闻业年度观察报告2014》则显示,目前全国新闻从业者中女性数量已经超过男性,占比高达51.5%。而驻外记者中,女性占40%左右。传媒业的老总则纷纷感叹:招男记者难,招优秀的男记者更难。作为新闻工作者直接来源的新闻学院里,女生超过男生早已成为普遍现象。

但同时也要看到,女性媒介从业人员的数量虽然不少,但在中国有影响力的主持人、名记者以及名编辑中女性的数量却相对较少;另一方面,在媒介管理层中的女性数量也很少,以省级卫视为例,全国32家省级卫视中,女性台长只有4位。从这个层面上看,女性在媒介传播活动中掌握的话语权较少。

二、媒介女性:行走在不同的社会角色间

我们先看一段资料:

男记者眼中的"她"VS女记者心中的"我"

有人说男性来自火星,女性来自金星,虽然是戏言,但也道出了与性别相关的不同认知特点。但是在某些方面,两性的认知还是能达到高度一致的。比如在女记者最擅长的报道文体,最感兴趣的话题等方面,男记者和女记者都表达了相近的观点。

1. 一致看法

(1)女记者最擅长报道文体——人物通讯

写好人物通讯的重要因素有哪些?细致、故事、情感……在大家的眼里,细腻、细致、激情和富有同情心是女记者的特质。于是,人物通讯成为女记者最擅长的报道文体。在本次调查中,85.7%的男性被调查者和87.5%的女性被调查者认为人物通讯是女性新闻工作者最擅长的报道文体。

(2)女记者最感兴趣话题——人物新闻、老百姓市井故事、家庭生活

女性与男性的兴趣点有一定相异性。一般说来,女性的兴趣落点更为细腻,也更加日常。女记者们自主选择话题时,最能吸引她们注意力的可能会是人物通讯、老百姓的市井故事和家庭生活。另外,从这次调查结果还可以看出,女性被调查者认为女记者对人物报道关注最多,男性被调查者则认为是老百姓市井故事。

2. 差异认知

当然,男记者眼中的女记者和女记者对自身的评价,还是有着明显的差异的。

① 陈力峰,左实,王晓娟:《女性媒体从业者的优势与困境》[J],载《今传媒》,2007(12)。

（1）从事采编工作的天然优势——女卷：富于同情心和激情；男卷：易与采访对象交流

善解人意、善于聆听往往是诠释女性的美好词汇，因此，男性被调查者认为女性在与人交往时具有先天优势，表现在工作中就是易与采访对象沟通。一篇好的报道离不开充分的采访，与采访对象沟通得好，往往还会得到一些意想不到的素材，从而写出优秀的新闻作品。不过，女性被调查者的观点与此不同，认为富于同情心和激情才是她们的最大亮点。

（2）采编的稿件亮点——女卷：报道角度多从小处或细微处切入且富于人情；男卷：文字（图片）细腻流畅

从事文字工作的女性，大多内心丰富，笔端常带感情。她们表达流畅、细腻，文字优美，带给人极大的阅读美感。从本次调查结果看，57.1% 的男性被调查者认为，女记者采写或编辑的稿件最突出的优点是文字（图片）细腻流畅。尽管也有不少女性认同这一点，但高达 75% 的女性被调查者却认为，她们采编稿件的最大亮点还是报道角度多从小处或细微处切入且富于人情味，此外，62.5% 的女性被调查者还认为她们策划报道时更注重挖掘故事里的人情味，唤起社会爱心。

来自管理者的评价：男强 VS 女强

本次调查，涵盖了来自全国各个报业的新闻管理者，鉴于男性占绝对优势，也可以理解为以下的调查结果，是在男性新闻管理者眼中男女采编人员呈现出的不同特点。

1. 新闻业务能力打分：男性略高于女性

在本次调查的管理卷中，管理者对男女新闻工作者的专业能力、创新能力的打分基本差不多，男性均分略高于女性。事实上，男女新闻工作者在采编新闻时是各有特点的，这在本次调查的三类卷子中都有所体现：社会交往能力、文字表达能力一般是女性新闻工作者的擅长点，但可能稍微欠缺对宏观的把握能力，而男性新闻工作者则与此相反。此外，女性被调查者自认为在采写切入的把握度上能力稍强，但在揭露社会阴暗面的勇气、斗争性和知识面上稍微弱些。而男性被调查者则认为女性新闻工作者对新媒体、社交化媒体的接受程度较高，但可能不太擅长对事物规律进行分析。

2. 从事新闻工作的优势

在媒体管理者评价男记者新闻工作优势的问题中，身强体壮出现的频率最高，与之相连的就是肯吃苦；而对女性来说认真细致，易于和采访者沟通是最突出的优势所在。

3. 对新媒体和社交媒体的适应度

在对新媒体和社交媒体的适应度这个问题上，管理者们和 71.4% 的男性被调查者都认为男女记者是基本持平的，并将女性的这种适应性解释为女性特有的敏锐度和活跃度、女性强大的好奇心和更加灵活善变等。而女性被调查者明显对自己这方面的评价更高，62.5% 的女性被调查者认为女性新闻工作者对新媒体和社交媒体的适应度更高，最重要的原因是她们具有较强的对社会时尚的感知能力和对网络工具的学习能力。

4. 职业状态

（1）工作投入度上男性略高于女性

本次调查结果显示，在自认为的工作投入度上，女性被调查者对自己的打分均分为 7.5 分，男性则有 8.14 分。而管理者对男下属的打分均分为 7.4 分，女下属为 6.9 分。

(2)职业满意度上女性略高于男性

在职业满意程度上,男性被调查者的满意度要低于女性被调查者,均分只有6.29分,而女性新闻工作者则有7.25分。

(3)收入与社会地位和自我期许上都自认为不相符

71.4%的男性被调查者与75%的女性被调查者都认为现在的收入与社会地位和自我期许不相符。

5. 影响工作的因素

在影响工作因素方面,男性被调查者与女性被调查者所选结果基本一致,主要包括报酬水平低、家庭负担重、进修机会少、业务提高慢、兴趣减退、晋升通道有限、性别不平等、对未来迷茫、有家庭小孩后时间不够用等因素。

但是,生育二胎可能对女性新闻工作者的影响更大,34.6%的管理者认为员工生育二胎对工作的影响很大,42.3%的管理者认为这种影响较大。

女多男少现象对未来传媒的影响

1. 女多男少现象已不可避免

对于传媒业出现男少女多现象,62.5%的女性被调查者认为这是一种不合理的现象,两性平衡可能对工作更有利。她们认为传媒业女性增多的原因主要包括男性不愿从事新闻职业,社会的女性化、感性化发展趋势,文科专业女性多于男性以及经济收入导致的男性倾向度低等。而42.9%的男性被调查者和61.5%的管理者认为这种现象虽不太合理,但无法避免。

2. 男女比例相差太大不符合部门需求

在本次调查中,管理者们认为,女太多男太少的比例是不符合当前部门需求的。他们觉得,男记者和女记者的报道视角是不一样的,而男记者太少了,可能会使报道视角有些局限。当然,有些男多女少的部门也希望自己部门的女记者更多些,这些管理者认为,女性可以更好地开展工作,而且女性的特质也更加适合媒体融合中的地方垂直服务。

3. 女多男少可能会给传媒业的发展带来变化

75%的女性被调查者、42.9%的男性被调查者和57.7%的管理者都认为女性新闻工作者的不断增加会使未来的传媒发生变化。这种变化主要体现在以下几个方面。

(1)未来的传媒业女性化特征更明显

这种女性化主要表现在:媒体产品的情感化特征更强、更具人文视角且娱乐化碎片化趋势突出,而硬新闻、调查性和深度报道将会有所减弱,软新闻在新闻报道中越来越占据主导地位。此外,本次调查的媒体管理者还认为,女性员工越来越多,将需要在管理上更加细致。

(2)男少女多,反而会使男记者更受重视

男女比例失衡,少的那方更受关注。75%的女性被调查者认为领导更喜欢男记者,而57.1%的男性被调查者则认为说不好,没有确定答案。此外,约50%的管理者认为在日常工作中,男下属更容易沟通和管理。而在招聘时,57.7%的管理者也更希望招聘到男记者和男编辑。

(3)传媒业会出现越来越多的女性掌门人

传媒业的普遍现状是:业务部门往往是一个男性管理者带领着一队娘子军。不过,多数被调查者认为，这种局面会随着女记者的快速增多有所改变，未来，传媒业将会出现越来越多的女性掌门人。

（资料来源：任琦，万笑影．女记者越来越多，会改变未来媒体吗?——传媒业“女多男少”现象观察 [J]. 传媒评论，2015（11）.）

由此可见，媒介行业中女性具有非常明显的性别特征，这种特征既可能成为参与媒介传播活动的优势，也可能成为女性媒介行业职业发展的阻碍。

（一）女性性别特征与媒介从业心理优势

如前面资料中所提到的，从心理学的角度看，女性普遍比较追求稳定感，具有强烈又敏锐细腻的心理情感，同时，女性与生俱来的母性特征也使得女性具有较强的奉献心理。这些性别特征造就了媒介从业人员中女性相对男性的心理优势。对稳定感的追求，使女性媒介从业者对待工作更为专一，能够保持较为长久的工作积极性；敏锐而细腻的情感可以使女性更容易体察到周围环境的细微变化，并参与相应的处理措施，故而女性媒介从业人员在做访谈类节目和对新闻对象进行采访时，往往能较好地捕捉到采访对象的细微情感变化，更好地和采访对象进行沟通；奉献精神则使女性媒介从业人员更具耐力和韧性，对工作的持久性和抗压性更强，而且在一些灾难性报道中，这种奉献精神往往展现出令人震撼的人性的力量。

新闻事业是风险很高的行当。2003 年，凤凰卫视女记者闾丘露薇独身前往战火纷飞的伊拉克，采回大量最前沿的消息，吸引了全球电视观众的目光，被誉为“战地玫瑰”。在国外，法国《周末三日》周刊也曾发表文章，介绍在战火中奔波的电视新闻女主播们，奔赴伊拉克或阿富汗等战火纷飞的地方，穿着防弹背心，站在坦克上，或戴着长长的面罩和穿着厚底军用高帮鞋，在直升机上或爆炸现场进行电视直播，勇往直前，无所畏惧。事实证明，在一些特殊的环境下，女性同样显示出优良的心理素质。

（二）善于沟通交流，营造和谐的采访氛围

研究表明，许多女性在语言的流畅性、阅读能力、词汇积累等方面具有优势，对色彩、声音等方面的敏感度也比男性普遍高 40% 左右，且更具有艺术鉴赏和美学鉴别能力。女性更多地依靠语言的表达来达到人际的和谐，同时相比男性，女性对群体认同性的需求也更为强烈，所以在沟通、协调能力方面，女性往往既主动又擅长。

凤凰卫视《鲁豫有约》曾被《时代周刊》誉为“15 年来中国最有价值的电视节目之一”，其节目主持人陈鲁豫也被誉为“中国的奥普拉”，鲁豫如同一个正能量磁体，吸附嘉宾的正能量，她懂得放低身段，把自己当成一勺配料，于轻谈漫语之间，让被访者舒服自在地敞开心扉，乐意掏出沉淀心底多年的体悟之谈。她所传递的感悟，一方面满足节目讲述故事所需要完成的功能，另一方面以一个普通人的视角诚恳地表达应有的态度和主张。朋友般谈心的氛围感染了受访者，这充分体现了鲁豫对语言的驾驭能力，不仅拉近了采访双方感情上的距离，也给观众一种亲切和谐之感，使采访能顺利进行。关于自己的采访技巧，鲁豫在接受一家媒体采访时说道：“我在做节目时没太想采访技巧，一般就像聊天一样，我一步步地问。我通常在与嘉宾采访前完全没有沟通，不见面也不打电话，事先我看完资料后只会准备第一个问题，即如何开场。让对方知道我对他很了解，又要让他的话匣子很好地打开……”

（三）形象思维加深情感交流

较之擅长和习惯抽象思维和理性分析的男性，女性更善于形象思维。这一思维特质的突出表现即是女性在情感的表达和对他人情感的感知方面，往往比男性更有优势。心理学的心理换位原理证明：女性情感的突出之点是富于同情心和容易理解他人。她们注重自己的情感，关心他人的处境，善于从自己的切身经历中设身处地地为他人着想。所以，众多女性不仅自己情感丰富细腻，还比男性更会尊重人、关心人、理解人、体谅人。她们天然具有较强的人文主义色彩。形象思维的思维特质，可以弥补她们在采访中抽象思维方面的不足，并且女性的这种性别优势，使得在采访中不但能以理服人，而且能以情动人，即使碰到一些棘手的问题，她们亦能在适度的情感作用下化解矛盾。

情感交流的深度，往往决定着采访的深度。如《楚天金报》女记者在采访"湖北职场魅力女性"专题中，采访到一位从外地和先生一起来武汉创业的女老总。记者先从女性情感视角出发，赞叹她能和先生一起创业获得今天的成功，是一位感情和事业都很成功的女性，同时又能陪同先生一起慢慢成长，是件很浪漫和难得的事。一下打开这位女老总的"话匣子"，讲述起夫妻创业经历，同时谈到她是如何教育培养孩子的，接着自然引申到管理员工和企业方面。记者因此采访到女性独特的管理视角：对于女性来说，职场和家庭的经营是贯通的，而管理员工和培养孩子，也不无相似之处。通过女性对亲情、爱情的共识和认知，引发深度话题，女性记者往往更具备细腻的情感体验，对女性经营事业和家庭的艰辛有着深刻理解，从而能够引起被采访方的共鸣。

三、女性媒介从业者职业困境和压力

尽管如前文所说，女性媒介从业者人数在不断提高，尤其是在互联网时代，新媒体对女性从业者的需求不断扩大。但是女性在现实中所面临的职业困境和承载的压力依然非常大。

（一）性别被标签化

在参与媒介传播活动时，女性性别赋予其自身的许多优势往往可以使其与被采访者进行更好的沟通，能够捕捉到一些男性记者很难关注到的相关细节。然而，现实却是人们在看待女性新闻工作者时，将女性的"标签"贴在她们身上，对其性别的关注常常超过了对其职业的关注，女性媒介从业者的性别身份让一部分人带着固有的偏见和有色眼镜去猜测、审视她们的工作，认为女性就是柔弱、美丽、情绪化等的代名词，其专业性被性别标签掩盖。在男性话语仍占主导的语境下，女记者的成功负载着沉重的压力。一些媒介经常通过渲染女性记者性别特征的方式来取悦读者，满足读者对女性记者性别身份的关注，女性记者扮演着被物化、对象化的审美客体的角色。如在 2008 年奥运会期间，网络上有许多针对著名体育记者冬日娜外貌的调侃，而其作为一个资深田径记者的身份和专业反而被忽略。另外，一些媒介的新闻标题也故意提出采访记者的女性身份以吸引受众眼球，如《女记者暗访性用品市场调查报告》《女记者乔装应聘小姐暗访色诱抢劫团》等。这些现象，对战斗在媒介传播活动第一线的女性来说，是非常不公平的。

（二）适应男性话语打造的职业规范

在前文中我们提到，尽管目前在我国媒介从业人员中女性超过了 40%，但从性别关系的视角来看，媒体行业里的女性大多仍处于"边缘状态"，各媒体甚至媒体中各部门的决策权仍主要掌握在男性手中。话语本身只是一种信息资源，但“话语权”则意味着某种秩序和权力。有数据显示，在媒体内部高级、中级决策层中女性占有的比例不到20%，这意味着在媒介内部男性比女性拥有更多的话语权，他们是标准的制定者，决定着对媒体的议题设定、内容遴选、重要性排列等，从而使男性看待和审视社会的方式体现在传播过程的每一个重要环节。媒体的男性视角和男性的优势地位，确定了媒体话语以规范的“男性话语”作为标准，从而使媒介中的女性往往处于一种服从和附属地位。

（三）部分媒体女性从事的是“软新闻”工作

从新闻的内容来看，一般可以分为“硬新闻”和“软新闻”。“硬新闻”主要是指具有重要社会意义的严肃新闻。而“软新闻”，则多以休闲、娱乐、时尚、消费等特征为主，与政治、经济等宏大主题多无直接关联。全球媒体的新闻路线一直以追求严肃新闻为最高境界，将“硬新闻”领域视为真正的媒体精神与内涵。在当下的媒介职场，“硬新闻”领域里的男性新闻工作者比例远高于女性，男性无论在从业人员数量还是管理人员数量上都具有绝对优势。而大部分女性新闻工作者从事的是“软新闻”的相关工作。“软新闻”多被视为重要性相对偏弱的主题，然而却被认为是女性新闻工作者所适合的领域。女性媒介从业者很少能进入政治、经济等对社会有直接影响力的媒介领域，更多的是被安排在音乐、娱乐和综艺性的栏目中，以情感和生活等为主要内容。因此，女性媒介从业者的话语其实是处于少语甚至失语状态的。

而实际上，女性在媒介的生产活动中同样有能力达到男性可以达到的高度，国外有著名意大利女记者法拉奇，因擅长采访政坛风雨人物而名扬天下，曾经采访我国国家领导人邓小平而被我国民众熟知；国内有闾丘露薇、柴静等知名女记者，其在战争、政治等“硬新闻”领域取得了令人瞩目的成绩。闾丘露薇是凤凰卫视的女记者，也是全球首位三次进入阿富汗战场采访的华人女记者。全球唯一一个现场采访第一批巴格达难民的记者。她曾经这样说道：“我自己感觉记者就是一份职业。每个职业对你有不同的要求，就像现在医生护士要去救SARS病人，那记者就各个场合可能要去，包括战场。我的做人原则，就是一定要尽我的力把它做到最好，这是一个人的起码道德。”但是，这些女记者在成功的同时，又都遭到了媒介、社会不同程度的对其性别身份的夸大和渲染。媒体一方面让女性保持性别特征，一方面又对这种特征进行有意或无意的歧视，性别甚至被认为是著名女记者的成功途径之一。这种状态显然不利于对新闻本身报道视角的探索，从长远来看也不利于媒介发展。因此，从职业角度来看，媒体行业有必要淡化这种性别特征。

在观念上，男性和女性的工作能力只有个体的差别，而没有性别的整体差异（尽管男性和女性在心理层面和对事物的认知上各有特点）。不管是在一线还是在管理层，女新闻工作者应更积极地通过接受难度、强度更大的工作任务去证明自己的能力。与此同时，女性新闻工作者也需要通过不断学习，提高自己的专业水平，去丰富自己的知识素养。不管外界对女性怎样评价，工作能力和专业知识毕竟不可取代。

第二节　媒介中的女性

要厘清女性与媒介之间的关系，除了了解女性媒介从业者的现状外，还有另一个非常重要的层面，即媒介对女性媒介形象的建构。所谓媒介形象，是指媒介根据自身文化和经营管理的需要，在社会和市场中刻意树立的、用以影响大众和表现自我精神与物质的姿态和形象。从另一个角度说，媒介形象是社会公众根据一定的标准和要求，对某个媒介经过主观努力形成和表现出的形象特征所形成的整体看法和最终印象。我们将根据媒介的不同分类，选取具有代表性的媒介，分析其在日常媒介生产中对女性的形象塑造。

一、电视媒体中的女性形象

作为社会文化的创造主体和信息时代主要的传播媒介，电视伴随了几代人的成长，也影响了几代人对自身、他人和整个社会的认知。随着时代的发展，我国电视屏幕上的女性形象越来越丰富，越来越多样。可以说，电视对女性形象的塑造，极大程度地影响并建构了人类社会的两性观念与行为。

（一）电视剧中的女性形象

电视剧作为电视媒介的主要节目形式之一，一直紧紧跟随社会流行文化的变迁，也记录着时代的发展和变迁。“艺术源于生活”，电视剧中的人物是对现实人物的艺术写照，女性在电视剧中的形象的变迁不仅体现出现实生活中女性角色与地位的变化，也对大众的女性认识有着深刻的作用。

首先我们关注电视剧中的传统女性形象。中国的传统文化以男权统治为两性关系的文化核心，在以男性为中心的社会文化中，女性始终处于默默奉献、坚强隐忍的地位。20 世纪 80 年代末 90 年代初，出现了一批具有广泛影响力的电视剧，如《渴望》《篱笆·女人和狗》等。这样的电视剧中的女性形象几乎都是中国传统女性的形象。《篱笆·女人和狗》中的枣花所代表的便是当时中国典型的农村劳动妇女的形象。在几千年男尊女卑的传统文化影响下，她几乎集中了所有传统认为的中国女性的美德：勤劳、善良、贤惠和宽容等。她对丈夫在家中的“霸权”逆来顺受、委曲求全。她几乎没有自我，她的人生的重点就是家庭和丈夫。用万人空巷来形容电视剧《渴望》一点也不夸张。女主角刘慧芳表现出来的隐忍、默默承担和奉献的特质成为中国女性传统形象的完美代表。她为了家庭放弃了自我发展，却被认为这才是符合中国传统文化中“好女人、好母亲”的品格。

随着社会的不断发展，女性的地位切实得到提高，这在电视剧中也明显地表现出来。21 世纪以后，越来越多的“新女性”形象出现在电视剧中。这些新女性的形象颠覆传统，注重自我的感受和成长，如《奋斗》中的夏琳、《裸婚时代》中的童佳倩、《杜拉拉升职记》中的杜拉拉以及《欢乐颂》中的五位境遇不同、性格迥异的女性等都是此类代表。这一时期的电视剧女性形象不再是之前的单一形象，而是人物性格更加丰满、刻画更加立体，对女性的塑造也更为真实和感性。女性不再是那个依附于男人存在的附属物，而是拥有自我意志、追求自我价值、注重自身发展的女性形象，电视剧也更多地表现当代女性在职场与家庭，友谊与爱情、亲情之间的多样选择和平衡。以《欢乐颂》为例，剧中塑造了五个性格迥异、人生境遇完全不同的现代女性形象。每一个女性形象都能让人在现实生活中找到对应的影子，让观众具有强烈的代入感。而五个女性中，独立自信的安迪无疑成为最受喜爱的那一个。这充分说明，在当下的社会中，女性的地位在提高，女性的自我意识在不断地成长。

(二)综艺节目中的女性形象

近年来,社会竞争力进一步加强,人们感受到的生活压力越发明显,电视综艺节目以其自身优越的减压性而受到热捧,其势头渐渐超越电视剧成为电视台主要的节目类型之一。《快乐大本营》《非诚勿扰》《超级女声》《中国好声音》《妈妈是超人》等一系列综艺节目成为当年的爆款,有的甚至成长为现象级综艺。综艺节目的火爆,既与越来越多的女性观众有关,也与节目中塑造的各种类型的女性形象有关。

首先,传统的男性审美仍是主流,拥有美丽外表的女性仍是电视综艺节目的主要元素。强调颜值,注重外貌是许多综艺节目挑选嘉宾的重要标准。如江苏卫视《非诚勿扰》栏目,这是一款以相亲为看点的电视综艺, 24 位女嘉宾和男嘉宾相互挑选。几乎所有的女嘉宾都拥有姣好的容貌和曼妙的身材,男性也往往突出自己的经济实力和社会地位。在这档节目中,中国传统的男女关系显得尤为突出:男性需要有雄厚的经济实力或者社会地位,由此来获得美貌的女性青睐。女嘉宾马诺因为在节目中说"宁愿坐在宝马车里哭"成为红人,并由此引发社会大讨论,拜金主义的外表下其实是传统中国择偶观的体现,男性以充分的物质条件作为换取女性外貌的筹码,从本质上来说,还是对女性物化的体现。

其次,多元化的女性形象开始慢慢被接受。2005 年席卷全国的火爆选秀综艺《超级女声》第一次向观众展示了与传统审美不一样的女性形象。冠军李宇春是一个极具中性气质的短发女生,其声线也不是传统审美中的甜美女性声音,舞步也更多地呈现潇洒和帅气,而不是展现女性的柔美。第二名周笔畅也是一个短发圆脸女孩,都不能以传统的美女标准来衡量。但她们的粉丝却为之疯狂。人们慢慢开始接受与传统审美不一样的女性形象。到了 2012 年《中国好声音》选秀,这种情况就显得越发明显。许多有个性但不符合传统女性审美的女孩被给予关注,张扬个性、有个人魅力成为大众看中的要素之一。再如著名现代舞蹈家金星,因其毒舌敢说而受到追捧,她个人却与我国传统女性的隐忍、贤惠、温婉等审美要求相差甚远。社会的进步和文明的发展,使得人们对和自己不一样的差异保持开放接纳的心态,这也为多元化的女性媒介形象塑造提供了可能性。

二、媒介广告中的女性形象

广告作为媒介的重要组成部分,与人们的生产和生活紧密相关。经济和传媒越是发达,广告越是快速发展。作为消费时代的一种重要大众文化现象,电视广告中的人物形象是对受众最有吸引力的传播符号之一,女性符号也在广告的发展中不断被使用和强化。广告大师奥格威曾经提出了广告创意策划的著名 3B 原则:美女(beautiful)、婴儿(baby)和动物(beast),他认为这三种广告表现手段更能体现人类关注自身命运的天性,更容易获得消费者的注意和好感。有学者对全国各大电视台在黄金时段播出的电视广告进行调查研究,发现女性在电视广告中所扮演的主要角色达 70%,尤其是家庭生活用品(如洗涤用品和食品类)广告,几乎全部由女性扮演。在一些以男性为主要消费群体的广告中也大量使用女性进行拍摄,比如汽车广告、男性服饰、男士用品、机械数码类、金融资产类等。通过在广告中使用女性符号,不仅能够成功吸引男性目标消费群体的注意,提高产品的注意效果,广告中呈现的完美女性形象还会引起现实生活中女性的跟风模仿,成为女性受众的榜样。而这些广告中的女性形象,却不一定全部如实地反映出现实的女性生活状态和精神面貌。

首先我们分析一下现代电视广告中的女性角色的构成：从女性角色的年龄看，87% 是年轻漂亮的女性，7.4% 是少年儿童，1.5% 是中年妇女，3.7% 是老年妇女，其余 0.4% 为混合年龄的妇女。年龄统计很明显地呈现出一个现象：广告推崇年轻漂亮的女性。从广告女性角色的职业划分看，有 20% 左右的广告看不出角色的具体职业，但这些女性大多数都是活泼、阳光、时尚的年轻女性。在广告中的职业女性角色中，家庭妇女占 15% 左右，科教文卫行业人员占 19.5%，公司职员或者秘书占 18%，商业服务人员占 11%，领导或者管理者仅占 0.005%，其他则是学生和体力劳动者等①。由此我们可以看出，媒介广告中的女性形象主要有下面几类。

（一）年轻漂亮的广告女性形象

如前面的数据显示，在媒介广告中，年轻漂亮的女性占绝大多数。这类广告中，女性年轻漂亮的外貌更多的是让目标消费者或者普通广告受众获得一种审美的心理满足，让观看者获得一种审美的愉悦感，从而唤起注意力。年轻漂亮的外貌不仅可以对受众形成一种视觉上的冲击，还能提高受众的广告记忆。另一方面，广告中年轻漂亮、充满活力的女性形象还能赋予广告品牌或者广告产品积极向上的品牌精神，暗示广告商品能给消费者带去的利益和好处。

例如 OPPO Ulike2 智能手机广告。广告开始一位年轻漂亮的女孩早上起来站在窗边，慢慢拿起手机捕捉窗外的飞鸟。镜头一转，女孩在户外游乐场，手机屏幕上是女孩给自己精彩瞬间的自拍。镜头不断转换，镜头中的女孩形象也不断地变化，从清新亮丽到优雅酷炫，各类女性风格轻松驾驭，然后一个长镜头，女孩出现在一条风景优美的公路边，和一个朋友一起享受出游的美好时光，风景不断变换，朋友们的穿着打扮也不断变化，但不变的是拿起手机不断捕捉自己和朋友们欢快愉悦的笑脸。最后画面呈现广告词："OPPO Ulike2，记录自由瞬间！"这则广告中的女性形象年轻漂亮充满朝气，象征着 OPPO 手机的人群定位，暗示目标消费人群使用这款手机，就能获得像广告中女孩那样的飞扬青春、年轻漂亮的外貌和气质，再加上对追求自由的广告语，为广告受众描绘出一个无比美好的消费想象。

有人专门做了相关调查，在电视广告使用的女性形象中，从身材看，89.5% 的女性身材苗条，中等身材的女性占 10.2%，肥胖者仅占 0.3%。年轻漂亮的女性形象是电视广告保证画面美观的一个重要手段，是引起消费者注意和记忆的有力保证。

（二）性感迷人的广告女性形象

与年轻漂亮的女性形象不同，二者虽然都是主打美丽的女性形象，但性感迷人更加突出女性的性别特征，是主要以男性为审美出发点的。随着社会的开放度增加，越来越多的性感迷人的女性形象出现在各类广告媒介中。不少广告中的女性身穿暴露服饰，故意大范围裸露身体，广告镜头也经常有意识地突出特写女性的脸部、腿部、胸部以及肚子和腰臀部等。这类镜头在洗化日用品类尤其明显。如前所说，洗化日用品广告除了少部分选择儿童或者具有家庭好男人人设的男士作为广告主角以外，大部分都是选择女性作为广告主角。

我们以杨颖作为女主角的玉兰油清爽沐浴露为例。杨颖身穿面料丝滑的吊带裙，镜头给她脸部和锁骨特写，镜头一转，女主角仰躺在阳光照耀的大窗户下，摆出性感的姿势，镜头分成几帧，一边给全景一边给大腿的特写。然后再是女主角用沐浴露洗澡的镜头，特写水把泡泡从女主角背上冲走的画面，水珠沿着光滑皮肤下滑的画面等。广告通过向观众展示特定的女性

① 刘伯红，卜卫：《我国电视广告中女性形象的研究报告》[J]，载《新闻与传播研究》，1997（1）。

身体细节来刺激观众的感官,引起消费者注意。

(三)贤妻良母的广告女性形象

前面我们已经提到,在中国的传统文化中,对女性贤良淑德的要求非常高,认为丈夫就是妻子的天,如果丈夫去世,儿子便是女性的天。一个传统的成功女性,必定拥有一个幸福美满的家庭,在家庭中也是一切以丈夫的需要和孩子的需要为重,女性自我在家庭中是隐藏的,她的任务就是为其他家庭成员服务,把家庭照顾得越好,就越能得到社会的认可。这种传统的文化观念在广告中也得到充分的体现。在近些年播出的广告中,家庭妇女的角色占了很大的比例,广告场景也常常是家中,或者外出一家人游玩,主打家庭的概念。而在这其中扮演重要角色的,就是家庭妇女。这类情况在家庭用品、食品、医药健康等产品品类中表现尤为明显。

比如洗衣粉的广告,通常都是展现家庭妇女如何将孩子的衣服、丈夫的衣服洗得洁净如新;食品类调味类的广告,通常都展现妈妈或者妻子如何通过自己的巧手为家人烹饪一桌子的美味;医药保健类的广告也常常表现家庭妇女如何将家里的大人、孩子和老人都照料得无微不至……

但是我们也必须要看到,随着社会的发展,女性越来越多地走向社会,寻找自我的发展空间,现代广告也越来越多地表现现代女性游走在家庭和工作之间,展现她们如何扮演好自己的多重复杂角色,在各种社会关系中寻找平衡。蒙牛 2018 年新推出的《致敬每一位天生要强的职场妈妈》广告就非常真实地表现了一位既要照顾家庭又要兼顾工作的职场妈妈的生活场景。即 29 岁的简妮是职场“白骨精”,靠多年奋斗当上外企的客户经理,然后她有宝宝了,也有了所有职场妈妈共同的烦恼。没当妈时,简妮绝对没有想过这样的生活:晚上照顾宝宝,白天公司上班, 24 小时连轴转。每天深夜,简妮被宝宝一声声啼哭从梦中弄醒,却发现身边的老公睡得很沉,根本没反应。于是就只能怀里抱着孩子,睡眼惺忪,头发蓬乱强撑着给孩子喂奶。终于宝宝吃完母乳满足地入睡了。一个小时后,“哇——”宝宝又开始哭了。早上起来兵荒马乱,还得看着时间不能上班迟到。在单位,简妮需要面对上司的压力,工作需要不断打电话,回邮件,马不停蹄开会。会议间隙还会接到婆婆的电话:“快回来,宝宝不吃了。”工作的压力和家庭的压力都重重地压在她的肩上,好多人劝她辞职回家当全职妈妈,简妮说的是:“我不想这么停下来,我要让我的孩子以这样的妈妈为自豪!”这则广告是蒙牛在 2018 年俄罗斯足球世界杯期间推出的“天生要强”系列之一,将眼光投向社会普遍存在的职场妈妈,这不仅表现的是一种人文关怀,也体现出社会的进步。

同样,当下许多品牌在广告的创意上不仅仅局限于展现广告产品的特征,而是更多地融入品牌精神。比如 2016 年著名化妆品牌 SK-II 推出的公益性广告短片《她最后去了相亲角》,将目光投向中国社会普遍存在的大龄未婚女性群体,展现她们不为人知的心酸和坚持。《她最后去了相亲角》这则广告以大龄未婚女性为主题,以纪录片的方式,深入每一个步入 25 岁后的单身女性内心世界,面临被父母催婚,来自家人各方面的压力,最后不得不去了人民广场的相亲角。而令人意外的是她们并不是抱着相亲的态度去了相亲角,而是为了向父母说出自己内心最真实的想法,“我想自由选择自己每一个阶段的状态,无论是单身还是已婚,不为结婚而结婚,这样才是我想要的生活”,广告最后 happy ending 结尾,父母从一开始的不理解到最后的理解和尊重,每一个单身女性都按照自己想要的方式去生活。广告中所显示出来的对当代女性坚持自我的认可正是 SK-II 一直以来强调的自身品牌精神和形象。这则广告既为当代女性摇旗呐喊,又完美地再现和强调了品牌形象,是近年来较好的广告之一。

三、互联网上的女性形象

与传统媒体相比,互联网有其自身明显的特点:开放性、包容性、隐匿性等。由于互联网自身的这些特性,其塑造的女性媒介形象比传统媒体更加具有话题性和辨识度,同时也更能展示出现实生活中女性的地位变化,也折射出整个社会的价值观和社会心理变化。

(一)以男性审美为主的女性形象仍是主流

首先从新闻报道的角度看,互联网新闻对于女性的关注度要远大于传统媒体。有学者以腾讯新闻作为统计样本,发现在其 80 多条的网络新闻中,有 30 多条都是与女性有关的,其中大部分是关于娱乐明星的新闻,其次是女性生活层面的新闻。当然,这也反映出另一个层面的问题:网络新闻中女性大多在娱乐新闻或者其他软性新闻中出现,其他关于国计民生的、政治金融等的领域女性则被排斥在外。

其次,从最近几年比较火的直播现象看,出现的直播女性网红大多符合传统男性审美要求,肤白貌美身材好,颜值高。网红们在直播中的收入也大多取决于男性网民的围观打赏,所以女性主播会在直播中有意识地去迎合男性观众的要求,尽量展现女性的柔美和善解人意,以得到更多男性的喜爱。比如最早以游戏主播身份出道的国内知名女主播冯提莫,在 2018 年被评为第二届克劳瑞中国新媒体峰会最有影响力主播。有人在知乎上提问:“你为什么喜欢冯提莫?”网友回答:“因为她人美歌甜。”这应该是最能代表男性网友的一个声音。腾讯网和新浪网对她的评价是:“冯提莫有着可爱的外表、呆萌的性格、娇小玲珑而又凹凸有致的身材,以及清纯可人的迷人气质。此外,她还是一个天真无邪、清纯甜美、天真善良、善解人意的邻家小女孩。”这样的评价,是完全符合中国传统以男性为主角的审美标准的。

在互联网时代还出现了一个新的审美趋向:审丑。很明显,丑是与美相对应的,有美,就有丑。在网络时代,出现了一批被丑化或者自我丑化的网络红人,比如芙蓉姐姐、凤姐、妖娆拉面哥、抖音龅牙网红“善良的素颜小可爱”等。这些网络红人都以挑战人们的传统审美而走红,从表面上看好像是对传统的叛逆,但实质上仍是传统审美观下的产物。正是有了传统审美观作为参照物,才会显得审丑网红的特别,从而达到走红的目的。比如抖音龅牙妹,常常在抖音上上传暴露自己龅牙的视频,引发网友的围观,并迅速积累大量的粉丝。但其在生活中正常拍摄的照片却并没有抖音视频上那样夸张的龅牙。很明显,她在抖音上故意夸张暴露自己的面部缺陷只为了引起话题,引起争议,从而受到更多注意,再进一步获得经济或者其他层面的利益。而使这种利益链条能够形成的最重要的原因,还是传统文化的男性审美标准。

(二)自拍构建女性自我网络形象

智能手机的普及和宽带网络的发达带来一种新的互联网文化现象——自拍。自拍已经成为互联网时代一种全新的自我展示方式。这种方式尤其受到广告女性的喜爱。与我们前面列举的所有的媒介女性形象不同,其他的媒介女性形象都是由媒介建构的,女性是被建构的对象。而自拍却是女性自主、自觉的一种个人形象建构行为。简单地说,“自拍”就是自己给自己进行人像的拍摄。但仔细深究,却发现自拍又不仅仅是人像拍摄那样简单的一个动作。一般在进行自拍的时候,女性都会对自己的外貌有修饰有要求,并不是完全的个人自然真实状态的记录。在网上随处可见教你如何自拍的帖子、攻略、技巧等，有的网友表示，她上传一张自拍照片，至少需要拍摄 10~20 张照片，选出自己最满意、最漂亮的一张，再分别用“美颜相机”“美图秀秀”等各种具有美化效果的修图软件对照片进行进一步的修改，改变肤色、拉长身材比例、缩小脸部大小等等，甚至有网友调侃现在网上的照片都是“照骗”。因此，女性上传自拍照片的过程，就是当代女性对自我媒介形象的一次主动的自我建构过程。

同时，女性自拍的心理过程也值得玩味。不同的自拍展示出不同的心理需求。一些女性喜欢发一些自己非常美的照片，追求对外貌的赞美；有的女性喜欢发一些自己看书学习的照片，希望给人一种上进的感觉；有的喜欢拍一些安静的照片，营造一种所谓“岁月静好”的氛围，给人与世无争、温婉的感觉；还有的喜欢发一些和孩子家人的互动，比如有创意的早餐等，给人一种贤妻良母的感觉……女性自拍从创意到最后修改成片，就是一个女性的自我形象建构过程。

网络自拍所呈现给受众的影像，是女性内心想要展示给别人的内容，不论是晒与众不同的生活方式也好，还是晒自己独特的思想观点见解也好，这都是女性从自身的角度出发想要获得大众认可的东西。当然这些东西与实际生活中女性的样子有差距，但这就是女性在为自己构建自己想要的媒介形象，这种形象，才是女性心中完美的样子。

第三节　女性与传媒的未来之路

在本章的前两节我们具体分析了女性媒介从业者的形象和媒介中的女性形象，究竟是什么原因造成当下女性与媒介之间的这种关系的呢？未来女性又当如何与媒介共存呢？女性如何更好地利用媒介？如何在媒介上更加真实或者说更加理想地构建自身形象呢？我们将进一步探讨。

一、媒介女性标签化的成因探究

在这里我们首先要了解两个概念，一个是“刻板印象”，一个是“标签化”。刻板印象主要是指人们对某个事物或物体形成的一种概括固定的看法，并把这种看法推而广之，认为这个事物或者整体都具有该特征，而忽视个体差异。而标签化则是指人们根据自己固有的认知对某个人或者某一类人或者某一个群体贴上固定的标签，形成对这个对象不轻易改变的、先入为主的印象。标签（label）一词原本指系在基督教主主教帽上的一根布带或条带，是权力和标识的象征。现在标签多指用来标志目标的分类或内容。这两个概念其实有共同的地方，都是指带着固有的偏见去认识一个人或者某个事物。比如，给一个人贴上“精神病患者”的标签，就意味着这个人可能喜怒无常、缺乏理性意识等。我们在前面的章节中分析了女性的各种媒介形象，不难看出，其实很多时候媒介都直接将某类标签直接贴在了女性身上，比如“贤妻良母”“美丽善良”等，从而进一步加强了社会对女性的刻板印象。这种标签和刻板印象的形成，与我们社会的政治、经济、文化等因素息息相关。

（一）传统的父权社会心理影响

不管是女性参与媒介生产活动时受到的歧视或阻碍，还是各类媒介对女性媒介形象塑造的偏差，都受到社会传统文化对女性在社会性别分工的思维框架的影响。从人类原始社会开始到母系氏族社会结束,人类经历了漫长的、长达几千年的父权社会。男性主宰掌控了几乎所有的社会资源,女性成为男性的附属品,一直处于从属地位,社会文化不断鼓励并强化男强女弱的社会现实。而且这种现象不光是在中国存在,在整个世界范围内都普遍存在。法国著名女作家波伏瓦在其著作《第二性》中写道:“女人不是天生的,而是慢慢形成的。”她通过回顾漫长的人类社会发展历史得出结论:现有的社会中对男性和女性的刻板印象,是在历史中慢慢形成的。大众传播媒介通过各类节目和广告,为广告受众塑造“快乐的家庭主妇”的女性媒介形象,使社会女性和男性都在无意识中不断强化“女性属于家庭”的这种观念,向妇女灌输做家庭妇女的各种快乐和好处,向不愿意当家庭主妇的妇女灌输不安全感和挫折感,比如“我不是一个好妻子”“我不是一个好妈妈”等。

中国的封建社会思想长达 2 000 多年,男性一直以来在社会中占据统治地位。不管是孔孟之道也好,还是道家、释家也好,“男尊女卑”思想在各种思想潮流中不断得到强化,不仅在人们的日常生活中被强化,也被政府用社会机制和法律法规要求加以限制,要求古代社会女性要遵从三从四德的道德标准,将女性牢牢禁锢在从属男性的地位上。近代以后尤其是中华人民共和国成立以来,社会思想解放,妇女地位不断得到提高,许多妇女开始走出家庭,开始接受教育、参与社会工作,慢慢在社会中找到属于自己的位置,有的甚至取得比男性更大更高的成就。但从整体上看,妇女的主体意识仍然觉醒得不够。特别是当女性面临家庭和工作、或者家庭和个人自身发展的抉择时,许多女性仍然首要选择将家庭放在第一考虑的位置,选择牺牲自我,回归家庭。我们还常常可以看到社会戴着有色眼镜给女性贴上的标签:如果一个女性很成功,便会被称为“女强人”,而女强人则代表着强势、不近人情等含义;人们一说起“女博士”,也会不自觉地认为一定是一个个性非常怪异、不好相处、长相难看的女性等。这些都是传统父权思想带来的对女性的标签化。

(二)生理决定论的影响

在 20 世纪 60 到 70 年代,西方女性主义运动风起云涌时期,出现了关于两性地位的生理决定论论调。当时有人写书试图证明:男性的统治地位和女性地位低下都是由于自己的生理结构天然形成的。该论调的持有者通过引入灵长类动物的种群结构,说明雄性动物在群体中天然应该处于领导和统治地位,而雌性动物则天然应该服从领导。由于生理构造的不同,男性和女性在身体、性格、心理上天然存在一些差距。但传统的社会价值观以及两性生理决定论却将这种自然的差异赋予了价值上的高低之分。比如将男性所拥有的理性、勇敢、坚强等社会行为和性别特征认为是一种比较正面、比较高级的特征,而将女性所拥有的感性、温柔等社会行为和性别特征视为负面的甚至低级的特征。因此认为,女性由于生理性格的问题,天然应该处于被统治和附属的位置上。

大众传媒从诞生那天开始,便是和政治紧密联系在一起的,政治学是新闻学的母体。从传统上说,政治一直是男性统治的区域,女性很少能有机会进入。从传媒的特性上来说,由于新闻的发生都有一定的不确定性,所以对记者和编辑的身体状态要求较高。比如当战争爆发或者灾难来临,人们往往觉得进入战区和灾区的应该是男性记者。而媒介的编辑也会有这样的问题,编辑常常需要值夜班,对女性编辑的身体状态形成了一定的压力。由此造成了许多传媒单位在招聘时就会对性别比例有一定的预设,也导致了女性媒介从业者很难从男性的包围中突围。

(三)消费主义文化的影响

随着市场经济的发展,消费主义文化已经成为在社会的各个领域和人们生活的各个层面影响社会文化的主要力量。在大众传媒领域,消费文化也已经将其主要价值观念进行充分渗透。各大媒介纷纷追求收视率、发行量和点击率,把经济利益放在追求的首位。在这种形势下,女性作为最能吸引眼球的文化符号被各大传媒大量使用。

首先,女性是吸引注意力的重要资源。互联网时代的经济常常被称为“注意力经济”“眼球经济”,有注意力就会产生经济效益。又有一种说法叫作“围观即力量”。那么什么能吸引眼球呢?美女当然能吸引眼球。因此各大媒介上随处可见各类美女的身影,通过展示各种女性的形象来刺激消费者的消费欲望,有的时候美女形象与广告商品有关,有的时候甚至没有关系,从而来达到媒介与商家想要获得的利益。不论是各种电视节目中的漂亮明星,还是各类广告中的漂亮性感的女性,都只是传媒推出的吸引眼球的注意力资源。大众传媒的真正用意并不在于传播女性的良好形象,而在通过这种手段,吸引更多人注意力,从而实现经济利益。即使是我们前面提到的“审丑”文化,也是尽量地使用与传统审美相悖的“丑”的形象,来获得人们的注意。

其次,女性是消费社会最主要的消费力量。可以说,在日常的生活中,消费行为大部分是女性行为,尤其是家庭消费,女性是其主要的执行者,因此也有人说消费本来就具有女性特征。我们观察各类媒介中出现的女性形象就会发现,实际上,传媒并不是通过丑化或者明显的带有性别歧视的语言文字或者图像来贬低女性,相反,传媒往往通过大肆美化“家庭妇女”的角色来塑造女性形象。它试图让女性和男性都相信,女性是属于家庭的,为家庭忙碌和付出是美好的,是幸福的。为什么呢?因为实际上,对媒体而言,各类家庭日用品类广告商是他们最大的经济来源。同时,媒介有意塑造美丽漂亮的女性形象也在很大程度上想说服女性消费者,你如果想变成广告中女性的美丽样子,就需要购买他的商品。总之一句话,媒介为广大女性制定了什么是美的标准,从而获得了背后巨大的商业利益。

二、开拓女性与媒介良性互动的新契机

中华人民共和国成立至今经历近 70 年的发展,在政治、经济、文化、教育等各个领域都取得了令人瞩目的成就。“男女平等”成为整个社会的思想共识,女性受教育的程度大大提升,在社会活动中的地位日益凸显。应该说,我国女性的地位正朝着良好的方向发展。如何进一步开拓女性与媒介的良性互动,更好地实现“男女平等”,我们认为应该从以下几个方面入手。

(一)制度层面的保障

我国于 1995 年和 2001 年两次颁布了《中国妇女发展纲要》,男女平等被作为我国社会发展的一项基本国策写进纲要,并对“妇女与经济”“妇女参与决策与管理”“妇女与教育”“妇女与健康”“妇女与法律”以及“妇女与环境”等方面作出了远景战略规划。纲要为女性投身社会主义和谐社会建设发展提供了制度保障和精神动力。特别是在“妇女与环境”板块,从国家宏观政策方面对女性参与社会生活的工作环境做了部署,提出制定具有社会性别意识的文化与传媒政策,增强全社会的社会性别意识,逐步消除对妇女的偏见、歧视以及贬抑妇女的社会观念。这样的规定,为女性参与传媒的生产活动提供了更加和谐的社会舆论和政策环境。

1995年召开的第四次世界妇女大会曾经指出当时大众传媒对女性的失当，认为“在大多数国家，大众传媒并没有用均衡的方式描绘妇女对社会发展的贡献，相反，宣传报道的往往是妇女的传统角色或有关暴力、色情等行为”。因此，纲要提出，大众传媒在报道女性时应该倡导文明进步的妇女观，在宣传中注意要使女性和男性具有同等的人格和尊严、权利和地位，改变社会对女性的歧视和偏见。

（二）利用传媒凸显女性自身的文化力量

实际上，从整个人类发展的历程看，一直都不乏女性抗争的案例，花木兰、武则天、穆桂英等等，都依靠自身的顽强努力在男性的包围中打造出属于自己的一片天。因此，男女平等最重要的一环，其实是女性正确认识自己，认知自己与社会、与男性之间的关系。打破传统两性观念的禁锢和媒介风格，绝不能仅仅依靠外界的努力，更不能寄希望于依靠男性的退让。

作为传媒从业者的女性，应该加强自身的专业训练，充分发挥自身的优势和潜力，用敏锐的思维和细腻的情感捕捉参与到传媒的生产实践中去，努力打造自身的核心竞争力，提高媒介从业女性自身的职业地位，使自己在行业中从男性的从属与服从中挣脱出来，从单纯的自我思想和意识的“传声筒”中将自己解救出来，使女性在媒介的生产活动中开拓出一片属于自己的蓝天。从某种程度上说，只有当媒介从业女性的地位和话语权得到了切实的提升，才有可能改变当下媒介对女性媒介形象的偏离塑造。因为相比男性媒介从业者，女性媒介从业者更具有社会性别的意识，对女性歧视更加敏感，只有当女性在传媒的生产环节能产生影响时，才能改变传媒对与女性相关的议题的关注度和报道价值取向。通过重塑女性媒介从业者的职业文化，从而改变女性在媒介生产活动中的地位。

而从另一方面看，作为被报道的对象，女性要提高自身的媒介形象，也必须从自身出发，打破女性内心对自我的束缚，从自我意识的层面提升对女性的正确认知，更好地参与社会事务，在政治、经济、文化等各个领域展现女性的风采，成为一个人格独立、经济独立、精神独立的社会个体。只有这样，才能使社会重新认识女性角色，才能在传媒的日常报道中摒弃以往的从属地位，作为社会个体的主角受到传媒的关注。

（三）营造女性与媒介和谐共处的媒介环境

媒介环境是一个综合的概念，是指由各种媒介营造的一种社会情境，这种社会情境是传者、受众以及广告商等多种力量综合作用的结果。媒介环境并不孤立地指某一类媒介或者某一具体的媒介机构，而是由当下存在的大众传播媒介、网络新媒介、各类自媒介等所有存在的媒介环境共同构成。争取两性平等，营造没有歧视和偏见的媒介环境对于真实塑造女性媒介形象有至关重要的作用。不可否认，我国的大众传播媒介在社会文化中仍然在自觉不自觉地维护原有传统的性别统治秩序，从而进一步巩固了男性中心和男性统治的社会文化氛围。因此，只有当整个媒介环境具有了独立的女性意识，能够主动地塑造自信、快乐、独立的女性形象，正视女性独特的思想和经验，学会倾听并诚实记录女性的声音，才能创造出没有歧视和偏见的媒介文化，在媒介传播中开辟出一片属于女性自身的语言空间，从而促进整个社会的两性关系健康发展。

随着社会的发展，文明的进步，思想的解放，我们有理由相信，在未来，大众传媒能够更加积极、更加真实地传达女性的声音，使女性的人格、价值以及尊严都得到应有的尊重，塑造更加真实、更加生动、更加丰满的女性媒介形象。

【思考训练】

1. 请说出你所知道的媒介从业女性的姓名,并做一个简要介绍。

2. 什么是标签化?

3. 女性媒介从业人员的优势和劣势是什么?

4. 媒介女性形象主要有哪些类型?

【拓展阅读】

2018年的春夏,一档节目《创造101》引爆了网友话题。这档以女生歌舞选秀为主要内容的节目是如何走红的?背后又会带给我们什么样的思考呢?我们转载微信公众号"传媒圈"的一篇文章供大家思考。

"101现象"进化论:101位女生如何让《创造101》成功出圈

"在看。看得懂。点过赞。佩服自己。"

当一档节目成为一种文化现象,至关重要的传播逻辑在于其影响力是圈层式的还是广谱式的。《创造101》收官直播之夜,你或许会发现一个有意思的现象:社交网络上的"圈内人"为成团的少女操碎了心,而置身其外的"圈外人"也以自己的方式卷入这一文化现象之中。这是节目从一档综艺进化成一个"媒介事件"的重要见证。

"出圈"似乎构成了这个夏天流行文化的关键词之一。频频登上微博热搜榜的"创造101""王菊""杨超越"让更多节目之外的人以另一种普遍的方式置身节目之中。这样的盛况,上一次出现还是在13年前的那个夏天。

在短短三个月中,《创造101》从开播前的并不被看好,到逐渐成为大众在街头巷尾、茶余饭后的重要谈资,作为社交货币的"101现象",最终构成了"火箭少女101"成团的群众基础。即将过去的6月里,人们最常问的问题是:为什么是孟美岐C位?为什么是她们成团?

在传播中不断裂变的"101现象",不仅是关于101位女生的鲜活故事,更是101种关于"流行"的传播样本。影视前哨切入5个关键词对《创造101》进行复盘解析,除了还在如火如荼发酵的文化讨论声量,更直观的数据开掘或许能帮助我们理解今天的"101现象"究竟意味着什么。

关键词一:创始人

在当前女性偶像并未孕育出规模化发展潜质的流行市场中,作为中国首档女团青春成长节目,《创造101》面对最多的一个问题是:谁在看?

在传统的日韩女团文化视野中,男性粉丝或许构成了其文化结构中中流砥柱的力量。这一既存受众结构,也似乎在《创造101》诞生之初就为之划定了一个基础样貌。

但根据猫眼娱乐专业版数据显示,《创造101》真正意义上实现了一次打破和重构,首先反映在受众结构之上:90后、女性观众在节目传播中占据主导地位,"女性审美女性"的观看特征为这档节目生产出了超越偶像消费层面的更丰富内涵。这侧面印证了,原本被视作仅仅在"圈内"促成狂欢的这场偶像培养,已经成功步入大众视野,凝聚成了一个可以被不断热议的文化话题。

"重新定义中国女团"的节目终极目标,也在这一逻辑起点上确立了自身的合理性。

关键词二:成团

作为整档节目最大的悬念—— “C 位”与“成团”,让最终实现梦想的“火箭少女 101”承载了无数的关注和荣光。

虽然从结果来看, 11 位成团少女似乎构成了大众热议的焦点,但在为期 64 天的节目中源源不断生产出的社会议题,并不仅限于此。就过程而言,能够代表《创造 101》——这档最终跃升为文化现象的节目——的成员,可能并不局限于最终成团的 11 人。

换言之,触发传播裂变的关键因素并不止于结果本身,而更多着眼在“成团”的过程之中。

究竟谁是《创造 101》的最佳代言人?谁是《创造 101》的话题焦点?谁又是半只脚刚踏进娱乐圈,便身陷舆论中心的焦点人物?

由《创造 101》微博热搜与 4 位成员的热搜拟合曲线可见, 4 位成员的热搜走势基本可以以点带面地勾勒这档节目的传播趋势。

复盘《创造 101》的前段播出,孟美岐与吴宣仪“双星”的热搜曲线基本与《创造 101》拟合;而在节目进入更趋白热化的后半段播出,伴随杨超越、王菊两位焦点人物的“破圈”,则构架起了《创造 101》热搜曲线的后半程。

在很大程度上,孟美岐、吴宣仪、杨超越、王菊是整个“101 现象”的具体缩影,既有代表专业性和主流审美的“圈内”影响力,也有代表话题度和青年文化的“圈外”影响力,由此得以描摹架构《创造 101》的基本传播元素:女团、争议、话题。

关键词三:实力

从微指数走势来看,孟美岐、吴宣仪的传播曲线基本能够再现《创造 101》深耕女团偶像工业的具体表现。

换言之,对女团“专业度”的反馈,依然着眼在这些“圈内”偶像的号召力和影响力之上——她们代表了定义中国女团的主流审美力量,也在偶像—粉丝的互动逻辑中把握着核心影响力。

从节目开播到收官,以孟美岐、吴宣仪等为代表的最具女团气质的成员,每期各自能够拉动至少 5 个微博热搜。这得益于其亮眼的业务能力、出众的外在条件,以及早期的经验履历积累。

毫无疑问,孟美岐、吴宣仪两位成员的存在,维系了《创造 101》作为中国偶像“培养文化”的基本底色,也形成了这档女团青春成长节目在传播方面的重要基础。

同时拥有两位顶级配置的女团成员,也让《创造 101》的最大悬念——C 位之争,保持到了最后。

猫眼专业版大数据报告显示,通过比对孟美岐、吴宣仪两位成员的排名走势,总体吻合于两位成员的微指数曲线发展:前期吴宣仪领跑,后期孟美岐居上。关于两位均有 C 位实力成员的谈论,贯穿始终。具有出众条件的成员自然是传播的优选。由微博热搜画像可见,无论是媒体还是粉丝,对于孟美岐 & 吴宣仪的传播主线大致有节目表现、娱乐话题和自身特质三个方面,基本都满足了一个优质的、易被传播的主体的基础条件:外表、实力和话题。相比之下,孟美岐的公演曲目引起更多热议,关于吴宣仪的讨论在娱乐话题、自身特质比例更高。

由传播的结果——受众反馈,即“粉丝评价”可见,微博热搜最终落到粉丝社群中,达成了基本一致的传播反馈:两位具有C位潜质的女团成员,最广泛的评价均体现在"实力"这一关键词上。

围绕着以"实力"为代表的硬性评价,结合"外形""性格"等为代表的弹性评价,孟美岐的整体表现更受粉丝推崇。对比《创造101》全体成员评价汇总来看,求同存异的两大成员粉丝基本构成了节目粉丝的缩影。

关键词四:出圈

《创造101》从女团中来,到女团外去,其真正形成"出圈"效应,与杨超越、王菊两位话题人物的涌现及其持续性发"热"紧密相关。

不容置否,高位成团的杨超越是《创造101》中最具争议的成员。但值得注意的是,争议也是传播的发力点,从成员与节目的微指数曲线对比来看,杨超越的几次微指数峰值有力带动《创造101》曲线的增长。

这样的状况在节目收官之后更显高涨,杨超越成为一个文化议题被不断地加以讨论和阐释,显而易见,争议在对抗中发挥有力的作用。

一路波折,但最终高位成团的超越,在粉丝的帮助下,也把争议化作了"偶像"形塑力量的一部分。

我们多少可以脑补出粉丝与网友的互相博弈:在动态的制衡中,是"争议"最终造就了杨超越的"成名",也进一步促成了《创造101》的影响力增量。

从更趋深度观点的微信渠道中可见,杨超越与《创造101》微指数曲线之间具有明显差值:6月9日到6月15日(第8期节目期间),杨超越微指数曲线跳出节目曲线,短时间内达到两个峰值,侧面反映对于《创造101》成员杨超越的讨论已跳出纯粹关注节目的受众人群。"杨超越"现象,已经从节目文本渗透到了更为广谱(甚至是既定之外)的人群之中。

"菊外人"概念的催生,也拉动《创造101》真正步入大众性的传播之中。

在《创造101》内外,高频出现的"菊"字无疑构成了今年上半年最具反思性和反抗性的大众话语。在很大程度上,王菊现象的"出圈"在一定程度上助推了《创造101》的"出圈"。因而,对于成员王菊的洞悉,也能成为我们理解节目文本的一条重要线索。

作为《创造101》最具话题的人物,王菊在媒体和粉丝之间评价基本具有一致性,在被赋予的"多元审美""女性独立"等标签后,已然走出了"女团"的视野。与此同时,粉丝和媒体的评价大体拟合,部分极具重叠性——两头"得宠"的王菊,又为什么未能顺利成团?

可以看到,在王菊的粉丝构成中,占比较高的是"路人粉",且在粉丝基数上,又难以匹敌其他女团成员。在整体的偶像工业中,最具定义偶像权力的依然在深度的、具有持续性的黏性粉丝社群之中,在这一点上,王菊的"出圈"效果可喜,但在"圈内"影响力有限——换言之,其自身具有稳定性的粉丝社群结构还有待于进一步培养。

虽然,这位《创造101》最具话题性的成员未能最终成团,但无论对于王菊或者节目文本,都形成了远比这一目标更富于价值的收获,即"大众基础"——也直接催生了《创造101》成为一档真正意义上的"现象级综艺"。

综合王菊各项社交影响力可见,其覆盖力大幅超过成员综合水平。在一档女团成长节目中胜利成团,还是拥有比所有成员都高的社交影响力?

这个答案或许未知,但对于《创造101》来说,包括王菊、杨超越在内的传播,都助推实现了一档节目向一种现象的进化——深耕圈层、突破圈层,定义流行和偶像的过程中,这一演进路径无疑是值得关注的。

关键词五:流行

一档着眼于今天的文化面貌的节目,所形成的传播格局既要对准“流行”,也要能够再造“流行”。《创造101》在很大程度上反映了这样一种引领姿态:对于“流行”的洞悉,早已跳出了单纯意义上的造星工业秩序之外。

从开播到热播再到收官,媒体报道或许是一个有力的视角。由媒体报道的词频云显示,《创造101》已经不止是一档女团青春成长节目的呈现,它试图反观社会既有的“流行”,甚至在定义更当下的大众话语,里面内嵌着价值观、文化表达等更进一步的意义生产。

在整个的节目推进过程中,《创造101》用户画像显示:女性受众增多, 90后增多,大学生、高中生增多……越来越多的非传统意义上的女团受众,不断跻身加入这场有关时代文化的讨论之中,传播层面的进化和迭代,最终描摹出了这一幅具有普遍社会学意义的“101出圈记”。

而由此我们也能看到,一档节目可以生成的影响力远远超乎我们的想象力——这个由图像和影像定义的时代里,“流行”是什么?这个问题还在不断触发大家更丰富的思索。

(资料来源:“101现象”进化论:101位女生如何让《创造101》成功出圈.微信公众号“传媒圈”,2018-06-29.)

参考文献

[1] 全国妇联宣传部,四川省妇联. 马克思主义妇女观简要读本 [M]. 北京:中国妇女出版社,1992.

[2] 刘伯红,卜卫. 我国电视广告中女性形象的研究报告 [J]. 新闻与传播研究,1997,4(1):45-59.

[3] 何军新. 人类婚姻形态及其起源 [J]. 益阳师专学报,1999,20(4):59-61.

[4] 郑新容,杜芳琴. 社会性别与妇女发展 [M]. 西安:陕西人民教育出版社,1999.

[5] 马兰. 女性劳动价值观念与女性劳动力使用价值的提高 [J]. 常熟高专学报,2000(5):27-31.

[6] 皇甫艳玲. 女生就业难及女性劳动价值的评定 [J]. 探索与争鸣,2000(9):5-7.

[7] 强海燕. 性别差异与教育 [M]. 西安:陕西人民教育出版社,2000.

[8] 赵维江. 熟悉的陌生人 传统文化中的女性审美 [M]. 石家庄:河北人民出版社,2001.

[9] 许珍琼. 消除性别歧视 促进女性健康发展 [J]. 华中农业大学学报(社会科学版),2003(4):45-48.

[10] 张敏. 从新时期女性电影解读女性意识 [J]. 江西社会科学,2003(11):149-150.

[11] 阎鸿武. 大中专女生求职技巧 [J]. 职业技术,2004,3(3):27-28.

[12] 刘海玲."花与花联合起来":进入21世纪的女性电影 [J]. 电影艺术,2004,315(6):46-52.

[13] 刘梦,陈丽云. 小组工作手册——女性成长之路 [M]. 北京:中国人民大学出版社,2004.

[14] 王金玲. 妇女学教学本土化——亚洲经验 [M]. 北京:当代中国出版社,2004.

[15] 张宇莲. 社会工作实务(下)[M]. 上海:上海社会科学院出版社,2005.

[16] 贝蒂·弗里丹. 女性的奥秘 [M]. 广州:广东经济出版社,2005.

[17] 沈奕斐. 被建构的女性——当代社会性别理论 [M]. 上海:上海人民出版社,2005.

[18] 韩贺南. 平等与差异的双重建构——五四妇女解放思潮研究 [M]. 长春:吉林大学出版社,2005.

[19] 范明林. 社会工作方法与实践 [M]. 上海:上海大学出版社,2006.

[20] 张芳辉. 女性与媒介的关系研究 [D]. 北京:中央民族大学,2006.

[21] 李东晓."社会性别"理论的中西两地视野 [D]. 西安:陕西师范大学,2006.

[22] 熊贤君. 中国女子教育史 [M]. 太原:山西教育出版社,2006.

[23] 李琳.80年代以来女性电影 [J]. 文艺争鸣,2006(4):113-122.

[24] 陈桂蓉. 和谐社会与女性发展 [M]. 北京:社会科学文献出版社,2007.

[25] 陈力峰,左实,王晓娟. 女性媒体从业者的优势与困境 [J]. 今传媒,2007(12):61-62.

[26] [英]Lena Dominelli. 女性主义社会工作——理论与实务 [M]. 王瑞鸿,张宇莲,李太斌,

译. 上海:华东理工大学出版社,2007.
[27] 张大均,吴明霞. 大学生心理健康教育 [M]. 北京:清华大学出版社,2007.
[28] 潘娣. 浅析中国当代女性电影的审美特征 [J]. 美与时代,2007(4):114-115.
[29] 高力. 遮蔽与张扬:新中国女性电影的主题变奏 [J]. 西南民族大学学报(人文社科版),2007,28(5):118-123.
[30] 肖巍. 女性主义教育观及其实践 [M]. 北京:中国人民大学出版社,2007.
[31] 魏国英,王春梅. 教育:性别维度的审视 [M]. 上海:学林出版社,2007.
[32] 张开宁,张桔.21 世纪中国女性健康面临的新机遇与挑战 [J]. 云南民族大学学报(哲学社会科学版),2007,24(4):41-46.
[33] 李晓凤. 社会工作实务——原理、方法、实务 [M]. 武汉:武汉大学出版社,2008.
[34] 刘梦. 妇女儿童社会工作简明教程 [M]. 北京:中国妇女出版社,2008.
[35] 张和清. 农村社会工作 [M]. 北京:高等教育出版社,2008.
[36] 雷欣. 社会性别理论初探 [D]. 武汉:华中科技大学,2008.
[37] 马艳. 多元文化语境中的女性励志剧研究 [J]. 新疆艺术学院学报,2009,7(1):75-78.
[38] 谢建社. 社会工作嵌入妇女工作之思考 [J]. 甘肃社会科学,2009(4):17-20.
[39] 黄蓉生,任一明. 现代女性学概论 [M]. 重庆:西南师范大学出版社,2009.
[40] 王芳. 从文化视角解读当代中国职业女性双重角色冲突 [D]. 武汉:华中师范大学,2009.
[41] 王晓宁. 性别角色期望:对中学教师、家长和学生的调查研究 [D]. 长春:东北师范大学,2009.
[42] 郦丽. 媒介从业女性的工作行为选择分析——基于媒介资讯娱乐化大背景的探讨 [D]. 南京:南京师范大学, 2009.
[43] 刘晓辉. 当代中国女性发展探析 [D]. 济南:山东大学,2010.
[44] 马国栋. 从“三寸金莲”到“女性整容”——谈女性人类学研究的意义 [J]. 兰州学刊, 2010(3):119-122.
[45] 张文. 合理情绪疗法理论对失恋大学生摆脱情绪困扰的启示 [J]. 思想教育研究, 2010(5):66-68.
[46] 张良广. 妇女:个人成长—组员互助—社区行动——基于佛山 D 村妇女社会工作的研究 [J]. 中华女子学院学报,2010(1):61-65.
[47] 吴宁,岳昌智. 女性权利的法律保护 [M]. 上海:同济大学出版社,2010.
[48] 钱海英. 当代女性国际政治参与研究 [D]. 苏州:苏州大学,2010.
[49] 祝平燕,周天枢,宋岩. 女性学导论 [M]. 武汉:武汉大学出版社,2010.
[50] 韩贺南,张健. 新编女性学 [M]. 北京:首都经济贸易大学出版社,2010.
[51] 高修娟.“剩女难嫁”的社会学解读 [J]. 北京青年政治学院学报,2011,20(1):15-20.
[52] 杨澜. 一问一世界 [M]. 南京:江苏人民出版社,2011.
[53] 师凤莲. 当代中国女性政治参与问题研究 [M]. 济南:山东大学出版社,2011.
[54] 蔡玲. 多重角色对现代女性健康影响的实证研究 [J]. 青年研究,2011(1):63-71,96.
[55] 金窗爱. 中国当代女性就业问题研究 [D]. 长春:东北师范大学,2012.

[56] 刘杰. 家庭伦理剧对当代女性婚恋文化的影响 [D]. 太原：山西大学，2012.
[57] 曲凯音. 百年中国女性审美价值标准变迁的文化评析 [J]. 山西师大学报（社会科学版），2012，39（2）：121-125.
[58] 胡廷溢，赖妍彤. 性感的理性思考 [J]，中国性科学，2012，21（7）：85-88.
[59] 黄洁萍，尹秋菊. 社会经济地位对女性健康的风险影响 [J]. 北京理工大学学报（社会科学版），2013，15（5）：81-86，106.
[60] 郑蕊. 当代中国女性政治参与意识研究 [D]. 哈尔滨：黑龙江省社会科学院，2014.
[61] 杜美玲. 改革开放以来中国女性政治参与研究述评 [J]. 山西师大学报（社会科学版），2014，41（2）：125-129.
[62] 吴小英. 主妇化的兴衰——来自个体化视角的阐释 [J]. 南京社会科学，2014（2）：62-68，77.
[63] 叶文振. 提升职业生涯规划意识 确保女性职业稳定发展 [J]. 妇女研究论丛，2014（4）：55-56.
[64] 刘国萍. 大学生求职策略和面试技巧 [J]. 潍坊学院学报，2014，14（4）：95-96.
[65] 宋艳丽，李盼. "互联网 +" 时代：白领女性健康手机 APP 发展策略研究 [J]. 湖北民族学院学报（哲学社会科学版），2015，33（5）：144-149.
[66] 郭肖. 女性网络自拍现象的文化意义解读 [J]. 东南传播，2015（6）：51-53.
[67] 张李玺. 妇女社会工作 [M]. 北京：高等教育出版社，2015.
[68] 孔海娥，陈文. 近十年来中国内地妇女、婚姻家庭社会工作实务述评 [J]. 云南民族大学学报（哲学社会科学版），2015，32（4）：73-80.
[69] 张晓琳. 自由与规训：国外健身美容杂志中关于女性节食、运动与减肥的矛盾叙述 [J]. 吉林体育学院学报，2015，31（2）：16-19.
[70] 詹俊峰. 性别之路 [M]. 桂林：广西师范大学出版社，2015.
[71] 杨曦. 从女性主义的视角看现代女性整容 [J]. 长春教育学院学报，2015，31（11）：45-47.
[72] 张晓黎，陈艾. 立足于性感美学的现代服装艺术研究 [J]. 四川戏剧，2016（4）：110-112，122.
[73] 汤嘉. 美人制造：民国女性身体之美的塑造 [D]. 上海：华东师范大学，2016.
[74] 尹木子. 女性主妇化的影响因素——基于中国社会状况综合调查数据的研究 [J]. 人口与发展，2016，22（1）：19-27.
[75] 刘云卿. 当代女性离婚的因果分析及对策建议 [J]. 长治学院学报，2016，33（1）：4-6.
[76] 王丹宏. 女性主义与女性政治参与：从社会思潮到政治实践 [D]. 长春：吉林大学，2016.
[77] 向常华. 妇女百科全书 [M]. 北京：九州出版社，2016.
[78] 王蕾蕾，李桂燕. 女性学 [M]. 北京：科学出版社，2016.
[79] 曾峥. 受暴妇女的社区综合干预模式研究 [D]. 深圳：深圳大学，2017.
[80] 赖红清，曹宗平，唐甜. 中国女性就业与人生存发展的家庭保障问题研究 [J]. 改革与战略，2017，33（10）：57-61.
[81] 周文. 中国式家庭情感表达方式报告显示：近四成国人不懂如何表达爱 [N]. 中国妇女报，

2017-05-17(A4).

[82] 张林,黄蕾.女性主义经济学的兴起及衡量“女性劳动”价值的分析[J].福建论坛(人文社会科学版),2017(9):161-165.

[83] 张慧.新常态下女性就业问题研究[D].信阳:信阳师范学院,2017.

[84] 田娜.全面放开二孩政策背景下女性就业问题研究[D].济南:山东师范大学,2017.

[85] 付光美.中国女性就业与经济发展的相关性研究[D].长春:吉林大学,2017.

[86] 钱悦婷.浅论网络自制节目《奇葩说》对现代女性形象的塑造[J].新闻研究导刊,2017,8(16):63-64.

[87] 刘睿.我国女性就业歧视问题的对策研究[J].劳动保障世界,2018(21):14-15.

[88] 陈蒙.城市中产阶层女性的理想母职叙事——一项基于上海家庭的质性研究[J].妇女研究论丛,2018(2):55-66.